“十二五”职业教育国家规划教材修订版

国家职业教育应用电子技术专业
教学资源库配套教材

iCVE 智慧职教 高等职业教育电类课程
新形态一体化规划教材

电子产品的生产与检验

（第2版）

▶主　编　刘红兵　赵巧妮
▶副主编　郭　辉　章若冰
　　　　　李晓丹　唐　晨

DIANZI CHANPIN DE
SHENGCHAN YU JIANYAN

高等教育出版社·北京

内容提要

本书是国家职业教育专业教学资源库配套教材之一，也是“十二五”职业教育国家规划教材修订版。

本书围绕电子产品生产过程中的辅件加工、元器件识别与检测、手工焊接、SMT 表面贴装等工作内容，采用任务驱动教学法，主要介绍了电子产品生产工艺与元器件、通孔插装工艺电子产品生产与检验、表面贴装工艺电子产品生产与检验等相关内容。

为了让学生能够快速且有效地掌握电子产品生产与检验的核心知识和技能，同时通过行动过程导向使学生达到“德技并修”，书中每个模块和项目又分为若干个任务，并通过任务引入、知识学习、小提示、知识扩展、做一做、知识链接、问题与思考等环节逐步推进，使学习者的综合能力和专业技能渐进提升。

本书配合“互联网+职业教育”实现了互联网与传统教育的完美融合，采用“纸质教材+数字课程”的出版形式，以新颖的留白编排方式，突出资源的导航，扫描二维码，即可观看动画、微课等视频类数字资源，随扫随学，突破传统课堂教学的时空限制，激发学生自主学习的兴趣，打造高效课堂。资源具体下载和获取方式请见“智慧职教”服务指南。

本书可作为高等职业院校、高等专科学校、成人高校及本科院校举办的二级职业技术学院应用电子技术、电子信息工程技术、物联网应用技术及相关专业的教学用书，也适用于五年制高职、中职相关专业，并可作为社会从业人士的业务参考书及培训用书。

图书在版编目(CIP)数据

电子产品的生产与检验/刘红兵，赵巧妮主编.--2 版.--北京：高等教育出版社，2022.1

国家职业教育应用电子技术专业

ISBN 978-7-04-055854-8

Ⅰ.①电… Ⅱ.①刘… ②赵… Ⅲ.①电子产品-生产工艺-高等职业教育-教材 ②电子产品-检验-高等职业教育-教材 Ⅳ.①TN0

中国版本图书馆 CIP 数据核字(2021)第 036589 号

策划编辑 孙 薇　　责任编辑 孙 薇　　封面设计 赵 阳　　版式设计 童 丹

插图绘制 黄云燕　　责任校对 刘娟娟　　责任印制 田 甜

出版发行	高等教育出版社	网　址	http://www.hep.edu.cn
社　址	北京市西城区德外大街 4 号		http://www.hep.com.cn
邮政编码	100120	网上订购	http://www.hepmall.com.cn
印　刷	北京七色印务有限公司		http://www.hepmall.com
开　本	850mm×1168mm 1/16		http://www.hepmall.cn
印　张	17.5	版　次	2013 年 9 月第 1 版
字　数	440 千字		2022 年 1 月第 2 版
购书热线	010-58581118	印　次	2022 年 1 月第 1 次印刷
咨询电话	400-810-0598	定　价	48.00 元

物 料 号 55854-00

“智慧职教”服务指南

“智慧职教”是由高等教育出版社建设和运营的职业教育数字教学资源共建共享平台和在线课程教学服务平台，包括职业教育数字化学习中心平台（www.icve.com.cn）、职教云平台（zjy2.icve.com.cn）和云课堂智慧职教App。**用户在以下任一平台注册账号，均可登录并使用各个平台。**

- **职业教育数字化学习中心平台（www.icve.com.cn）：为学习者提供本教材配套课程及资源的浏览服务。**

登录中心平台，在首页搜索框中搜索“电子产品生产与检验”，找到对应作者主持的课程，加入课程参加学习，即可浏览课程资源。

- **职教云平台（zjy2.icve.com.cn）：帮助任课教师对本教材配套课程进行引用、修改，再发布为个性化课程（SPOC）。**

1. 登录职教云平台，在首页单击“申请教材配套课程服务”按钮，在弹出的申请页面填写相关真实信息，申请开通教材配套课程的调用权限。
2. 开通权限后，单击“新增课程”按钮，根据提示设置要构建的个性化课程的基本信息。
3. 进入个性化课程编辑页面，在“课程设计”中“导入”教材配套课程，并根据教学需要进行修改，再发布为个性化课程。

- **云课堂智慧职教App：帮助任课教师和学生基于新构建的个性化课程开展线上线下混合式、智能化教与学。**

1. 在安卓或苹果应用市场，搜索“云课堂智慧职教”App，下载安装。
2. 登录App，任课教师指导学生加入个性化课程，并利用App提供的各类功能，开展课前、课中、课后的教学互动，构建智慧课堂。

“智慧职教”使用帮助及常见问题解答请访问 help.icve.com.cn。

出版说明

教材是教学过程的重要载体，加强教材建设是深化职业教育教学改革的有效途径，推进人才培养模式改革的重要条件，也是推动中高职协调发展的基础性工程，对促进现代职业教育体系建设，切实提高职业教育人才培养质量具有十分重要的作用。

为了认真贯彻《教育部关于"十二五"职业教育教材建设的若干意见》（教职成〔2012〕9号），2012年12月，教育部职业教育与成人教育司启动了"十二五"职业教育国家规划教材（高等职业教育部分）的选题立项工作。作为全国最大的职业教育教材出版基地，我社按照"统筹规划，优化结构，锤炼精品，鼓励创新"的原则，完成了立项选题的论证遴选与申报工作。在教育部职业教育与成人教育司随后组织的选题评审中，由我社申报的1 338种选题被确定为"十二五"职业教育国家规划教材立项选题。现在，这批选题相继完成了编写工作，并由全国职业教育教材审定委员会审定通过后，陆续出版。

这批规划教材中，部分为修订版，其前身多为普通高等教育"十一五"国家级规划教材（高职高专）或普通高等教育"十五"国家级规划教材（高职高专），在高等职业教育教学改革进程中不断吐故纳新，在长期的教学实践中接受检验并修改完善，是"锤炼精品"的基础与传承创新的硕果；部分为新编教材，反映了近年来高职院校教学内容与课程体系改革的成果，并对接新的职业标准和新的产业需求，反映新知识、新技术、新工艺和新方法，具有鲜明的时代特色和职教特色。无论是修订版，还是新编版，我社都将发挥自身在数字化教学资源建设方面的优势，为规划教材开发配备数字化教学资源，实现教材的一体化服务。

这批规划教材立项之时，也是国家职业教育专业教学资源库建设项目及国家精品资源共享课建设项目深入开展之际，而专业、课程、教材之间的紧密联系，无疑为融通教改项目、整合优质资源、打造精品力作奠定了基础。我社作为国家专业教学资源库平台建设和资源运营机构及国家精品开放课程项目组织实施单位，将建设成果以系列教材的形式成功申报立项，并在审定通过后陆续推出。这两个系列的规划教材，具有作者队伍强大、教改基础深厚、示范效应显著、配套资源丰富、纸质教材与在线资源一体化设计的鲜明特点，将是职业教育信息化条件下，扩展教学手段和范围，推动教学方式方法变革的重要媒介与典型代表。

教学改革无止境，精品教材永追求。我社将在今后一到两年内，集中优势力量，全力以赴，出版好、推广好这批规划教材，力促优质教材进校园、精品资源进课堂，从而更好地服务于高等职业教育教学改革，更好地服务于现代职教体系建设，更好地服务于青年成才。

高等教育出版社

国家职业教育应用电子技术专业教学资源库
配套教材编审委员会

序

为落实《教育部　财政部关于实施国家示范性高等职业院校建设计划加快高等职业教育改革与发展的意见》(教高〔2006〕14号)精神,深化高职教育教学改革,加强专业与课程建设,推动优质教学资源共建共享,提高人才培养质量,2010年6月,教育部、财政部正式启动了国家职业教育专业教学资源库建设项目,应用电子技术专业是首批立项的11个专业之一。

项目主持单位——湖南铁道职业技术学院,联合浙江金华职业技术学院、南京工业职业技术学院、成都航空职业技术学院、宁波职业技术学院、芜湖职业技术学院、威海职业学院、深圳职业技术学院、常州信息职业技术学院、南京信息职业技术学院、重庆电子工程职业学院、淄博职业学院等33所高职院校和伟创力珠海公司、西门子(中国)有限公司、株洲南车时代电气股份有限公司等30家电子行业知名企业、中国电子元器件行业协会等2家行业协会、高等教育出版社等2家资源开发及平台建设技术支持企业组成项目联合建设团队。聘请电子通信系统及控制系统领域统帅人物中国科学院、中国工程院院士王越教授担任资源库建设的首席顾问,聘请行业先进技术的企业专家、深谙教育规律的教育教学专家组成"企、所、校结合"的资源库建设指导小组把握项目建设方向,确保资源建设的系统性、前瞻性、科学性。

自项目启动以来,项目建设团队先后召开了20多次全国性研讨会议,以建设代表国家水平、具有高等职业教育特色的开放共享型专业教学资源库为目标,紧跟我国职业教育改革的步伐,确定了"调研为先、用户为本、校企合作、共建共享"的建设思路,依据"普适性+个性化"的人才培养方案,构建了以职业能力为依据,专业建设为主线,课程资源与培训资源为核心,多元素材为支撑的"四层五库"资源库架构。以应用电子技术专业职业岗位及岗位任务分析为逻辑起点开发了"电子电路的分析与应用""电工技术与应用""电子产品的生产与检验""单片机技术与应用""PCB板制作与调试"5门专业核心课程,"电子产品调试与检测""EDA技术应用""电子产品生产设备操作与维护""传感器应用""电气控制技术应用""电子仪器仪表维修""PLC技术应用"7门专业骨干课程;以先进技术为支撑建设了包括"课程开发指南""课程标准框架"2个课程开发指导性文件在内的课程资源库;开发了虚拟电子产品生产车间、电子电路虚拟实训室、虚拟电路实验实训学习平台、"单片机技术应用"项目录像和仿真学习包、智能测控电子产品实验系统、PCB制板学习包、电子产品生产设备操作与维护学习包7个标志性资源;以企业合作为基础,开发了师资培训包、企业培训包、学生竞赛培训包3个培训资源库;还构建了为课程资源库、培训资源库、标志性资源服务的专业建设标准库、职业信息库、素材资源库等大量资源和素材。目前应用电子技术专业教学资源库已在全国范围内推广试用,对推动专业教学改革,提高专业人才的培养质量,促进职业教育教学方法与手段的改革都起到了一定的积极作用。

本套教材是"国家职业教育应用电子技术专业教学资源库"建设项目的重要成果之一,也是资源库课程开发成果和资源整合应用的重要载体。五年来,项目组多次召开教材编写会议,深入研讨教学改革、课程开发、资源应用等方面的成果及经验总结,并集合全国教学骨干力量和企业技术核心人员成立教材编写委员会，以培养高素质的技能型人才为目标，打破专业传统教材框架束缚，根据高职应用电子技术专业教学的需求重新构架教材体系、设计教材体例，形成了以下四点鲜明特色：

第一，针对12门专业课程对应形成13本主体教材，教材内容按照专业顶层设计进行了明确划分，做到逻辑一致，内容相谐，既使各课程之间知识、技能按照专业工作过程关联化、顺序化，又避免了不同课程内容之间的重复，实现了顶层设计下职业能力培养的递进衔接。

第二，遵循工作过程系统化课程开发理论，突出岗位核心技术的实用性。整套教材是在对行业领域相关职业岗位群广泛调研的基础上编写而成的，全书注重专业理论与岗位技术应用相结合，将实际的工作案例引入教学，淡化繁复的理论推导，以形象、生动的例子帮助学生理解和学习。

第三，有效整合教材内容与教学资源，打造立体化、自主学习式的新型教材。在教材的关键知识点和技能点上，通过图标注释资源库中所配备的相应的特色资源，引导学习者依托纸质教材实现在线学习，借助多种媒体资源实现对知识点和技能点的理解和掌握。

第四，整套教材采用双色印刷，版面活泼、装帧精美。彩色标注，突出重点概念与技能，通过视觉搭建知识技能结构，给人耳目一新的感觉。

千锤百炼出真知。本套教材的编写伴随着资源库建设的历程，历时五年，几经修改，既具积累之深厚，又具改革之创新，是全国60余所高职院校的200余名骨干教师、40余家电子行业知名企业的20多名技术工程人员的心血与智慧的结晶，也是资源库五年建设成果的集中体现。我们衷心地希望它的出版能够为中国高职应用电子技术专业教学改革探索出一条特色之路，一条成功之路，一条未来之路！

国家职业教育应用电子技术专业教学资源库项目组

前　言

“电子产品生产与检验”课程是一门专业覆盖面广、技术应用性强的专业核心课程。本书根据高等职业教育的培养目标，结合多年的教学改革和课程改革成果，本着“工学结合、任务驱动、学做一体、体现标准”的原则编写，围绕职业标准和岗位要求，突出实践应用和职业能力培养。其编写特点是以任务为单元，以实际应用为主线，通过设计不同的教学项目，吸引行业企业参与建设。在资源库升级版本2.0的专业群教学资源库的驱使下，整合社会资源，采用顶层设计、先进技术支撑、开放式管理、网络运行的方法进行推广应用。

全书共分为3个模块，分别是电子产品生产工艺与元器件、通孔插装工艺电子产品的生产与检验、表面贴装工艺电子产品的生产与检验，较为全面地阐述了电子产品生产过程的“人、机、料、法、环”5要素的相关内容。

本书体现教、学、做、考、评一体的设计思路，在3个模块下精心设计了7个教学项目25个教学任务。每个教学单元都是在深入电子信息类企业和相关学校专业调研的基础上，分析岗位综合职业能力和职业素养要求，确定课程培养定位、岗位面向、实习实训条件。本教材的主要内容是以行业通用的J-STD-001E、IPC-A-610D、IPC-A-610E、IPC-7711/21标准为依据，根据电子产品生产工艺的难易程度，从生产安全、生产环境出发，以真实的任务（项目）为载体，涵盖了电子产品生产工艺的认知、常用电子元器件的识别与检测、通孔插装工艺电子产品的手工装接、通孔插装工艺电子产品的自动化生产、表面贴装工艺电子产品的手工装配、表面贴装工艺电子产品的自动化生产、电子产品组装质量检验与调试等电子产品生产与检验项目。

本书的参考学时为60学时，使用时可根据具体情况酌情删减学时。本书的教学项目已在湖南铁道职业技术学院长期实践，并在实践中进行了完善和优化。

本书由湖南铁道职业技术学院刘红兵、赵巧妮担任主编，郭辉、章若冰、李晓丹、唐晨担任副主编，中车时代电气股份有限公司陈志漫、唐敏，顺德职业技术学院肖文平，珠海职业技术学院黄金萍、刘湘君，南京信息职业技术学院金明参与教材的编写及视频制作。全书由刘红兵统稿。

在本书的编写过程中，编者参考了多位同仁的文献，在此向文献的作者致敬。

由于编者水平有限，时间仓促，书中错误、疏漏和不足在所难免，热忱期待专家、读者批评指正。

编者

2021年2月

目 录

模块一 电子产品生产工艺与元器件

模块二　通孔插装工艺电子产品的生产与检验

模块三　表面贴装工艺电子产品的生产与检验

模块一

电子产品生产工艺与元器件

项目 1

电子产品生产工艺的认知

【引言】

动画视频

工业 4.0 与智能制造

近年来，全球各主要经济体都在大力推进制造业的复兴。随着新一代人工智能的应用，中国企业向自学习、自适应、自控制的新一代智能工厂进军。新一代人工智能技术和先进制造技术的融合，将使得生产线、车间、工厂发生大变革。而电子产品是由多个零部件经过一系列不连续的生产工序装配而成的，其过程包含很多变化和不确定因素，在一定程度上增加了电子产品制造生产组织的难度和配套的复杂性。

因此，掌握电子产品生产工艺中的管理要素、工艺原则、工艺发展历程等知识是至关重要的，而“电子产品生产与检验”课程正是基于此开发设计的电子类专业中实践性很强的一门专业核心课程，它为后续课程的学习奠定了基础。

任务1.1 电子产品生产工艺基础

任务引入

21世纪人类社会已经跨入了信息时代。信息时代也被称为电子信息时代,这是因为信息的采集、处理、传播和应用都离不开电子信息技术和无处不在、深刻影响人们工作和生活的电子产品。打开小小的电子产品(如图1-1-1所示的移动U盘),我们可以看到五花八门、形状各异的电子元器件,以及各种印制电路板(PCB)。那么,这么多的元器件要如何装配,才能实现它们的功能呢?本任务的目标是学习生产工艺管理五要素、电子工艺发展历程与趋势等,为后续全面理解电子工艺理论和掌握操作技能奠定基础。

图1-1-1 移动U盘电路板

演示文稿

电子产品生产工艺基础

1.1.1 电子产品生产工艺与要素

1. 电子产品生产工艺

工艺(craft)是劳动者利用生产工具和生产设备对各种原材料、半成品进行增值加工或处理,最终使之成为制成品的方法与流程。简单地说,工艺就是人类在生产过程中逐渐积累起来的操作经验和技术能力。而电子生产工艺,广义上讲包括基础电子制造工艺和电子产品制造工艺两部分。其中,基础电子制造工艺是指以电子信息技术为核心的微电子制造工艺、无源元件制造工艺和PCB制造工艺;电子产品制造工艺又称为整机制造工艺或电子组装工艺,包括印制电路板组件(PCBA)制造工艺、其他零部件制造工艺和整机组装工艺。狭义上的电子产品生产工艺就是电子产品制造工艺。

近年来,随着信息科学的发展,传统的工艺生产被注入了新的血液(即电子技术),催生出电子工艺。电子产品生产中的工艺,主要是指电子产品中生产制造时积累的工艺操作经验和技术能力,主要表现在“人、机、料、法、环”的管理五要素中。

2. 电子产品生产管理五要素

电子工艺及五要素

根据电子产品的工作方式及对使用环境要求的不同,其生产中的工艺要素会有所不同。工艺要素一方面存在于生产工艺的技术手段和操作技能上,另一方面存在于生产过程中的质量控制和工艺管理上。简而言之,也就是电子工业制造企业管理中所讲的“人、机、料、法、环”五要素。

① 人(man):人处于生产工艺五大要素的中心位置,就像行驶的汽车一样,汽车的四只轮子是“机”“料”“法”“环”四个要素,驾驶员这个“人”的要素才是最主要的,没有了驾驶员,这辆车也就只能原地不动成为废物。而“人”又是电子产品生产管理中最大的难点,也是目前所有生产管理中关注的重点,围绕着“人”这个要素,不同的企业有

不同的管理方法。质量管理,以人为本,只有不断地提高人的质量,才能不断提高生产活动或生产过程的质量、产品的质量、组织的质量、体系的质量及其组合的实体质量。只有具备良好素质、专业技能过硬的员工去操作机器,按合理的方法对原材料进行增值加工,按规定的程序去生产,并在生产过程中减少对环境的影响,电子制造企业才能良性发展。

② 机(machine):机就是生产中所使用的设备、工具等辅助生产用具。生产中,设备是否正常运作、工具的好坏,都是影响生产进度、产品质量的又一要素。一个企业的发展,除了要提高人的素质和提升企业的外部形象外,企业内部的设备也要不断地更新。因为好的设备能提升生产效率,提高产品质量。比如,电子产品的焊接工序,改变过去的纯手工焊接为现在的全自动化机器人焊接,效率提升了几十倍。工业化生产,设备是提升生产效率的一个有力途径。

③ 料(material):料就是物料,包括半成品、配件、原料等产品用料。现代的电子产品生产中所用到的材料,包括电子元器件、导线类、金属或非金属的材料,以及用它们制作的零部件或结构件等。这些材料往往是由企业的多个部门同时运作的,当某一材料或部件未完成时,整个电子产品都不能组装,造成装配工序停工待料。所以在生产管理工作中,必须密切注意前工序送来的半成品,仓库的零部件或结构件,自己工序的生产半成品或成品的进度情况。

④ 法(method):法,顾名思义,即法则,是指生产过程中所应遵循的规章制度。它包括工艺指导书、标准工序指引、生产图纸、生产计划表、产品作业标准、检验标准,以及各种操作规程等。它们在这里的作用是能及时、准确地反映产品的生产和产品质量的要求。严格按照规程作业,是保证产品质量和生产进度的一个重要条件。

⑤ 环(environment):环是指环境,即企业生产过程中为达到产品符合要求所需的工作环境。例如,对各种产品、原材料的摆放,工具、设备的布置和个人 5S 管理等工作场所的环境要求;生产过程中产品对 6 种化学物质(铅、汞、镉、六价铬、多溴联苯、多溴二苯醚)的环境控制要求;具体生产过程中对温度、湿度、无尘度等生产条件的控制要求。

1.1.2 电子工艺的发展历程与趋势

微课视频

电子工艺发展历程

1. 电子工艺的发展历程

电子工艺的发展大概可分为四代。第一代电子工艺是指 20 世纪 50 年代的电子管时代,这一时代主要以手工装联焊接技术为基础进行捆扎导线和手工焊接等生产活动;第二代电子工艺是指 20 世纪 50 年代到 70 年代的晶体管和集成电路时代,这一时代主要是通孔插装技术(THT),并且开始出现手工/机器插装、浸焊/波峰焊;第三代电子工艺是指 20 世纪 70 年代开始的大规模集成电路时代,表面组装技术(SMT)的发明使双表面贴装和再流焊成为新的组装工艺特点,手机、计算机和数字产品就是这一时代的代表产品;第四代电子工艺是指 20 世纪 90 年代开始的系统级(超大规模)集成电路时代,这一时代涌现出微组装技术(MPT),让组装工艺朝着多层、高密度、立体化和系统化方向飞跃式发展。

现在我们处于三代技术交汇的时代，即第三代SMT技术已经成熟，且成为现代电子产品制造的主流技术；第四代MPT技术正在发展，已经部分进入实际应用阶段；而第二代THT技术仍然还有部分应用。处于这么一个特殊的时代，电子工艺产业的突出特点是工程技术人员成了工业生产劳动的主要力量。在产品的生产过程中，科学的经营管理、先进的仪器设备、高效的工艺手段、严格的质量检查和低廉的生产成本成为赢得竞争的关键。时间、速度、能源、方法、程序、手段、质量、环境、组织、管理等一切与商品生产有关的因素变成了人们研究的主要对象。

2. 电子工艺的发展趋势

趋势一：技术的融合与交汇。电子产品朝着高性能、多功能，轻薄、短小的方向永无止境地发展，从而不断地推动着电子封装技术和组装技术朝着“高密度化、精细化”方向发展。① 精细化：随着01005元件、高密度CSP封装的广泛使用，元件的安装间距将从目前的0.15 mm向0.1 mm发展，工艺上对焊膏的印刷精度、图形质量以及贴片精度提出了更高要求。SMT从设备到工艺都将向着适应精细化组装的要求发展。② 微组装化：元器件复合化和半导体封装的三维化和微小型化，驱动着板级系统安装设计的高密度化。电子组装技术必须加快自身的技术进步，适应其发展。将无源元件及IC等全部埋置在基板内部的终极三维封装，以及芯片堆叠封装（SDP）、多芯片封装（MCP）和堆叠芯片尺寸封装（SCSP）的大量应用，将迫使电子组装技术跨进微组装时代。引线键合、CSP超声焊接、裸芯片直接安装技术（DCA）、堆叠装配技术（PoP）等将进入板级组装工艺范围。

趋势二：绿色化。① 无铅：欧盟于1998年通过法案，明确规定从2004年1月起，任何电子产品中不可使用含铅焊料。日本通过了“家用电子产品回收法案”提出限制铅的使用，电子封装协会（Japan Institute of Electronics Packaging，JIEP）在2002年的最新无铅路线图中已经要求到2004年底，所有电子元器件均不含铅，而到2005年底彻底废除电子产品中铅的使用。美国政府早在20世纪90年代初的一些法案中就已经提出限制电子产品中铅的使用。中国政府也已于2003年3月由信息工业部拟定《电子信息产品生产污染防治管理法》，自2006年7月1日禁止电子产品中含有铅、汞、镉、六价铬、聚溴化联苯（PBB）、聚溴化苯基（PBDE）及其他有毒有害物质的含量。② 无卤：大部分有机卤素化合物本身是有毒的，在人体中潜伏可致癌，且其生物降解率很低，致使其积累在生态系统中，而且部分挥发性有机卤素化合物对臭氧层有极大的破坏作用，对环境和人类健康造成严重影响。因此，被列为对人类和环境有害的化学品，禁止或限量使用，是世界各国重点控制的污染物。③ 其他方面：如绿色设计、能源效率、产品回收并大部分循环利用等。在全球变暖日益加剧以及其他环境问题日益凸显的今天，电子工艺的绿色化进程无疑具有极大的意义和深远的影响，同时它对普通人的低碳生活也颇有启示。

趋势三：标准化与国际化。虽然电子工艺现在面临着一系列的问题，诸如技术的限制、知识产权的纠纷等。但总的来说，电子工艺的发展还是会朝着标准化与国际化的方向前进。

任务 1.2 电子产品生产中的安全生产管理

任务引入

安全生产管理是针对人们在生产过程中的安全问题,运用有效的资源,发挥员工的智慧,通过员工的努力,进行有关决策、计划、组织和控制等活动,实现生产过程中人与机器设备、物料环境的和谐,达到安全生产的目标,如图 1-2-1 所示。随着科学技术的发展,电子产品生产工具、设备日益精密,所以企业在改善生产条件,消除不安全因素的同时,对安全的要求也越来越高。本任务的目标是通过学习生产现场的安全常识、安全用电、安全防护等方面的知识,使学生掌握电子工艺实践中的安全知识、安全防范和急救技能,建立安全意识。

图 1-2-1 安全生产的重要性

1.2.1 生产现场的安全常识

演示文稿：生产现场的安全生产管理

生产现场很多安全事故的发生都是因为生产过程中对安全细节的忽视。例如,操作人员为了方便生产,往往会忽略生产现场的一些安全因素,给企业及个人造成不必要的损失。因此,对学生进行安全教育是非常有必要的,包括生产现场的安全标志、物品摆放要求、设备安全操作等。

1. 安全标志

根据《安全标志及其使用导则》(GB 2894—2008)可知,安全标志是用以表达特定安全信息的标志,由图形符号、安全色、几何形状(边框)或文字构成。

生产现场的安全标志是向企业员工警示工作场所或周围环境的危险状况,指导员工采取合理行为。安全标志能够提醒员工预防危险,从而避免事故发生;当危险发生时,能够指示员工采取正确、有效、得力的措施,对危害加以遏制。表 1-2-1 是对安全标志(色彩)种类的说明,表 1-2-2 是举例说明不同类别的安全标志。

表 1-2-1 安全标志(色彩)的种类

种类	基本形态	意思
禁止标志 (红色)	⃠	不允许某种特定行为
警告标志 (黄色)	△	根据一定危险表示警告

续表

种类	基本形态	意思
指示标志（蓝色）		指示采取一定的行为
引导标志（绿色）		提供关于安全的情报

表 1-2-2 安全标志(色彩)示例

禁止标志（红色）	禁止出入	禁止通行	禁止使用	禁止堆放	禁止吸烟
警告标志（黄色）	当心触电	当心放射物	注意安全	当心火灾	当心跌倒
指示标志（蓝色）	必须戴防护眼镜	必须戴防护手套	必须戴防护面具	必须穿防护鞋	必须戴安全帽
引导标志（绿色）	紧急出口	应急救护标识	担架	左侧紧急出口	洗眼装置

动画视频

精益管理

2. 生产现场物品的精益管理

现代企业的竞争,已逐步演变成以品质(产品、人、文化)为核心的竞争,而这些品质无不表现在生产现场"人、机、物、法、环"五要素的精益管理上。例如,物品堆放杂乱,合格品、不合格品混杂,成品、半成品未很好区分,就难以有质量保障;工具、模具随地放置,就会导致损失效率,增加成本;机器设备保养不良,故障多,就会造成精度降低,生产效率下降;地面脏污,设施破旧,灯光灰暗,容易形成不安全和易感疲倦的现象。表1-2-3是生产现场的精益管理说明。

表 1-2-3　生产现场的精益管理说明

项目	案例 1	案例 2	案例 3	案例 4
现场物品摆放	上述案例中,可以看出:生产现场塑料箱等物品不能堆放过高,以免掉落时摔伤产品或砸伤人;物品摆放应该在规定区域内,避免阻塞过道或摔伤人;贵重及易损伤材料取放时应注意轻拿轻放,搬运较重物品时要两个人抬,避免砸伤产品或人等			
工具使用及现场清洁	工业使用过程中的注意事项: 1. 清洁或拾取传动机械内的杂物时,要切断电源,待设备完全停止后再进行 2. 操作电气设备要戴好绝缘手套,并站在绝缘板上。例如,设备、工具的电气部分出现故障,就必须由专业的电工进行检修 3. 打扫卫生时,不能用水冲洗电气设施,以防止短路和触电事故 4. 用拖车转移产品、原料时,应注意避开行人及物品,叉车速度不能过快 5. 使用烙铁或锡炉等高温工具时,应注意按规定使用,防止烫伤			

1.2.2　生产现场的安全用电

微课视频

生产现场的安全用电

电气事故是现代社会不可忽视的灾害之一,安全用电则是最重要的基本常识。不安全的电流经过人体,就会发生触电事故。因此,有效地利用电能,除了要掌握电的基本规律外,还必须了解安全用电的常识,安全合理地使用电能,避免人身伤亡和设备的损坏。

1. 触电及其危害

触电是指人体触及带电体后,电流对人体造成的伤害。它有两种类型,即电击和电伤。其中,电击会影响人的呼吸、心脏和神经系统,造成人体内部组织的损坏乃至死亡。电伤是通过电流的热效应、化学效应或机械效应对人体造成的危害,包括烧伤、电烙伤、皮肤金属化等。

通过人体的电流越大,人体的生理反应就越明显,感应就越强烈,引起心室颤动所需的时间就越短，致命的危害就越大。按照通过人体电流的大小和人体所呈现的不同状态，工频交流电大致分为下列三种。

① 感觉电流：指引起人的感觉的最小电流（1~3 mA）。

② 摆脱电流：指人体触电后能自主摆脱电源的最大电流（10 mA）。

③ 致命电流：指在较短的时间内危及生命的最小电流（30 mA）。

2. 常见的触电方式

人体的触电方式主要有两种：直接或间接接触带电体以及跨步电压。直接接触又可分为单极接触和双极接触。其中单极触电是指当人站在地面上或其他接地体上，人体的某一部位触及一相带电体时，电流通过人体流入大地（或中性线）的触电方式。双极触电是指人体两处同时触及同一电源的两相带电体，以及在高压系统中，人体距离高压带电体小于规定的安全距离，造成电弧放电时，电流从一相导体流入另一相导体的触电方式。跨步电压触电是指当带电体接地时有电流向大地流散，在以接地点为圆心，半径 20 m 的圆面积内形成分布电位。人站在接地点周围，两脚之间（以 0.8 m 计算）的电位差称为跨步电压。

3. 触电的救护

触电者能否得救，在绝大多数情况下，取决于能否让触电者迅速脱离电源和正确施行急救。因此，电气工作人员必须掌握触电急救方法。

（1）解脱电源

人在触电后可能由于失去知觉或超过人的摆脱电流而脱离不了电源，此时抢救人员不要惊慌，要在保护自己不被触电的情况下使触电者脱离电源。

人工呼吸

（2）触电的急救方法

① 口对口人工呼吸法：如果触电者伤害比较严重，失去知觉，停止呼吸，但心脏微有跳动，就应采用口对口人工呼吸法。具体做法是：首先迅速解开触电者的衣服、裤带，松开上身的衣服、护胸罩和围巾等，使其胸部能自由扩张，不妨碍呼吸；接着使触电者仰卧，不垫枕头，头先侧向一边清除其口腔内的血块、假牙及其他异物等；然后救护人员位于触电者头部的左边或右边，用一只手捏紧其鼻孔，不使漏气，另一只手将其下巴拉向前下方，使其嘴巴张开，嘴上可盖上一层纱布，准备接受吹气；救护人员做深呼吸后，紧贴触电者的嘴巴，向他大口吹气；同时观察触电者胸部隆起的程度，一般应以胸部略有起伏为宜；救护人员吹气至需换气时，应立即离开触电者的嘴巴，并放松触电者的鼻子，让其自由排气；这时应注意观察触电者胸部的复原情况，倾听口鼻处有无呼吸声，从而检查呼吸是否阻塞，如图 1-2-2 所示。

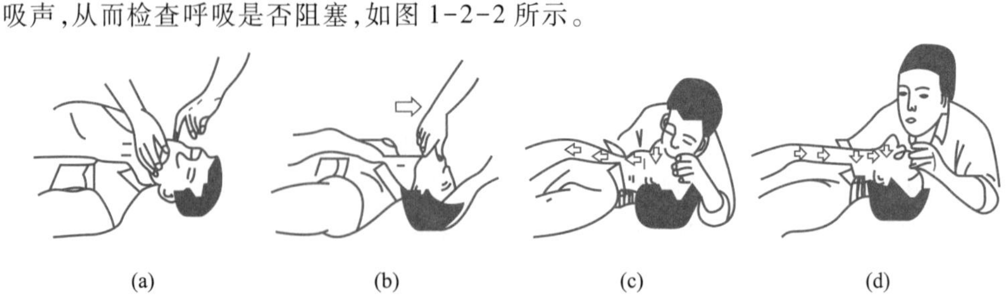

图 1-2-2 口对口人工呼吸法

② 人工胸外挤压法：若触电者伤害相当严重，心脏和呼吸都已停止，人完全失去知觉，则需同时采用口对口人工呼吸和人工胸外挤压两种方法。如果现场仅有一个人抢救，可交替使用这两种方法，先胸外挤压心脏 4~6 次，然后口对口人工呼吸 2~3 次，再挤压心脏，反复循环进行操作。人工胸外挤压心脏的具体操作步骤如下：先解开触电者的衣裤，清除口腔内异物，使其胸部能自由扩张；接着使触电者仰卧，姿势与口对口吹气法相同，但身体的背部要着实地；救护人员位于触电者一边，最好是跨跪在触电者的腰部，将一只手的掌根放在心窝稍高一点的地方（胸骨的下三分之一部位），中指指尖对准锁骨间凹陷处边缘，如图 1-2-3（a）所示，另一只手压在那只手上，呈两手交叠状（对儿童可用一只手），如图 1-2-3（b）所示；救护人员找到触电者的正确压点，自上而下，垂直均衡地用力挤压，如图 1-2-3（c）、（d）所示，压出心脏里面的血液，注意用力适当；挤压后，手掌根部应迅速放松（但手掌不要离开胸部），使触电者胸部自动复原，心脏扩张，血液又回到心脏。

动画视频

胸外挤压法

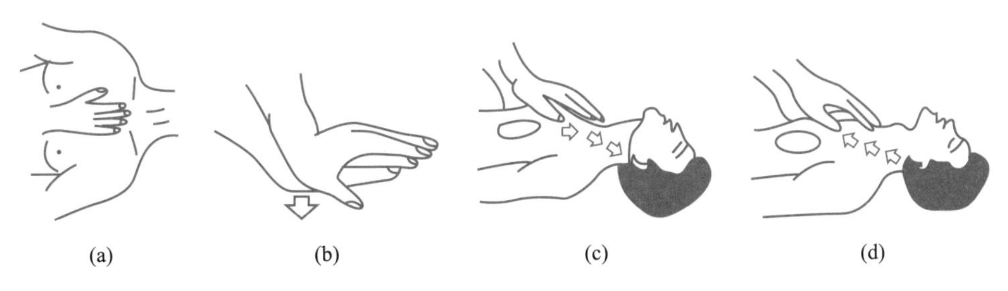

图 1-2-3 人工胸外挤压法

任务 1.3 电子产品生产流程及生产环境

任务引入

电子产品在国民经济各个领域的应用越来越广泛。一个企业在生产电子产品时，其基本任务就是把原料、材料经过各种变形和变性的工艺操作，制成合格的产品。布局科学合理的生产环境和设计优良的工艺流程是组织生产、指导生产的重要条件和手段，也是降低成本、减轻劳动强度和提高电子产品质量的重要环节。本任务通过介绍电子产品生产过程所需的生产环境及基本工艺流程，使学生掌握电子产品形成过程中的工艺流程。

1.3.1 电子产品生产工艺流程

演示文稿

电子产品生产流程及生产环境

电子产品生产工艺流程因电子产品的种类、规模不同，其构成也有所不同，但基本流程并没有什么变化，其流程大致可分为生产准备、SMT 自动化生产、装联、调试、检验测试、包装等几个工序，据此就可以设计出生产电子产品最有效的工艺流程来。电子产品生产的一般工艺流程如图 1-3-1 所示。

由于电子产品的复杂程度、设备场地条件、生产数量、技术力量及操作工人技术水平等情况的不同，生产的组织形式和工艺流程也要根据实际情况有所变化。在实际操作中，要根据生产人数、装配人员的技术水平来编制最有利于现场指导的工序。而电子产品不管复杂与否，基本上都是由系统、整机、部件和元器件等组成的。由整机组成系统的工作主要是连接和调试，生产的工作不多，所以我们这里讲的电子产品生产工艺是指整机装联工艺。

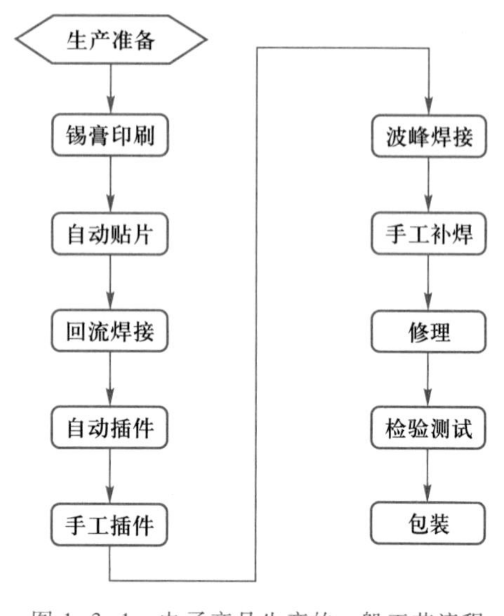

图1-3-1 电子产品生产的一般工艺流程

电子产品的装联过程是指将各种电子元器件按工艺文件要求组装成零部件，然后将零部件装联成具有一定功能的PCBA。在PCBA的装联中，根据工艺工序的要求可以选择自动锡膏印刷、自动贴片、自动插件、自动焊接等机器装联；当然，对于机器装联难以实现的工艺工序还得选择手工装联，比如手工插件、手工补焊等。

其中，生产准备包括技术准备和材料准备。技术准备包括要准备好生产所需要的全部技术资料（如各种图纸、工艺文件等），还有要进行人员培训（如使操作者具备安全文明生产的常识等）。材料准备包括生产所需要的物料、元器件、工装设备等，以及对导线加工、元件引脚成形等预处理工作。

锡膏印刷是指先将要印制的电路板制成模板，装在锡膏印刷机上，印刷前让镂空图形网孔与PCB上的焊盘对准，然后由人工或印刷机把锡膏涂敷于模板上，通过刮刀（亦称刮板）让有文字和图像的地方直接或间接地转印到电路板上的过程。

自动贴片是指将SMC和SMD封装的元器件通过自动化SMT贴片机的拾取、对位、贴装等动作准确地贴装到印制板对应的位置上，再经回流焊工艺固定焊接。然后，贴装好SMT元器件的电路板，再送到自动插件机上进行自动插件。

手工插件主要是指将那些不适合机器自动化装联的元器件进行手工插装，经检验合格后送入波峰焊接机进行焊接，对焊接不合格的PCBA由人工进行补焊、修理，最后电路板还要进行ICT在线测试、FT功能测试、功能联调等检测工序，完成以上工序的电路板即可进入整机装配。

1.3.2 电子产品生产现场环境

动画视频

电子产品生产过程与环境

电子工业既是技术密集型，又是劳动密集型的行业。电子产品的生产，一般都采用流水作业的生产线组织形式，生产线场地工艺布局的好坏，直接影响到企业的生产组织、场地的利用效率、物流的通畅、生产的效率和效益。提高生产场地布局的设计水平已经成为工程技术人员必须面对的现实问题。一般要求电子产品的生产现场能体现出“生产均衡有序，工艺布局科学，劳动组织合理，岗位责任明确，消除无效劳动”的管理特色。

目前，电子产品生产现场对电、气、通风、照明、环境温度、相对湿度、空气清洁度、防静电等条件有专门要求。

电子产品生产过程中的废弃物，如废汽油、机油、酒精，以及废弃的焊膏、贴片胶、助焊剂、焊锡渣等，建议集中收集；可回收利用的废弃物，如 SMD 组件的包装材料等应分类存放，交由垃圾处理站进行处理。

1. 电源

电源电压和功率要符合设备要求。一般要求单相 AC 220 V（220 V±22 V，50/60 Hz），三相 AC 380 V（380 V±38 V，50/60 Hz），且要求采用三相五线制的接线方法，接地要良好。电源电压要稳定，如果达不到要求需要配置稳压电源，其功率要是功耗的一倍以上，例如贴片机的功耗为 5 kW，应配置功率为 10 kW 以上的稳压电源。

2. 气源

电子产品生产车间中的生产设备，如 SMT 生产线上的锡膏印刷机、贴片机等都需要气源提供动力工作，一般要求气源压力大于 7 kg/cm^2，且要求气源洁净、干燥，为此对产生气源的空气压缩机通常需加过滤器、冷凝器进行去尘、去水处理，空气管道通常采用不锈钢管或耐压塑料管，应避免使用铁管，防止其生锈，避免锈渣进入管道和阀门，产生堵塞，造成气路不畅，影响机器正常运行。

3. 排风与烟气排放

电子产品生产现场的空气污染源主要来自波峰焊、再流焊及手工焊时产生的烟尘。烟尘的主要成分为铅蒸气、锡蒸气、氮氧化物、臭氧、一氧化碳等有害气体，其中铅蒸气对人体健康的危害最严重。因此，必须采取有效措施对生产现场的空气进行净化。在有些工位上安装烟雾过滤器，将有害气体吸收和过滤掉。再流焊和波峰焊等设备一般要求排风管道的最低流量值为 14.15 m^3/min。

4. 照明与洁净度

电子产品生产车间内应有良好的照明条件，理想的光照度为 800～1 200 lx（注：距地面高度 800 mm 处测量），至少不能低于 300 lx。低光照度时，在检修、返修、测量等工作区应安装局部照明。

生产车间应保持清洁卫生，无尘土、无腐蚀性气体。空气洁净度为 10^5 级，在空调环境条件下，要定时进行换气，保有一定的新鲜空气，尽量将 CO_2 含量控制在 1 000 ppm以下，CO 含量控制在 10 ppm 以下，以保证人体健康。

5. 温度、湿度

在电子产品生产过程中，比如 SMD 组件为精密元器件，为确保印刷、贴装和焊接性能，必须控制工作环境的温度和湿度。车间环境温度最佳控制范围为 23 ℃±3 ℃，一般为 18～28 ℃，极限温度为 15～35 ℃。锡膏印刷时一般温度范围为 20～27 ℃，不同温度有不同的印刷结果。焊膏不可在 29 ℃以上印刷，否则可能会短路，所以印刷机和外部环境要严格控制，最佳值是温度为 23 ℃±3 ℃，相对湿度为 60%RH。部分 IC 为潮湿敏感器件，一般分为 6 级敏感度，对存储环境湿度、时间有严格要求。比如 5 级器件的存储要求为：在温度小于 30 ℃、相对湿度为 60%RH 的条件下存储 48 h；元器件被处理的条件为：在温度为 30℃、相对湿度为 60%RH 的条件下 72 h，或者 60 ℃、60%RH 条件下15 h。元器件在高温中易氧化，一般每升温 10 ℃，氧化速度会加快一倍。

车间环境湿度：一般为 40%～70%。湿度太大，SMD 组件、焊膏容易吸湿，从而增加印刷与焊接不良；湿度太低，空气干燥，容易产生静电，对 IC 器件贴装不利。

6. 厂房地面承载

生产车间的生产设备一般采用连线安装的方式,因而生产线的长度较长(例如一条高速 SMT 线全长为 25~35 m),地面的负荷相对较为集中。单台高速贴片机在装载送料器(feeder)后,总重量将超过 6 000 kg,因而对厂房地面的承重能力有较高的要求。厂房地面承载能力一般要求 7.5~10 kN/m^2。如果楼面的承载能力过低,则在设备安装使用一段时间后,楼面容易产生变形或裂缝,影响设备运行的可靠性和加工的精确度。

知识链接

1. 专业术语及词汇

PCB(Printed Circuit Board)印制电路板

PCBA(Printed Circuit Board Assembly)印制电路板组件

OEM(Original Equipment Manufacture)原始设备制造,俗称"代工生产"

ERP(Enterprise Resources Program)企业资源规划

THT(Through Hole Technology)通孔插装技术

SMT(Surface Mounted Technology)表面组装技术

MPT (Micro-Packaging Technology)微电子组装技术

SDP(Stacked Dices Package)芯片堆叠封装

MCP(Multi Chip Package)多芯片封装

SCSP(Stacked Chip Size Package)堆叠芯片尺寸封装

DFM(Design For Manufacture)可制造性设计

AI(Automatic Insertion)自动插件

ICT(In Circuit Tester)在线测试

SMC(Surface Mount Component)表面组装元件

SMD(Surface Mount Device)表面组装器件

无源元件——在不需要外加电源的条件下,就可以显示其特性的电子元件。无源元件主要是电阻类、电感类和电容类元件,其共同特点是在电路中无须加电源即可在有信号时工作。

有源器件——电子元器件工作时,其内部有电源存在,则这种器件称作有源器件。与有源器件相对应的是无源元件。

照度(luminosity)——物体被照亮的程度,采用单位面积所接收的光通量来表示,单位为勒[克斯](lux,简写 lx),即 lm/m^2。1 勒克斯等于 1 流[明](lumen,简写 lm)的光通量均匀分布于 1 m^{2}面积上的光照度。

2. 所涉及的专业标准及法规

ISO(International Standardization Organization)国际标准化组织

IEC(International Electrotechnical Commission)国际电工委员会

ITU(International Telecommunication Union)国际电信联盟

IPC-A-610F 电子组装件的验收标准

问题与思考

1. 什么是电子工艺？ 电子工艺包含哪些基本要素？ 具有哪些特点？

2. 电子工艺操作过程中，有哪些必须时刻警惕的不安全因素？

3. 对电子产品生产工艺线路进行设计与排序：________________

A. 元件预处理　B. 手工插装　C. 波峰焊　D. 组装　E. 测试　F. 领料检验　G. 水清洗　H. 涂覆　I. 老化　J. SMT 生产　K. 修板　L. 包装入库

4. 填写表 1-1 中各标识的含义。

表 1-1

标识	含义	标识	含义

5. 指出表 1-2 所示安全生产过程中存在的问题。

表 1-2

问题图片	整改意见	问题图片	整改意见
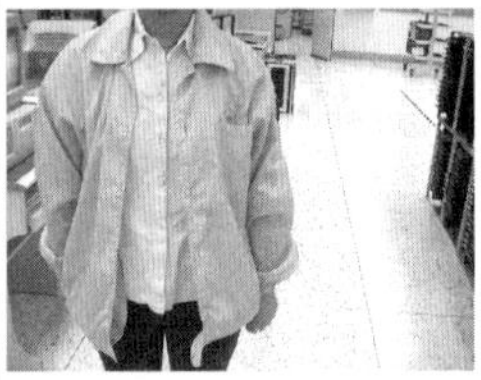			
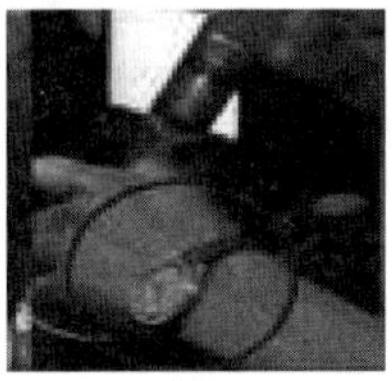			

能力拓展

1. 电子产品生产企业现场参观(可以选择本教材配套的“虚拟电子产品生产车间”,通过虚拟现实技术完成企业参观),并要求学生根据参观的所见所闻描述出企业生产流水线上的工序及注意事项。

2. 假若某小型电子有限公司准备新建1条电子产品生产流水线,你能根据本项目所学的知识及企业参观时对现场车间的勘察,为该企业提供一份电子产品生产流水线规划报告吗?(建议从电源、气源、排风、照明与洁净度、温度与湿度、厂房地面承载、静电防护等方面进行规划)

项目 2

常用电子元器件的识别与检测

【引言】

动画视频

电子元器件的发展历程

电子元器件是电子产品中机械结构上不能再拆分的最基本的构成单元。电子产品的发展水平主要取决于电子元器件的发展与换代。电子元器件历经了经典电子元器件、小型电子元器件、一般微电子元器件、智能微电子元器件时代，未来正在迈向量子电子元器件时代。

当前，在电子行业中电子元器件的种类繁多，性能差异、应用范围有很大区别。一般将电阻器、电容器、电感器、接插件和开关等称为无源元件；晶体管、集成电路等称为有源器件。实际工作中，对两者并没有严格区分，统称电子元器件。而从装配焊接的角度来说，元器件又区分为传统的通孔插装（THT）和表面安装（SMT）两种形式。本项目主要介绍常用通孔插装元器件的性能、特点、主要参数、标志方法。掌握常用电子元器件的识别、检测和选用原则是电工电子类行业专业工程技术人员所必备的知识和技能。

任务2.1 电阻（位）器的识别与检测

任务引入

具有一定阻值、一定几何形状、一定技术性能、在电路中起电阻作用的电子元件称为电阻器，简称电阻。电阻器在电路中主要用来调节和稳定电流与电压，可作为分流器和分压器，也可作为电路匹配负载。根据电路要求，还可用于放大电路的负反馈或正反馈、电压-电流转换、输入过载时的电压或电流保护元件，又可组成 *RC* 电路作为振荡、滤波、旁路、微分、积分和时间常数元件等。

据统计，在繁多的元器件中，电阻器是电子整机中使用最多的基本元件之一（一般电子产品中要占到全部元器件总数的50%以上）。本任务的目标就是学会识别电阻（位）器的种类，熟悉各种电阻（位）器的名称，了解不同类型电阻（位）器的作用，掌握电阻（位）器的检测方法。

演示文稿

电阻（位）器的识别与检测

2.1.1 电阻器及其类型

1. 电阻器的图形符号及命名方法

常用电阻器的图形符号如图2-1-1所示。

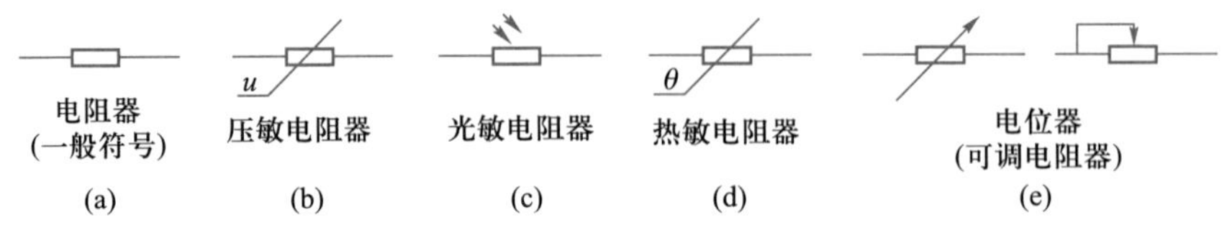

图2-1-1 常用电阻器的图形符号

根据国家标准GB/T 2470—1995的规定，电阻器的型号由4部分构成，如图2-1-2所示。

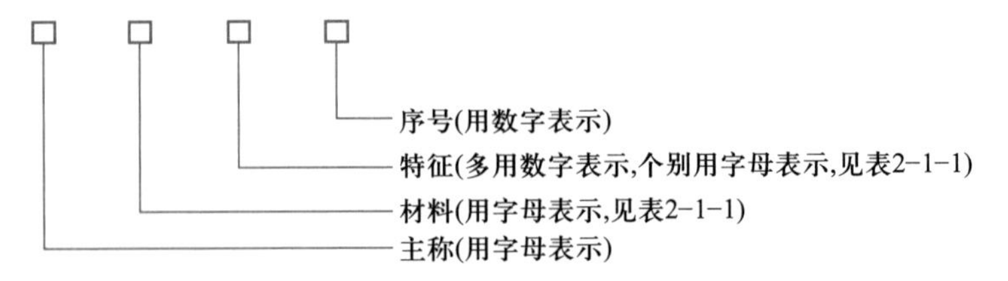

图2-1-2 电阻器的命名方法

表 2-1-1　电阻器型号命名方法的含义

第一部分		第二部分		第三部分		第四部分
用字母表示主称		用字母表示材料		用数字或字母表示特征		序号
符号	意义	符号	意义	符号	意义	意义
R	电阻	H	合成膜	1	普通	包括： 额定功率 阻值 允许误差 精度等级
		I	玻璃釉	2	普通	
		J	金属膜(箔)	3	超高频	
		N	无机实芯	4	高阻	
		S	有机实芯	5	高温	
		T	碳膜	6	—	
		X	绕线	7	精密	
		Y	氧化膜	8	高压	
				9	特殊	
				G	高功率	

做一做

电阻器型号的识别

型号识别示例：

R　J　7　1

1 — 序号
7 — 特征(精密)
J — 材料(金属膜)
R — 主称(电阻)

"RJ71型"为精密金属膜电阻器

2. 电阻器的分类

按阻值能否变化来分，电阻器可分为固定电阻器、微调电阻器(阻值变化范围小)、电位器(阻值变化范围大)等；按制造材料来分，电阻器可分为碳膜电阻器、金属膜电阻器、线绕电阻器等；按引出线不同来分，电阻器可分为轴向引线电阻器和无引线电阻器；按用途不同来分，电阻器可分为普通电阻器、精密电阻器、高频电阻器、热敏电阻器、光敏电阻器、压敏电阻器等。

常用电阻器的种类、外形、结构和性能特点见表 2-1-2。

微课视频

电阻器的识别与选用

表 2-1-2 常用电阻器的种类、外形、结构和性能特点

电阻器种类	电阻器外形	电阻器结构和性能特点
碳膜电阻器		气态碳氢化合物在高温和真空中分解，碳沉积在瓷棒或者瓷管上，形成一层结晶碳膜。改变碳膜厚度和用刻槽的方法变更碳膜的长度，可以得到不同的阻值。碳膜电阻器的主要特点是高频特性比较好，阻值范围宽，价格便宜，但精度差
金属膜电阻器		在真空中加热合金，合金蒸发，使瓷棒表面形成一层导电金属膜。刻槽和改变金属膜厚度可以控制阻值。这种电阻器和碳膜电阻器相比，体积小、噪声低、稳定性好、精度高，但成本较高，广泛应用于高级音响、计算机、测试仪器、自动化控制等高档设备中
金属氧化膜电阻器		由能水解的金属盐类溶液（如四氯化锡和三氯化锑）在炽热的玻璃或陶瓷的表面形成氧化的电阻膜层。随着制造条件的不同，电阻器的性能也有很大差异，外形和金属膜电阻器相似。这种电阻器比金属膜电阻器的抗氧化性和热稳定性高、功率大，但高频性能差、阻抗范围小，主要用于补充金属膜电阻器的低阻部分
水泥电阻器		电阻线绕在无碱性耐热瓷件上，外面加上耐热、耐湿及耐腐蚀之材料保护固定并把绕线电阻体放入方形瓷器框内，用特殊不燃性耐热水泥充填密封而成。由于其外形像一个白色长方形水泥块，故称水泥电阻器。水泥电阻器的特点是功率大、散热性好、耐震、成本低。但其阻值小、精密度低，主要用于大功率电路中，如电源电路的过电流检测等
线绕电阻器		线绕电阻器是将电阻线（康铜丝或锰铜丝）绕在耐热瓷体上，表面涂以耐热、耐湿、无腐蚀的不燃性保护涂料而成。绕线电阻器具有耐热性好、温度系数小、质轻、耐短时间过负载、噪声小、阻值稳定、电感量低等优点，但其高频特性差，因而广泛应用在低频精密仪器中
集成电阻器		集成电阻器又称电阻排。集成电阻器是将多个电阻器集中封装在一起，组合制成的一种复合电阻器。集成电阻器具有体积小、规范化、精密度高、装配方便、安装密度高等优点，特别适用于电子仪器仪表及计算机产品中
NTC、PTC 热敏电阻器		NTC 热敏电阻器是一种具有负温度系数变化的热敏元件，其阻值随温度的升高而减小，可用于稳定电路的工作点。PTC 热敏电阻器是一种具有正温度系数变化的热敏元件，当超过一定的温度（居里温度）时，它的电阻值随着温度的升高呈阶跃性的增大。它广泛应用在家电产品中，如彩电的消磁电阻、电饭煲的温控器等

续表

电阻器种类	电阻器外形	电阻器结构和性能特点
光敏电阻器		光敏电阻器是利用半导体的光电效应制成的一种阻值随入射光的强弱而改变的电阻器。入射光强,阻值减小;入射光弱,阻值增大。光敏电阻器一般用于光的测量、光的控制和光电转换(将光的变化转换为电的变化)。常用的光敏电阻器是硫化镉光敏电阻器
压敏电阻器		压敏电阻器是指在一定电流、电压范围内电阻值随电压变化而变化,或者是说对电压敏感的电阻器,简写为VDR。压敏电阻器的电阻体材料是半导体,如氧化锌(ZnO)压敏电阻器。压敏电阻器有时也称为“电冲击(浪涌)抑制器(吸收器)”
可调电阻器(电位器)		可调电阻器(电位器)是具有三个引出端、阻值可按某种变化规律调节的电阻元件。电位器通常由电阻体和可移动的电刷组成。当电刷沿电阻体移动时,在输出端即获得与位移量成一定关系的电阻值或电压。电位器既可作三端元件使用,也可作二端元件使用

生活生产案例

敏感电阻器的应用

表 2-1-2 列举了部分敏感电阻器的结构、性能特点,你能通过网络查找其他的敏感电阻及它们的具体应用吗？以下是压敏电阻器的分类及应用案例。

压敏电阻器应用在不同的场合时,作用在它上的电压/电流应力并不相同,因而对压敏电阻器的要求也不相同。注意区分这种差异,对于正确使用它是十分重要的。

① 压敏电阻器应用在电源保护、信号线(数据线)保护时,必须要区分满足它们不同的技术标准和要求。

② 根据施加在压敏电阻上的连续工作电压的不同,可将跨电源线用压敏电阻器区分为交流用或直流用两种类型,压敏电阻器在这两种电压应力下的老化特性表现不同。

③ 根据压敏电阻器承受的异常过电压特性的不同,可将压敏电阻区分为浪涌抑制型、高功率型和高能型这三种类型。其中,浪涌抑制型是指用于抑制雷电过电压和操作过电压等瞬态过电压的压敏电阻器,绝大多数压敏电阻器都属于这一类。高功率型是指用于吸收周期出现的连续脉冲群的压敏电阻器,比如并接在开关电源变换器上的压敏电阻器。高能型是指用于吸收发电机励磁线圈,起重电磁铁线圈等大型电感线圈中的磁能的压敏电压器,对这类应用,主要技术指标是能量吸收能力。

压敏电阻器的保护功能,绝大多数应用场合下,是可以多次反复作用的,但有时也将它做成电流熔丝那样的一次性保护器件。例如,并接在某些电流互感器负载上的带短路接点的压敏电阻器。

2.1.2 电阻器的主要参数与选用

1. 电阻器的主要参数

电阻器是电子产品中不可缺少的电路元件,使用时应根据其性能参数来选用。电阻器的主要参数包括标称阻值与允许偏差、额定功率、极限电压和温度系数等。

(1) 标称阻值与允许偏差

① 标称阻值。电阻器的标称阻值是指电阻器上所标注的阻值,是电阻生产的规定值。常用单位有 Ω、kΩ、MΩ。电阻器的阻值通常是按照国家标准 GB/T 2471—1995《电阻器和电容器优先数系》中的规定进行生产的,即不是所有阻值的电阻器都存在。表 2-1-3 所示为普通电阻器的标称阻值系列。

表 2-1-3 普通电阻器的标称阻值系列

系列	E24	E12	E6	E3	系列	E24	E12	E6	E3
允许偏差	±5%	±10%	±20%	>±20%	允许偏差	±5%	±10%	±20%	>±20%
特性标称数值	1.0	1.0	1.0	1.0	特性标称数值	3.3	3.3	3.3	
	1.1					3.6			
	1.2	1.2				3.9	3.9		
	1.3					4.3			
	1.5	1.5	1.5			4.7	4.7	4.7	4.7
	1.6					5.1			
	1.8	1.8				5.6	5.6		
	2.0					6.2			
	2.2	2.2	2.2	2.2		6.8	6.8	6.8	
	2.4					7.5			
	2.7	2.7				8.2	8.2		
	3.0					9.1			

电阻器的标称阻值为表 2-1-3 所列数值的 10^n 倍。以 E6 系列中的标称值 3.3 为例,它所对应的电阻器的标称阻值可为 3.3 Ω、33 Ω、330 Ω、3.3 kΩ、33 kΩ、330 kΩ 和 3.3 MΩ 等,依此类推。

小提示

标称值和标称值系列

标称值是指用以标志或识别元件、器件或设备的适当近似值(也称为产品的标准值)。与额定值的定义不同,额定值一般是指由制造厂为元件、器件或设备在特定运行条件下所规定的量值,且标称值是根据国家制定的标准系列,不是生产者任意标定的。比如电阻器生产出的实测值与标称值必然有一定的上下偏差,所以不是所有阻值的电阻器都存在,而是规定了一定的系列值,即电阻器的标准值系列。电阻器(电容器、电感器)的标准值系列通项公式为

$$a_n=(\sqrt[E]{10})^{n-1}\qquad(n=1,2,3,\cdots,E)$$

除了表 2-1-3 所列的标称系列外,精密元件的标称系列还有 E48(允许偏差±2%)、E96(允许偏差±1%)、E192(允许偏差±0.5%)三个系列。且一般元件的特性数值标称系列大多是 2 位有效数字,而精密元件的特性数值一般是 3 位或 4 位有效数字。

② 允许偏差。在电阻器的生产过程中,由于所用材料、设备和工艺等各方面的原因,厂家实际生产出的电阻器,其阻值不可能和标称值完全一样,总会有一定的偏差。因而把标称阻值与实际阻值之间允许的最大偏差范围的百分数称作电阻器的允许偏差(简称允差),又称电阻器的允许误差。

$$\text{电阻器的允许偏差}=\frac{\text{标称阻值}-\text{实际阻值}}{\text{标称阻值}}\times100\%$$

不同的允许偏差也称作数值的精度等级(简称精度),并为精度等级规定了标准系列,用不同的字母表示。比如普通电阻器的允许偏差有±5%、±10%、±20%等,可以分别用字母 J、K、M 等标识。精密电阻器的允许偏差有±2%、±1%、±0.5%、±0.1%等,可以分别用 G、F、D、B 等标识。电阻器的精度可用符号标明,见表 2-1-4。

表 2-1-4　电阻器的精度标识

精度	±0.001%	±0.002%	±0.005%	±0.01%	±0.02%	±0.05%	±0.1%
符号	E	X	Y	H	U	W	B
精度	±0.2%	±0.5%	±1%	±2%	±5%	±10%	±20%
符号	C	D	F	G	J	K	M

从表 2-1-4 可以看出,精度越高,其数值允许的偏差范围越小,电阻器就越精密;同时,它的生产成本及销售价格也就越高。在选择电阻器时,应该根据实际电路的要求,合理选用不同精度的电阻器。

(2) 额定功率

电阻器的额定功率是指在产品标准规定的大气压和额定温度下,电阻器在电路中长时间连续工作不损坏或不显著改变其性能所允许消耗的最大功率,因此又称为电阻器的标称功率,其单位为 W(瓦)。注意电阻器的额定功率并不是电阻器在电路中工作时一定要消耗的功率,而是电阻器在电路中工作时,允许消耗功率的限额。

常用的电阻器标称(额定)功率有 1/8 W、1/4 W、1/2 W、1 W、2 W、3 W、5 W、10 W 等。在电路图中,电阻器的额定功率标志在电阻的图形符号上,如图 2-1-3 所示。

1/8 W　1/4 W　1/2 W　1 W
2 W　3 W　5 W　10 W

图 2-1-3　标有电阻器额定功率的电阻符号

小提示

外形尺寸与额定功率

通常，额定功率2 W以下的小型电阻器，其额定功率值不直接在电阻体上标出，而是通过观察外形尺寸来确定；额定功率2 W以上的电阻器，因为体积比较大，其功率值均在电阻体上用数字标出。电阻器的额定功率主要取决于电阻体的材料、外形尺寸和散热面积。一般来说，额定功率大的电阻器，其体积也比较大。因此，可以通过比较同类型电阻器的尺寸，判断电阻器的额定功率。

实际使用过程中，若电阻器的实际功率超过额定功率，会造成电阻器过热而烧坏。因而实际使用时，选取的额定功率值一定要大于实际功率数倍。

(3) 温度系数

电阻器的温度系数是指电阻器的温度每变化1 ℃时，引起电阻值的相对变化量。用α_r来表示。

$$\alpha_r=\frac{R_2-R_1}{R_1(t_2-t_1)}/℃$$

上式中，α_r是电阻的温度系数，单位为1/℃；R_1和R_2分别是温度为t_1和t_2时的阻值，单位为Ω。温度系数α_r可正、可负，有两种类型：一种是正温度系数型，另一种是负温度系数型。一般情况下，电路中应选用温度系数较小的电阻器。除非在某些特殊情况下，需要使用温度系数大的热敏电阻器用作温度补偿或测量调节元件，因为这种电阻器的阻值随着环境和工作电路的温度变化而敏感地变化。值得注意的是，金属膜、合成膜电阻器具有较小的正温度系数，碳膜电阻器具有负温度系数。

知识点扩展

电阻器的噪声

上面列举了电阻器的主要性能参数，你能通过网络查找“电阻器的非线性”等其他参数吗？以下叙述的是电阻器的噪声及其形成原因。

电阻器的噪声是指产生于电阻中的一种不规则的电压起伏，包括热噪声和电流噪声两种。其中，热噪声是由于电子在导体中的不规则运动而引起的，既不决定于材料，也不决定于导体的形状，仅与温度和电阻器的阻值有关。任何电阻器都有热噪声；降低电阻器的工作温度，可以减小电阻器的热噪声。

电流噪声是由于电流流过电阻器时，导电颗粒之间以及非导电颗粒之间不断发生碰撞而产生机械振动，使颗粒之间的接触电阻不断变化而引起的。当直流电压加在电阻器两端时，电流将被起伏的噪声电流所调制，这样，电阻器两端除了有直流压降外，还会有不规则的交变电压分量，这就是电流噪声。电流噪声与电阻器的材料、结构有关，并和外加直流电压成正比。合金型电阻器无电流噪声，薄膜型电阻器电流噪声较小，合成型电阻器电流噪声最大。

2. 电阻器的选用

注意在设计生产电子产品过程中，选用的电阻器不仅要求其各项参数符合电路的使用条件，还要考虑其外形尺寸和价格等诸多方面的因素。

其中,原则一是所选电阻器的电阻值应接近应用电路中计算值的一个标称值,且优先选用标准系列的电阻器。一般电路使用的电阻器允许误差为±5%~±10%。精密仪器及特殊电路中使用的电阻器,应选用精密电阻器,对精密度为1%以内的电阻,如0.01%、0.1%、0.5%这些量级的电阻器应采用无感电阻器(如捷比信电阻器)。

原则二是所选电阻器的额定功率要符合应用电路中对电阻器功率容量的要求。一般不应随意加大或减小电阻器的功率。若电路要求是功率型电阻器,则其额定功率可高于实际应用电路要求功率的1.5~2倍以上。

原则三是所选电阻器的类型应根据应用电路的具体要求而定。如在那些稳定性、耐热性、可靠性要求比较高的电路中,应该选用金属膜或金属氧化膜电阻器;在高频电路中,应选用分布电感和分布电容小的非线绕电阻器(如碳膜电阻器、金属膜电阻器);在高增益小信号放大电路中,应选用低噪声电阻器(如金属膜电阻器、碳膜电阻器和线绕电阻器),而不能使用噪声较大的合成碳膜电阻器和有机实芯电阻器;如果要求功率大、耐热性能好,工作频率又不高,则可选用线绕电阻器;对于无特殊要求的一般电路,可使用碳膜电阻器,以便降低成本。

2.1.3 电阻器的识别与检测

1. 电阻器的识别

电阻器的标注方法是指将电阻器的主要参数(标称阻值与允许偏差)标注在电阻器表面上的方法。电阻器常用的标注方法有直标法、文字符号法、数码表示法和色标法4种。

(1) 直标法

直标法是将阿拉伯数字和单位符号在电阻器的表面直接标出标称阻值和允许偏差的方法,如图2-1-4(a)所示。其电阻器的表面上印有3.9 kΩ±10%,表示其电阻值为3.9 kΩ,允许偏差为±10%;若电阻器上未标注偏差,则默认偏差为±20%。一般功率较大的电阻器上还会标出额定功率的大小,且这种标注方法直观,易于判读,但数字标注中的小数点不易辨别,因此又采用文字符号法。

(2) 文字符号法

文字符号法是将阿拉伯数字和字母符号按一定规律的组合在电阻上标出电阻器的标称值及允许偏差的方法。用文字符号法表示电阻器主要参数的具体方法为:用文字符号表示电阻的单位(R或Ω表示Ω、k表示kΩ,M表示MΩ等),电阻值(用阿拉伯数字表示)的整数部分写在阻值单位的前面,电阻值的小数部分写在阻值单位的后面。如图2-1-4(b)所示,其电阻值为8.2 Ω。用特定的字母表示电阻器的允许偏差,可参考表2-1-4所示。也正是由于此方法不使用小数点,提高了数值标记的可靠性。

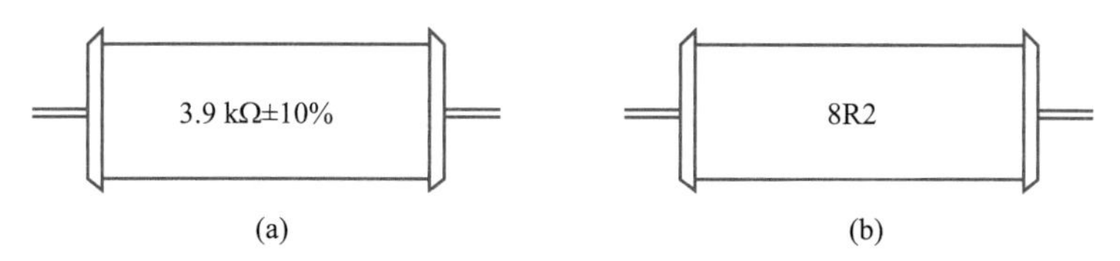

图2-1-4 电阻器的直标法和文字符号标注法

做一做

用文字符号法表示电阻器的阻值

你能用上面所述的文字符号标注法表示 0.47 Ω、4.7 Ω、4.7 kΩ、4.7 MΩ、4.7×10^{9} Ω 等电阻器的阻值大小吗?

0.47 Ω 的文字符号标注为 R47;4.7 Ω 的文字符号标注为 4R7 或 4Ω7;4.7 kΩ 的文字符号标注为 4k7;4.7 MΩ 的文字符号标注为 4M7;4.7×10^{9} Ω 的文字符号标注为 4G7。

(3) 数码表示法

数码表示法是用 3 位数码表示电阻器阻值的方法。数码从左到右,前两位为有效值,最后一位为 10 的幂数(即在有效值后“0”的个数)。电阻的单位为 Ω。偏差用文字符号表示,如表 2-1-4 所示。

做一做

识读数码表示法的电阻器的阻值与偏差

你能用上面所述的数码表示法识读 100 J、563 K 电阻器的阻值与偏差吗?

100 J 的数码表示法的阻值和误差为 10×10^{0} Ω=10 Ω,±5%;563 k 的数码表示法的阻值和误差为 56×10^{3} Ω=56 kΩ,±10%。

微课视频

色环电阻的识读

(4) 色标法

色标法是用不同颜色的色环代替数字在电阻器表面标出标称阻值和允许偏差的方法。这种方法在小型电阻器上用得比较多,且标志清晰,易于识别,跟电阻的安装方向无关。色环颜色规定见表 2-1-5。

表 2-1-5 色环颜色规定

颜色	有效数字	倍率	允许偏差	颜色	有效数字	倍率	允许偏差
棕色	1	10^{1}	±1%	灰色	8	10^{8}	—
红色	2	10^{2}	±2%	白色	9	10^{9}	−20% ~ +50%
橙色	3	10^{3}	—	黑色	0	10^{0}	—
黄色	4	10^{4}	—	金色	—	10^{-1}	±5%
绿色	5	10^{5}	±0.5%	银色	—	10^{-2}	±10%
蓝色	6	10^{6}	±0.25%	无色	—		±20%
紫色	7	10^{7}	±0.1%				

色标法常用四色标法和五色标法两种,如图 2-1-5 所示。

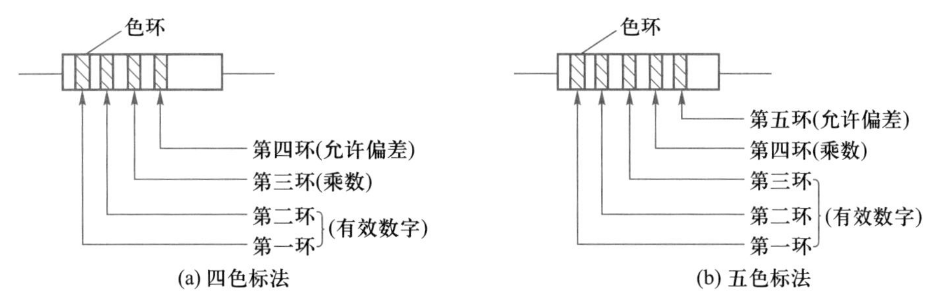

图 2-1-5 电阻器的色标法

做一做

识读色环电阻

请读出图 2-1-6 所示色环电阻的标识参数。

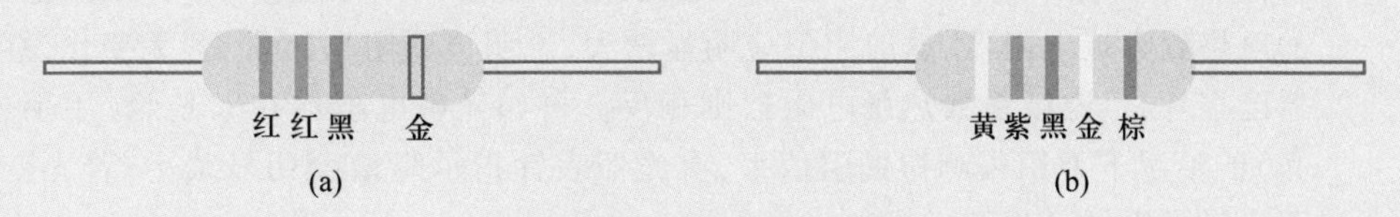

图 2-1-6 色环电阻示例

图 2-1-6(a)所示为四色环电阻为:$22\times10^{0}\ \Omega\pm5\%=22\ \Omega\pm5\%$;

图 2-1-6(b)所示为五色环电阻为:$470\times10^{-1}\ \Omega\pm1\%=47\ \Omega\pm1\%$。

小提示

怎样识别色环顺序

在实践中发现,有些色环电阻的排列顺序不甚分明,往往容易读错,在识别时,可运用如下技巧加以判断:① 先找标志误差的色环,从而排定色环顺序,即在电阻器两端只要有金环或银环,就可以认定这是色环电阻的最后一环;② 更靠近电阻器端引线的色环为第一环,离电阻器端引线远一些的色环为最后一环;③ 按照色环之间的间隔来判别最后一道色环,即偏差环与相邻色环的间隔要宽一些;④ 若以上办法还不能确定色环顺序时,可借助于电阻器的标称值系列加以判别。比如,一个电阻器的色环读序是棕、黑、黑、黄、棕,其值为 $100\times10^{4}\ \Omega=1\ \mathrm{M}\Omega\pm1\%$,属于正常的电阻系列值;若反顺序读是棕、黄、黑、黑、棕,其值为 $140\times10^{0}\ \Omega=140\ \Omega\pm1\%$。显然,按照后一种排序所读出的电阻值,在电阻器的生产系列中是没有的,故后一种色环顺序是不对的。

2. 电阻器的检测

(1) 外观检查

对于固定电阻器首先查看标志是否清晰,保护漆是否完好、有无烧焦、有无伤痕、有无裂痕、有无腐蚀、电阻体与引脚紧密是否接触等。

(2) 万用表检测

用万用表电阻挡测量电阻器的阻值,合格的电阻器阻值应该稳定在允许的误差范围内，如超出误差范围或阻值不稳定，则不能选用。

① 固定电阻器的检测。测量不同阻值的电阻器应选择万用表电阻挡的不同量程。对于指针式万用表，由于电阻挡的示数是非线性的，阻值越大，示数越密，所以选择合适的量程，应使表针偏转角大些，指示于1/3～2/3满量程，读数更为准确。若测得阻值超过该电阻的误差范围、阻值无限大、阻值为0或阻值不稳，说明该电阻器已坏。

在测量中注意拿电阻器的手不要与电阻器的两个引脚相接触，这样会使手所呈现的电阻与被测电阻器并联，影响测量结果。另外，不能在带电情况下用万用表电阻挡检测电路中电阻器的阻值。在线检测应首先断电，再将电阻器从电路中断开出来，然后进行测量。

② 熔丝电阻和敏感电阻器的检测。熔丝电阻的一般阻值只有几到几十欧，若测得阻值为无限大，则表明已熔断。也可在线检测熔丝电阻的好坏，分别测量其两端对地电压，若一端为电源电压，一端电压为0 V，表明熔丝电阻已熔断。

敏感电阻器种类较多，以热敏电阻器为例，又分正温度系数和负温度系数热敏电阻器。对于正温度系数（PTC）热敏电阻器，在常温下一般阻值不大，在测量中用烧热的电烙铁靠近电阻器，这时阻值应明显增大，说明该电阻器正常，若无变化说明该电阻器已损坏，负温度系数热敏电阻器则相反。再如光敏电阻器在无光照（用手或物遮住光）的情况下万用表测得的阻值大，有光照表针指示阻值会明显减小；若无变化，则表明光敏电阻器已损坏。

（3）用电桥测量电阻

如果要求精确测量电阻器的阻值，可通过电桥（数字式）进行测量。将电阻器插入电桥元件测量端，选择合适的量程，即可从显示器上读出电阻器的阻值。例如，用电阻丝自制电阻或对固定电阻器进行处理来获得某一较为精确的电阻值时，就必须用电桥测量其阻值。

做一做

指针式万用表检测热敏电阻器

请使用指针式万用表检测并判断热敏电阻器（标称阻值为270 Ω）的质量好坏。

提示：当外界温度变化时，热敏电阻器的阻值也会随之变化。为了能够更好地观察测量结果，最好使用灵敏度较高的指针式万用表（建议MF500型）进行测量。检测方法如下：

① 将万用表的挡位开关调整至电阻挡，如图2-1-7所示。

② 根据标称阻值（270 Ω）将指针式万用表的量程调整为$R\times100$，如图2-1-8所示。

图2-1-7 调挡位开关

图2-1-8 调整量程

③ 进行欧姆调零校正。将万用表的红、黑表笔短接，调整调零旋钮，使表针指向“0”标记。注意，指针式万用表测量电阻前都要进行欧姆调零，而且每换一次量程都要再校正一次。将万用表的红、黑表笔短接，调整调零旋钮，使表针指向“0”，如图 2-1-9 所示。

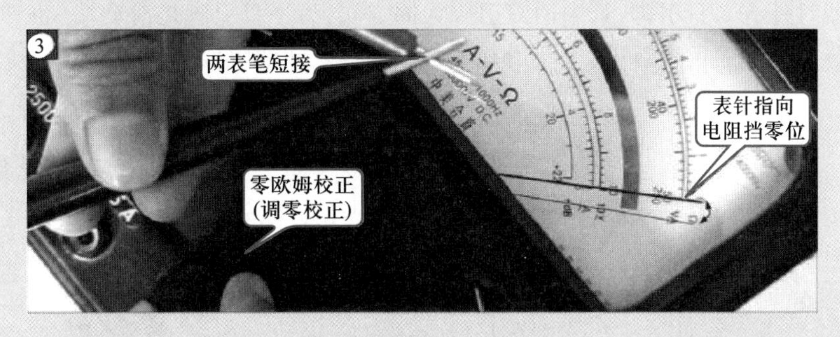

图 2-1-9　欧姆调零校正

④ 将红、黑两只表笔接在待测热敏电阻器的两个引脚上，观察万用表指针的位置，在正常情况下所测得的电阻值应接近热敏电阻器的标称阻值，如图 2-1-10 所示。

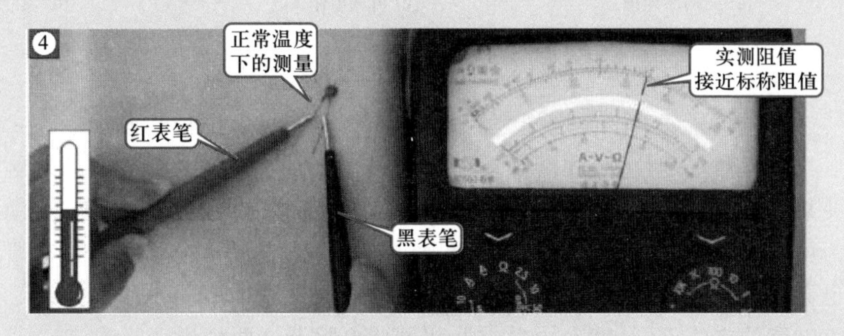

图 2-1-10　测量热敏电阻器的电阻值

⑤ 用电烙铁或电吹风等电热设备迅速为热敏电阻器加热，此时观察指针式万用表的指针，它应随温度的变化而摆动，如图 2-1-11 所示。这通常可以证明热敏电阻器是正常的。如果温度变化时用万用表所测得的阻值没有变化，则说明热敏电阻器性能不良。

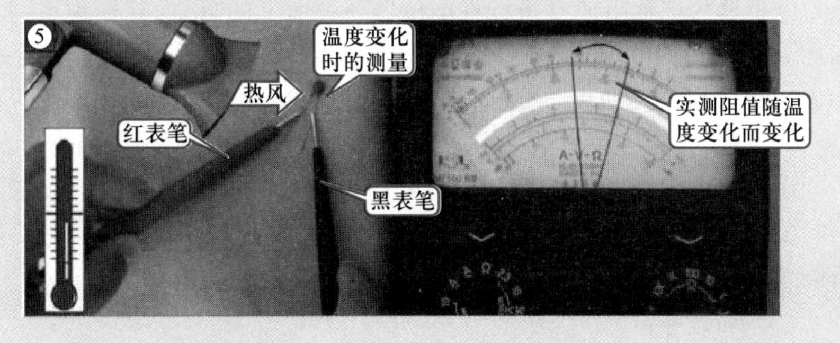

图 2-1-11　判断热敏电阻器性能

2.1.4 电位器及其检测

电位器是一种可调电阻器,其结构原理、图形符号及外形如图 2-1-12 所示。电位器对外有 3 只引脚,其中两只引脚为固定端,另一只引脚是滑动端(也称中心抽头),调节滑动端的位置,可以改变滑动端与固定端之间的阻值。

动画视频

电位器基础

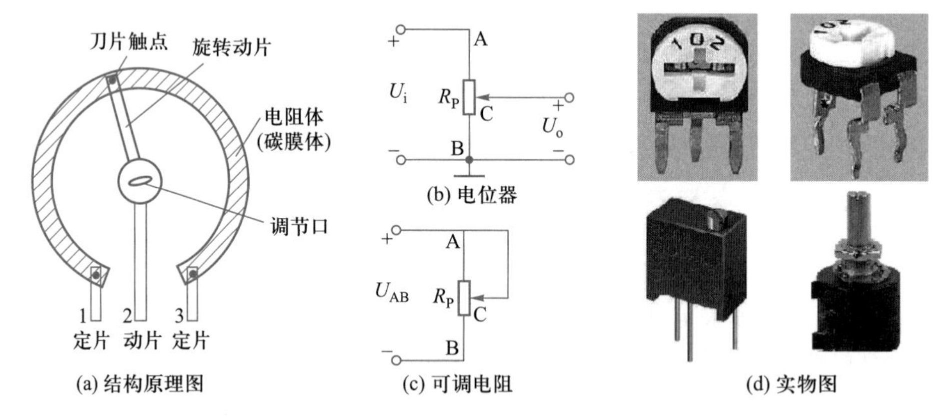

图 2-1-12 电位器的结构原理、图形符号及外形

当电位器的两个固定端之间外加一个电压时,通过转动或滑动方式改变滑动端触点在电位器上的位置,在滑动端与固定端之间便可得到一个与滑动端触点位置成一定关系的电压,如图 2-1-12(b)所示。当滑动端与一个固定端直接连接时,电位器就变为可调电阻器,调整滑动端在两个固定端之间的触点位置,两个固定端之间的电阻值也会改变,所以它常用来调节所在支路的电阻值,如图2-1-12(c)所示。因此,根据接入电路的方式不同,就有了电位器和可调电阻器这两种说法。

1. 电位器的主要参数

电位器的主要参数一般包括标称阻值与允许偏差、额定功率、动态噪声、分辨率、阻值变化规律等几项基本指标。

(1) 标称阻值与允许偏差

电位器的标称阻值是指标在电位器外表面上的阻值,其标称系列与电阻器的阻值标称系列类似。根据不同的精度,实际阻值与标称阻值的允许偏差范围有±20%、±10%、±5%、±2%、±1%,精密电位器的精度可达到±0.1%。

(2) 额定功率

电位器的两个固定端上允许耗散的最大功率称为电位器的额定功率。在选择使用时要注意,电位器的固定端附近容易因过大的电流而烧毁,即滑动端与固定端之间所能承受的功率要小于电位器的额定功率。

(3) 动态噪声

由于电阻体阻值分布的不均匀性和滑动触点接触电阻的存在,会使动触点在电阻体表面移动时,输出端除有用信号外,还伴有随着信号起伏不定的噪声。这种噪声对电子设备的工作将产生不良影响。

(4) 分辨率

分辨率决定于电位器的理论精度。对于线绕电位器和线性电位器来说,分辨率是用动触点在绕组上每移动一匝所引起的电阻变化量与总电阻的百分比来表示。对于具有函数特性的电位器来说,由于绕组上每一匝的电阻不同,故分辨率是个变量。此时,电位器的分辨率一般是指函数特性曲线上斜率最大一段的平均分辨率。

(5) 阻值变化规律

阻值变化规律是指阻值随滑动片触点旋转角度(或滑动行程)之间的变化关系,这种变化关系可以是任何函数形式,常用的有直线式、对数式和指数式。根据不同需要,还可制成按照其他函数(如正弦、余弦)规律变化的电位器。在使用中,直线式电位器适合于作分压器;指数式电位器适合于作收音机、录音机、电视机中的音量控制器;对数式电位器只适合于作音调控制等。

知识点扩展

数字电位器

数字电位器也称为数控电位器,是一种用数字信号控制其阻值改变的器件(集成电路)。

数字电位器取消了活动件,是一个半导体集成电路。其优点为:调节精度高;没有噪声,有极长的工作寿命;无机械磨损;数据可读写;具有配置寄存器及数据寄存器;多电平量存储功能,特别适用于音频系统;易于软件控制;体积小,易于装配。它适用于家庭影院系统,音频环绕控制,音响功放和有线电视设备等。

数字电位器与机械式电位器相比,具有可程控改变阻值、耐震动、噪声小、寿命长、抗环境污染等重要优点,因而已在自动检测与控制、智能仪器仪表、消费类电子产品等许多重要领域得到成功应用。但是,数字电位器额定阻值误差大、温度系数大、通频带较窄、滑动端允许电流小(一般为1~3 mA)等,这在很大程度上限制了它的应用。

2. 电位器的选用及检测

(1) 电位器的选用

电位器的规格品种很多,无论选择何种电位器,除了考虑其主要技术参数,如额定功率、标称电阻值范围、最高工作电压、开关额定电流等都应满足电路的具体条件外,还要考虑调节、操作和成本方面的要求。

一般的普通电子仪器调节旋钮选用合成碳膜或有机实芯电位器;同时需要控制电源开、断的应选用带开关的电位器;用作分压式音调控制和音量控制时,应分别选用对数式和指数式电位器:负反馈电路或需要均匀调节电压的电路多选用直线性电位器;电子线路中晶体管偏流调整或作可变电阻时,多选用微调电位器。

(2) 电位器的检测

检测电位器时,首先要转动旋柄,看看旋柄转动是否平滑,开关是否灵活,并听一听电位器内部接触点和电阻体摩擦的声音,如有较响的“沙沙”声或其他噪声,则说明质量欠佳。在一般情况下,旋柄转动时应该稍微有点阻尼,既不能太“死”,也不能太灵活。

用万用表测试时,应先根据被测电位器标称阻值的大小,选择好万用表的合适挡位再进行测量。将万用表的表笔测量两个固定端的电阻值,如果万用表指示的阻值比标称值大很多,表明电位器已不能使用;如万用表的指针跳动,表明电位器内部接触不良。

测量滑动端与固定端的阻值变化情况时,均匀移动滑动端,若阻值从最小到最大之间连续跳变,说明内部接触不良,则不能选用。

任务 2.2 电容器的识别与检测

任务引入

电容器是各类电子线路中使用频率仅次于电阻器的常用电子元件。

两个相互靠近的导体,中间夹一层不导电的绝缘介质,就构成了电容器。当电容器的两个极板之间加上电压时,电容器就会储存电荷。电容器的电容量在数值上等于一个导电极板上的电荷量与两个极板之间的电压之比。电容量的基本单位是法拉(F),常用单位是微法(μF)和皮法(pF),三者的换算关系为 $1\ F=10^6\ \mu F=10^{12}\ pF$。它被广泛应用于电路中的隔直通交、耦合、旁路、滤波、调谐回路、能量转换、控制等方面。本任务的目标是学会识别电容器的种类,熟悉各种电容器的名称,了解不同类型电容器的作用,掌握电容器的检测方法。

演示文稿

电容器的识别与检测

2.2.1 电容器及其类型

1. 电容器的图形符号及命名方法

常用电容器的图形符号如图 2-2-1 所示。

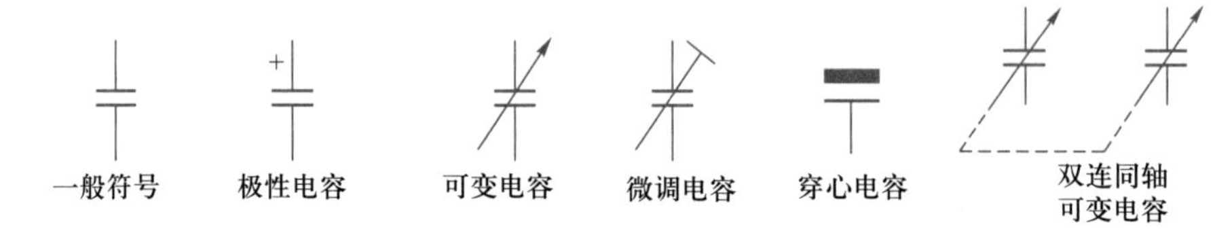

图 2-2-1 常用电容器的图形符号

电容器的命名方法与电阻器的命名方法类似,可参照图 2-1-2 所示。电容器的符号用“C”表示,其材料、特征及其含义见表 2-2-1。

动画视频

电容器的类别

2. 电容器的分类

按介质材料不同可分为涤纶电容器、云母电容器、瓷介电容器、电解电容器等。

按电容量能否变化可分为固定电容器、微调电容器(电容量变化范围较小)、可变电容器(电容量变化范围较大)等。

按电容器的用途可分为耦合电容器、旁路电容器、隔直电容器、滤波电容器、调谐电容器等。

按有无极性,可分为电解电容器(有极性电容器)和无极性电容器。

常用电容器的种类、外形、结构和性能特点见表 2-2-2。

表 2-2-1 电容器的材料、特征及其含义

材料		特征				
序号	含义	序号	含义			
			瓷介电容器	云母电容器	电解电容器	有机介质电容器
A	钽电解	1	圆片	非密封	箔式	非密封(金属箔)
B	非极性有机薄膜介质	2	管形(圆柱)	非密封	箔式	非密封(金属化)
C	1 类陶瓷介质	3	叠片	密封	烧结粉 非固体	密封(金属箔)
D	铝电解	4	多层(独石)	独石	烧结粉 固体	密封(金属化)
E	其他材料电解	5	穿心	—	—	穿心
G	合金电解	6	支柱式	—	交流	交流
H	复合介质	7	交流	标准	无极性	片式
I	玻璃釉介质	8	高压	高压	—	高压
J	金属化纸介质					
V	云母纸介质					
Y	云母介质					
Z	纸介质					
L	极性有机薄膜介质	9	—	—	特殊	特殊
N	铌电解	G	高功率			
O	玻璃膜介质					
Q	漆膜介质					
S	3 类陶瓷介质					
T	2 类陶瓷介质					

表 2-2-2 几种常用电容器的种类、外形、结构和性能特点

电容器种类	电容器外形	电容器结构和性能特点
瓷介电容器(CC、CT)		瓷介电容器有高频瓷介(CC)、低频瓷介(CT)电容器之分,高频瓷介电容器的体积小、温度系数小、稳定性高、耐压高,主要应用于高频电路中;低频瓷介电容器的绝缘电阻小、损耗大、稳定性差,但重量轻、价格低廉、容量大,广泛应用于中、低频电路中作隔直、耦合、旁路和滤波等电容器使用
涤纶电容器(CL)		涤纶电容器是用有极性聚酯薄膜为介质制成的具有正温度系数(即温度升高时,电容量变大)的无极性电容器。涤纶电容器具有耐高温、耐高压、耐潮湿、价格低等优点,一般应用于中、低频电路中作旁路电容器。常用的型号有 CL11、CL21 等系列

续表

电容器种类	电容器外形	电容器结构和性能特点
聚丙烯电容器（CBB）		聚丙烯电容器是用无极性聚丙烯薄膜为介质制成的一种负温度系数的无极性电容器。它分为非密封式（常用有色树脂漆封装）和密封式（用金属或塑料外壳封装）两种类型。聚丙烯电容器具有损耗小、性能稳定、绝缘性好、容量大等优点，一般应用于中、低频电子线路中或作为电动机的起动电容使用
独石电容器		独石电容器是用以钛酸钡为主的陶瓷材料烧结制成的多层叠片状超小型电容器。它具有性能可靠、耐高温、耐潮湿、容量大（容量范围 1 pF ~1 μF）、漏电流小等优点，但其工作电压低（耐压低于 100 V），广泛应用于谐振、旁路、耦合、滤波等电路中
云母电容器（CY）		云母电容器是采用云母作为介质，在云母表面喷一层金属膜（银）作为电极，按需要的容量叠片后经浸渍压塑在胶木壳（或陶瓷、塑料外壳）内构成。它具有稳定性好、分布电感小、精度高、损耗小、绝缘电阻大、温度特性及频率特性好、工作电压高（50 V~7 kV）等优点，一般应用于高频电路中作信号耦合、旁路、调谐等使用
纸介电容器（CZ）		纸介电容器是用较薄的电容器专用纸作为介质，用铝箔或铅箔作为电极，经卷饶成形、浸渍后封装而成。纸介电容器具有电容量大（100 pF~100 μF）、工作电压范围宽（最高耐压值可达 6.3 kV）等优点，但体积大、容量精度低、损耗大、稳定性较差，一般应用于频率和稳定性要求不高的电路中，现在纸介电容器已很少见到
铝电解电容器（CD）		有极性铝电解电容器是将附有氧化膜的铝箔（正极）和浸有电解液的衬垫纸，与阴极（负极）箔叠片一起卷绕而成。外形封装有管式、立式，并在铝壳外有蓝色或黑色塑料套。它具有容量范围大，一般为 1~10 000 μF，额定工作电压范围为 6.3~450 V，但介质损耗大、容量误差大、耐高温性较差，存放时间长，容易失效，通常应用在直流电源电路或中、低频电路中起滤波、退耦、信号耦合及时间常数设定、隔直流等作用
钽电解电容器（CA）		钽电解电容器有两种形式，一种是箔式钽电解电容器（内部采用卷绕芯子，负极为液体电解质，介质为氧化钽）；另一种是钽粉烧结式（正极是颗粒很细的钽粉压块后烧结而成）。钽电解电容器具有介质损耗小、频率特性好、耐高温、漏电流小等特点，但生产成本高、耐压低，广泛应用于通信、航天、军工及家用电器上各种中、低频电路和时间常数设置电路中

2.2.2　电容器的主要参数与选用

1. 电容器的主要参数

(1) 标称容量与允许偏差

与电阻器一样,电容器的标称容量也是指在电容器上所标注的容量值。电容器的标称容量与允许偏差也符合国家标准 GB/T 2471—1995 中的规定,与电阻器类似,可参照表 2-2-3 的取值。通常,电容器的容量为几皮法(pF)到几千微法(μF)。

演示文稿

电容器的选用

(2) 电容器额定工作电压与击穿电压

击穿电压是指当电容器两个极板之间所加的电压达到致使电容器击穿的电压值。而电容器的额定工作电压(俗称"耐压")是指电容器长期安全工作所允许施加的最大直流电压,其值通常为击穿电压的一半。在使用中,实际加在电容器两端的电压应小于额定电压;在交流电路中,加在电容器上的交流电压的最大值不得超过额定电压;否则,电容器会被击穿。

另外,电容器额定电压的数值通常在体积较大的电容器或电解电容器上标出来,见表 2-2-3。

表 2-2-3　常用电容器的额定电压数值　单位:V

1.6	4	6.3	10	16	25	40
50	63	100	125	160	250	400
450	500	630	1 000	1 600	2 000	…

(3) 绝缘电阻

电容器的绝缘电阻是指电容器两极之间的电阻,也称为电容器的漏电阻。电容器的绝缘电阻一般为 $10^8 \sim 10^{10}$ Ω。

2. 电容器的选用

正确、合理地选用电容器是指在满足电路要求的前提下,除了综合考虑体积、重量、成本、可靠性等各方面的因素外,还要广泛收集和掌握产品的市场信息,熟悉各种电容器的性能特点以及在电路中的作用。电容器选用的基本原则如下。

① 根据电路要求选择电容器的类型。对于要求不高的低频电路和直流电路,一般可选用纸介电容器,也可选用低频瓷介电容器;在高频电路中,当电气性能要求较高时,可选用云母电容器、高频瓷介电容器或穿心瓷介电容器;在要求较高的中频及低频电路中,可选用塑料薄膜电容器;在电源滤波、去耦电路中,一般可选用铝电解电容器;对于要求可靠性高、稳定性高的电路中,应选用云母电容器、漆膜电容器或钽电解电容器;对于高压电路,应选用高压瓷介电容器或其他类型的高压电容器;对于调谐电路,应选用可变电容器及微调电容器。

② 合理确定电容器的电容量及允许偏差。在低频的耦合及去耦电路中,一般对电容器的电容量要求不太严格,只要按计算值选取稍大一些的电容量即可。在定时电路、振荡回路及音调控制等电路中,对电容器的电容量要求较为严格,因此选取电容量的标称值应尽量与计算的电容值相一致或尽量接近,且尽量选精度高的电容器。在一

些特殊的电路中，往往对电容器的电容量要求非常精确，此时应选用允许偏差在±0.1%~±0.5%的高精度电容器。

③ 选用电容器的工作电压应符合电路要求。一般情况下，选用电容器的额定电压应大于实际工作电压的1.5~2倍。对于工作环境温度较高或稳定性较差的电路，选用电容器的额定电压应考虑降额使用，留有更大的余量才好。若电容器所在电路中的工作电压高于电容器的额定电压，往往电容器极易发生击穿现象，使整个电路无法正常工作。电容器的额定电压一般是指直流电压，若要用于交流电路，应根据电容器的特性及规格选用；若要用于脉动电路，则应按交、直流分量总和不得超过电容器的额定电压来选用。

④ 优先选用绝缘电阻大、介质损耗小、漏电流小的电容器。

⑤ 应根据电容器工作环境选用电容器。电容器的性能参数与使用环境的条件密切相关，因此在选用电容器时应注意：在高温条件下使用的电容器应选用工作温度高的电容器；在潮湿环境中工作的电路，应选用抗湿性好的密封电容器；在低温条件下使用的电容器，应选用耐寒的电容器，这对电解电容器来说尤为重要，因为普通的电解电容器在低温条件下会使电解液结冰而失效。

⑥ 选用电容器时应考虑安装现场的要求。电容器的外形有很多种，选用时应根据实际情况来选择电容器的形状及引脚尺寸。例如，作为高频旁路用的电容器最好选用穿心式电容器，这样不但便于安装，又可兼作接线柱使用。

2.2.3 电容器的识别与检测

1. 电容器的识别

演示文稿

电容器的检测

电容器的标注方法主要有直标法、文字符号法、数码表示法和色标法四种。

（1）直标法

与电阻器一样，电容器的直标法也是用阿拉伯数字和单位符号在电容器表面上直接标出主要参数（标称容量、额定电压、允许偏差等）的标示方法。若电容器上未标注偏差，则默认为20%的误差。当电容器的体积很小时，有时仅标注标称容量一项。

（2）文字符号法

同样，文字符号法也是用阿拉伯数字和字母符号或两者有规律地组合，在电容器上标出主要参数的标示方法。该方法具体规定为：用字母符号表示电容的单位（n表示nF、p表示pF、μ表示μF或用R表示μF等），电容器的容量（用阿拉伯数字表示）的整数部分写在电容单位的前面，小数部分写在电容单位的后面；凡用整数（一般为4位），又无单位标注的电容，其单位默认为pF；凡用小数、又无单位标注的电容，其单位默认为μF。

做一做

电容器电容量的识别

你能用文字符号法表示4.7 μF、0.47 pF、0.56 μF、3 300 pF等电容器的主要参数吗？

提示：4.7 μF的文字符号表示为4μ7或表示为4R7；

0.47 pF的文字符号表示为p47；

0.56 μF的文字符号表示为R56或μ56；

3 300 pF的文字符号表示为3n3或3 300。

(3) 数码表示法

数码表示法也是用 3 位数码表示电容器容量的方法。数码按从左到右的顺序,第 1、第 2 位为有效数,第 3 位为倍乘数(即零的个数),电容量的单位是 pF。偏差用字母符号表示。

小提示

注意:用数码表示法来表示电容的容量时,若第 3 位倍乘数是"9"时,则表示 10^{-1},而不是 10^{9}。例如,159 表示 15×10^{-1} pF = 1.5 pF。

(4) 色标法

色标法是指用不同颜色的色环或色点表示电容器主要参数的标志方法。这种方法在小型电容器上用得比较多。色标法的具体含义与电阻类似,可参照图 2-1-5 所示的规定。色环颜色的规定与电阻色标法相同,见表 2-1-5。

2. 电容器的检测

电容器比电阻器出现故障的概率大,常见的故障有电容开路、电容击穿、电容漏电等。如果没有专用检测仪器,一般使用模拟万用表也能简单判断电容器的容量大小、电容器引脚的极性和电容器的好坏。

(1) 电容器容量大小的判别

5 000 pF 以上容量的电容器用万用表的最高电阻挡判别。具体操作为:将万用表的两表笔分别接在电容器的两只引脚上,这时,可见万用表指针有一个较小的摆动过程;然后将两表笔对换,再进行一次测量,此时万用表指针会有一个较大的摆动过程。这就是电容器的充、放电过程。电容器的容量越大,指针摆动越大,指针复原的速度也越慢。5 000 pF 以下容量的电容器用万用表测量时,由于其容量小,已无法看出电容器的充、放电过程。这时,应选用具有测量电容器功能的数字万用表进行测量。

(2) 固定电容器故障判断

用上述对电容器容量大小的判别方法,若出现万用表指针不摆动(5 000 pF 以上容量的电容器),说明电容器已开路;若万用表指针向右摆动后,指针不再复原,说明电容器被击穿;若万用表指针向右摆动后,指针只有少量向左回摆的现象,说明电容器有漏电现象,指针稳定后的读数即为电容器的漏电电阻值。电容器正常时,其电容器的绝缘电阻应为 $10^{8}\sim10^{10}\ \Omega$。

(3) 电解电容器的检测

① 因为电解电容器的容量较一般固定电容大得多,所以测量时应针对不同容量选用合适的量程。根据经验,一般情况下,1~47 μF 的电容器,可用 $R\times1$ k 挡测量,大于 47 μF的电容可用 $R\times100$ 挡测量。② 将万用表红表笔接负极,黑表笔接正极,在刚接触的瞬间,万用表指针即向右偏转较大角度(对于同一电阻挡,容量越大,摆幅越大),接着逐渐向左回转,直到停在某一位置。此时的阻值便是电解电容器的正向漏电阻,此值略大于反向漏电阻。实际使用经验表明,电解电容器的漏电阻一般应在几百千欧以上,否则,将不能正常工作。在测试中,若正向、反向均无充电的现象,即表针不动,则说明容量消失或内部断路;如果所测阻值很小或为零,说明电容器漏电大或已击穿损坏,不能再使用。③ 对于正、负极标志不明的电解电容器,可利用上述测量漏电阻的

方法加以判别,即先任意测一下漏电阻,记住其大小,然后交换表笔再测出一个阻值。两次测量中阻值大的那一次便是正向接法,即黑表笔接的是正极,红表笔接的是负极。④ 同样可以根据电容器充电时,指针向右摆动幅度的大小,估测电解电容的容量。

(4) 可变电容器的检测

① 用手轻轻旋动转轴,应感觉十分平滑,不应感觉有时松时紧甚至卡滞现象。或者用一只手旋动转轴,另一只手轻摸动片组的外缘,不应感觉有任何松脱现象。转轴与动片之间接触不良的可变电容器,是不能再继续使用的。② 将万用表置于 $R\times10$ k 挡,一只手将两支表笔分别接可变电容器的动片和定片的引出端,另一只手将转轴缓缓旋动几个来回,万用表指针都应在无穷大位置不动。在旋动转轴的过程中,如果指针有时指向零,说明动片和定片之间存在短路点;如果碰到某一角度,万用表读数不为无穷大而是出现一定阻值,说明可变电容器动片与定片之间存在漏电现象。

任务 2.3 电感器和变压器的识别与检测

任务引入

电感器俗称电感或电感线圈,广泛应用于调谐、振荡、耦合、滤波、陷波、延迟、补偿等电子线路中。变压器也是一种利用电磁感应原理来传输能量的元件,它实质上是电感器的一种特殊形式。变压器具有变压、变流、变阻抗、耦合、匹配等主要作用。本任务目标就是学会识别电感器和变压器的种类,熟悉各种电感器和变压器的名称,了解不同类型电感器和变压器的作用,掌握电感器和变压器的检测方法。

演示文稿

电感器的识别与检测

2.3.1 电感器和变压器及其类型

电感器是一种非线性元件,可以储存磁能。由于通过电感器的电流值不能突变,所以,电感器对直流电流短路,对突变的电流呈高阻态。在电路图中用符号 L 表示,主要参数是电感量,单位是亨利,用 H 表示,常用的有毫亨(mH)、微亨(μH)、纳亨(nH),换算关系为 $1\ \text{H}=10^3\ \text{mH}=10^6\ \mu\text{H}=10^9\ \text{nH}$。

1. 电感器和变压器的图形符号及命名方法

各种电感线圈都具有不同的特点和用途。但它们都是用漆包线、纱包线和镀银裸铜线,并绕在绝缘骨架、铁心或磁心上构成的,而且每圈与每圈之间要彼此绝缘。常用电感器和变压器的图形符号如图 2-3-1 所示。

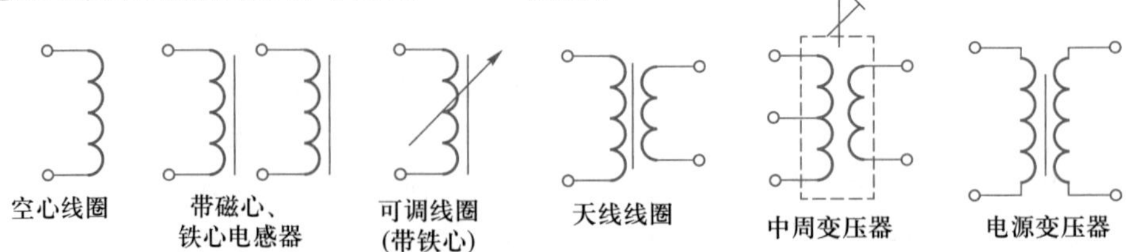

图 2-3-1 常用电感器和变压器

电感器和变压器的命名方法与电阻器、电容器的命名方法类似，如图 2-3-2 所示。其中，变压器主称字母含义：DB—电压变压器、CB—音频输出变压器、RB—音频输入变压器、GB—高频变压器、HB—灯丝变压器、SB 或 ZB—音频（定阻式）变压器等。

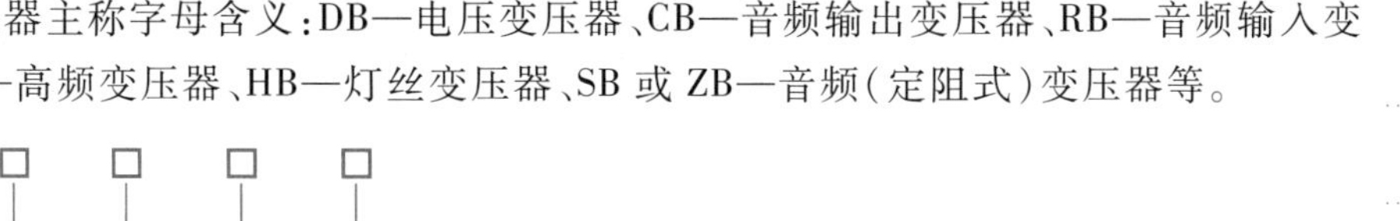

区别代码(用字母表示)
形式(用字母表示, X 一表示小型)
特征(用字母表示, G 一表示高频)
主称(用字母表示, L 一表示线圈, ZL 一表示阻流圈)

图 2-3-2　电感器和变压器的命名方法

2. 电感器和变压器的类型与特点

（1）电感器的分类

按绕线结构不同，可分为单层线圈、多层线圈、峰房线圈等；按导磁性质不同，可分为空心线圈、磁心线圈、铜心线圈等；按封装形式不同，可分为普通电感器、色环电感器、环氧树脂电感器、贴片电感器等；按电感量是否变化，可分为固定电感器、微调电感器、可变电感器等；按工作性质不同，可分为高频电感器和低频电感器等；按用途不同，可分为天线线圈、扼流线圈、振荡线圈、退耦线圈等。

（2）变压器的分类

按工作频率不同，可分为高频变压器、中频变压器、低频（音频）变压器等；按导磁性质不同，可分为空心变压器、磁心变压器、铁心变压器等；按用途（传输方式）不同，可分为电源变压器、输入变压器、输出变压器、脉冲变压器、耦合变压器、自耦变压器、隔离变压器等。

常用电感器和变压器的种类、外形、结构和性能特点见表 2-3-1。

动画视频

电感器的类别

表 2-3-1　常用电感器和变压器的种类、外形、结构和性能特点

电感器种类	电感器外形	电感器结构和性能特点
小型固定电感线圈		将铜线绕在磁心上，再用环氧树脂或塑料封装而成。其电感量用直标法和色标法表示，又称色码电感器。体积小、重量轻、结构牢固、安装使用方便，在电路中，用于滤波、陷波、扼流、振荡、延迟等。固定电感器有立式和卧式两种，电感量为 0.1~3 000 μH，允许误差为 Ⅰ（5%）、Ⅱ（10%）、Ⅲ（20%）挡，频率在 10 kHz~200 MHz
铁氧体磁心线圈		铁氧体铁磁材料具有较高的磁导率，常用来作为电感线圈的磁心，制造体积小而电感量大的电感器。在中心磁柱上开出适当的气隙，不但可以改变电感系数，而且能够提高电感的 Q 值、减小电感温度系数。广泛应用于 LC 滤波器、谐振回路和匹配回路。常见的铁氧体磁心还有 I 形磁心、E 形磁心和磁环

续表

电感器种类	电感器外形	电感器结构和性能特点
交流扼流圈		交流扼流圈有低频扼流圈和高频扼流圈两种形式。低频扼流圈又称滤波线圈，由铁心和绕组构成；有封闭和开启式两种，它与电容器组成滤波电路，以滤除整流后残存的交流成分。高频扼流圈通常用在高频电路中阻碍高频电流的通过。常与电容器串联组成滤波电路，起到分开高频和低频信号的作用
可调电感器		在线圈中插入磁心（或铜心），改变磁心在线圈中的位置就可以达到改变电感量的目的。例如，有些中周线圈的磁罩可以旋转调节，即磁心可以旋转调节。调整磁心和磁罩的相对位置，能够在±10%的范围内改变中周线圈的电感量
电源变压器		电源变压器的功能是功率传送、电压变换和绝缘隔离，作为一种主要的软磁电磁元件，在电源技术和电子技术中得到广泛的应用

2.3.2 电感器和变压器的主要参数与选用

演示文稿

电感器的识别与选用

1. 电感器主要参数

(1) 标称电感量

与电阻器、电容器一样，标称电感量是指电感器上所标注的电感量的大小。它是用来表示线圈本身的固有特性，主要取决于线圈的圈数、结构及绕制方法等，与电流大小无关。反映电感线圈存储磁场能的能力，也反映电感器通过变化电流时产生感应电动势的能力。单位为亨（H），实际的电感量常用毫亨（mH）、微亨（μH）。

(2) 品质因数

电感线圈中，储存能量与消耗能量的比值称为品质因数，也称 Q 值。它是表示线圈质量的一个物理量，Q 为线圈的感抗（ωL）与线圈的损耗电阻（R）的比值，即 $Q=\omega L/R$，线圈的 Q 值越高，回路的损耗越小。线圈的 Q 值与导线的直流电阻、骨架的介质损耗、屏蔽罩或铁心引起的损耗、高频趋肤效应的影响等因素有关。因此，为提高电感线圈的品质因数，可以采用镀银导线、多股绝缘线绕制线匝，使用高频陶瓷骨架及磁心（提高磁通量）。

(3) 分布电容

电感线圈的分布电容是指电感线圈的各匝绕组之间通过空气、绝缘层和骨架而形成的电容效应。同时，在屏蔽罩之间、多层绕组的每层之间、绕组与底板之间也都存在着分布电容。这些电容的作用可以被看作一个与线圈并联的等效电容。低频时，分布电容对电感器的工作没有影响;高频时,会改变电感器的性能。

(4) 电感线圈的直流电阻

即为电感线圈的直流损耗电阻 R_0,可以用万用表的电阻挡直接测量出来。

2. 变压器主要参数

(1) 变压比 n

变压比是指变压器二次电压与一次电压的比值或二次绕组匝数与一次绕组匝数的比值,一般会直接标识在变压器的外壳上,例如 220 V/36 V。

(2) 额定功率

额定功率是指在规定的频率和电压下,变压器能长期工作而不超过规定温升的输出功率(常用单位有 W、kW)。一般电子产品中,变压器的额定功率大都在数百瓦以下。

(3) 效率

效率是指变压器的输出功率与输入功率的比值(用百分数表示)。一般来说,变压器的容量(额定功率)越大,其效率越高;容量(额定功率)越小,效率越低。例如,变压器的额定功率为 100 W 以上时,其效率可超过 90%;变压器的额定功率为 10 W 以下时,其效率只有 60%~70%。

(4) 绝缘电阻

绝缘电阻是指变压器各绕组之间以及各绕组对铁心(或机壳)之间加直流电压,经过一定时间极化过程结束后,流过电介质的泄漏电流对应的电阻。若绝缘电阻过低,会使仪器和设备机壳漏电,造成工作不稳定,甚至对设备和人身带来危险。

3. 电感器的选用

电感线圈的选用原则一般是按工作频率的要求去选择线圈结构。比如,用于音频电路时,一般要选用带铁心(硅钢片或坡莫合金)或低铁氧体心的电感线圈;用于工作频率在几百千赫兹至几兆赫兹的高频电路时,最好选用以多股绝缘线绕制铁氧体心线圈;在几兆赫兹至几十兆赫兹的高频电路中工作的线圈,宜选用单股镀银粗铜线绕制,磁心采用高频铁氧体,也常采用空心线圈;而在 100 MHz 以上的高频电路时,一般不能选用铁氧体心,只能用空心线圈。另外,电感器的代换时要遵行电感线圈必须原值代换(即匝数相等、电感量大小相同);若是贴片电感时,则只需大小相同即可,还可用0 Ω电阻或导线代换。

小提示

电感器与磁珠的选择

有一匝以上的线圈习惯称为电感线圈,少于一匝(导线直通磁环)的线圈习惯称之为磁珠。电感器是储能元件,而磁珠是能量转换(消耗)器件;电感器多用于电源滤波回路,磁珠多用于信号回路,用于 EMC 对策;磁珠主要用于抑制电磁辐射干扰,而电感器用于这方面则侧重于抑制传导性干扰,两者都可用于处理 EMC、EMI 问题;磁珠是用来吸收超高频信号的,而电感器是一种蓄能元件,用于 LC 振荡电路、中低频的滤波电路等,其应用频率范围很少超过 50 MHz。

2.3.3 电感器和变压器的识别与检测

1. 电感器的识别

动画视频

电感器的检测

电感器的识别方法与电阻器、电容器相似，也有直标法、文字符号法、数码表示法和色标法四种，这里不再详细介绍。但要注意，色环电感比色环电阻要短而粗，单位为mH。

2. 电感器的性能检测

电感器的性能检测一般采用外观检查结合万用表测试的方法。先检查外观，看线圈有无断线或烧焦酌情况（这种故障现象较常见），若无此现象，再用万用表检测。若测得线圈的电阻远大于标称值或趋于无穷大，说明电感器断路；若测得线圈的电阻远小于标称阻值，说明线圈内部有短路故障。电感线圈只有一部分（如阻流圈、*LC* 振荡线圈、固定电感线圈）是按标准生产出来的产品，绝大多数是非标产品或自制的。其中，铁心线圈只能用于低频，铁氧体线圈、空心线圈可用于高频。

3. 变压器的性能检测

变压器的性能检测方法与电感器的大致相同，不同之处在于：检测变压器之前，先了解该变压器的连线结构，然后主要测量变压器线圈的直流电阻和各绕组之间的绝缘电阻。

① 线圈直流电阻测量：选择万用表的 $R\times1$ k 挡进行测量，一般一次电阻大，二次电阻小。

② 绕组间绝缘电阻的测量：用 500 V 或 1 000 V 的兆欧表。电压变压器、扼流圈，选用 1 000 V 兆欧表，绝缘电阻应该大于 1 000 MΩ；晶体管输入、输出变压器，选用 500 V兆欧表，绝缘电阻大于 500 MΩ。

另外，还要注意：电源变压器的一次、二次引脚都是分别从两侧引出的，一般一次侧标有 220 V 字样，但有时标记模糊，可根据一次绕组线径细、匝数多，二次绕组线径粗、匝数少判断，同时一次直流电阻大于二次直流电阻。

任务 2.4 机电元件的识别与检测

任务引入

机电元件是利用机械力或电信号实现电路接通、断开或转接的元件。电子产品中常用的机电元件有开关元件、连接器元件等。在实际应用中影响机电元件可靠性的因素有很多，主要有温度、湿度、盐雾、工业气体等。例如，高温会造成弹性材料的机械应力性能松弛，导致接触电阻增大；工业气体中的二氧化硫（过氧化氢）对接触点特别是镀银层有很大的腐蚀作用。所以，选用机电元件时，要充分考虑符合产品技术条件规定的电气、环境等要求。本任务的目标就是熟悉各种机电元件的类型及作用，掌握机电元件的选用方法和检测方法。

2.4.1 常用机电元件的识别

演示文稿

机电元件的识别与检测

1. 开关元件的识别

开关元件在电路中的主要作用就是对电路或负载的供电进行通、断控制的一种元器件。开关元件按照控制方式可分为电子开关和机械开关两大类。电子开关是由具有开关特性的元器件(如晶体管、晶闸管)制成的一种无触点开关,这种开关在电路的通和断控制过程中没有机械力的参与。

(1) 开关元件的电路图形符号

开关元件在电路原理图中通常用字母“S”表示,其图形符号如图 2-4-1 所示。

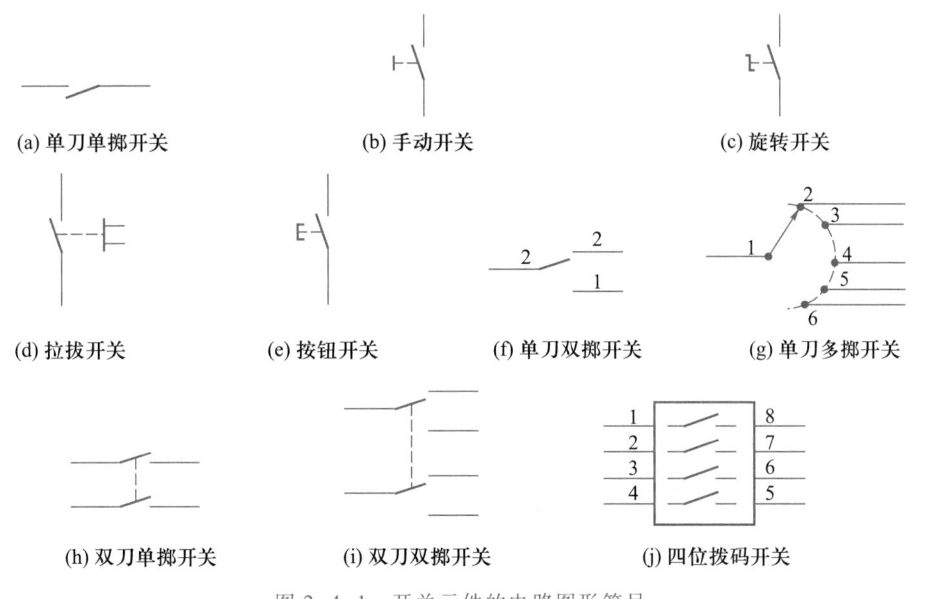

图 2-4-1 开关元件的电路图形符号

(2) 开关元件的分类

开关元件的种类很多,可按极、位、结构、功能及大小分类,如机械开关、水银开关、舌簧开关、薄膜开关、电子开关、定时开关、接近开关、波段开关及拨码开关等。

① 按极(刀)、位(掷)分类。把机械操作的开关触点(触头、触刀)称为极(刀),即可活动的触点(动触点)称为极。固定触点(定触点)称为位(掷)。即单极开关只有一个触点,可分为单极单位开关(单刀单掷)开关、单极双位(单刀双掷)开关、单极多位(单刀多掷)开关和多极多位(多刀多掷)开关等。单刀单掷开关只有一个动触点和一个静触点,因此只接通或断开一条电路。单刀双掷开关可以接通或断开两条电路中的一条,单刀多掷依此类推,如图 2-4-1(f)、(g)所示。多刀多掷开关操作时,一般各极是同步进行的,如图 2-4-1 中(h)、(i)所示。

② 按结构分类。按结构分类主要有钮子开关、按键开关、波动开关、旋转式开关、琴键开关、滑动开关(拨动开关)、轻触开关、拨码开关、微型按键开关及薄膜开关等。

• 钮子开关:主要用于小型电源开关电路转换,主要特点是螺纹圆孔安装,加工方便。其外形结构如图 2-4-2 所示。

微课视频

机电元件的识别

• 按键开关:常用于家用电器、电信设备、自控设备、计算机及仪表中,有时用在电路转换中,主要特点是嵌卡式安装可靠,指示灯、轻触式操作。按键开关按形状分,主要有小型和大型两种,形状多为圆形和方形。它是通过按动键帽,使开关触头接通或断开,从而达到实现电路的切换目的。按其动作分,主要有轻触式和推拉式等。其外形结构如图 2-4-3 所示。

图 2-4-2 钮子开关

图 2-4-3 按键开关

• 波动开关:常用于一般电气设备电源开关及电路转换,主要特点是嵌卡式安装,操作方便。其外形结构如图 2-4-4 所示。

• 旋转式开关:主要有旋转式波段开关和旋转式功能转换开关两种。其外形结构如图 2-4-5 所示。

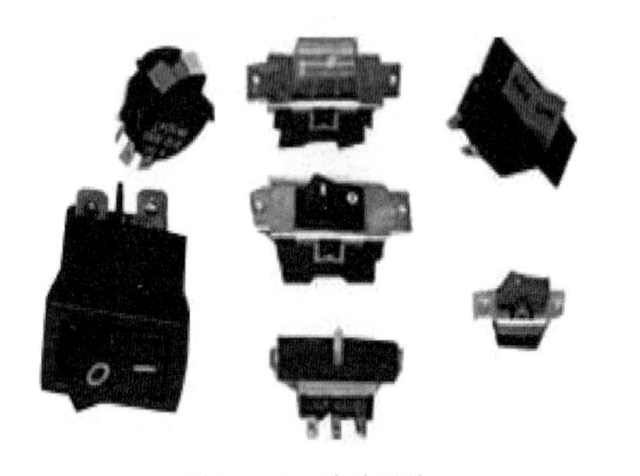

图 2-4-4 波动开关

图 2-4-5 旋转式开关

• 琴键开关:常用于仪器、仪表及各种电子设备多极转换电路中,主要特点是每只开关可有 2 极、4 极、8 极,可多只组合或自锁、互锁、无锁等多种形式。S 锁定是指按下开关键后位置即被固定,复位需另按复位键或其他键。它的组成形式上有带指示灯、带电源开关和不带灯(电源开关)等数种。其外形结构如图 2-4-6 所示。

• 滑动开关(拨动开关):主要用于收音机、录音机等小电器及普及型仪器仪表中,一般用于电路状态转换和低压电源控制等。其外形结构如图 2-4-7 所示。

图 2-4-6 琴键开关

图 2-4-7 拨动开关

• 轻触开关：主要用于键盘等数字化设备面板的控制，主要特点是体积小、重量轻、可靠性好、寿命长、无锁。其外形结构如图 2-4-8 所示。

• 拨码开关：主要用于不经常动作的数字电路转换，主要特点是体积小、安装方便、可靠性高。其外形结构如图 2-4-9 所示。

图 2-4-8 轻触开关

图 2-4-9 拨码开关

• 微型按键开关：常用在微型仪器仪表及电器的转换电路中，主要特点是体积小、重量轻、按动操作方便、手感舒适和价格低廉等。其外形结构如图 2-4-10 所示。

• 薄膜开关：用于各种仪器仪表、微机控制及电器的控制面板上，是近年来国际流行的一种集装饰与功能为一体的新型开关。其外形结构如图 2-4-11 所示。

图 2-4-10 微型按键开关

2. 连接器元件的识别

习惯上把连接器称作接插件。按照接插件的工作频率可分为低频接插件和高频接插件。通常低频接插件适合工作在 100 MHz 频率以下，高频接插件则适合工作在 100 MHz 频率以上，且它们在结构上，一般都采用同轴结构，所以也称为同轴连接器。常见的连接器有圆形连接器、矩形连接器、印制板连接器、D 形连接器、带状电缆连接器、条形连接器、AV 连接器和电源插头、插座等。

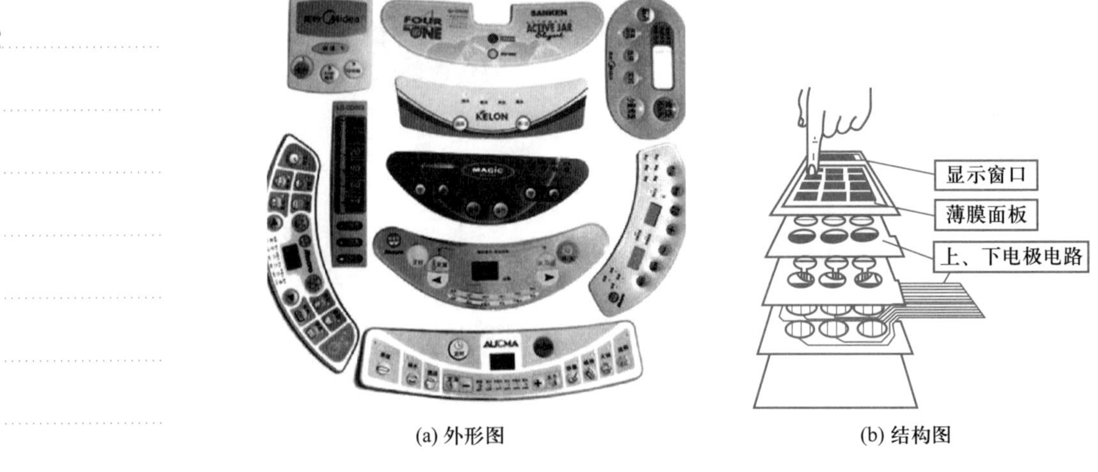

(a) 外形图　(b) 结构图

图 2-4-11　薄膜开关

（1）圆形连接器

圆形连接器俗称航空插头、插座，主要有插接式和螺接式两大类。插接式常用于插拔较频繁、连接点数少的电路连接。其外形结构如图 2-4-12 所示。

（2）矩形连接器

矩形连接器采用矩形排列，能充分利用空间位置，广泛应用于各种电子设备的机内互连。当带有外壳或锁紧装置时，也可用于机外的电缆连接。其外形结构如图 2-4-13所示。

图 2-4-12　圆形连接器

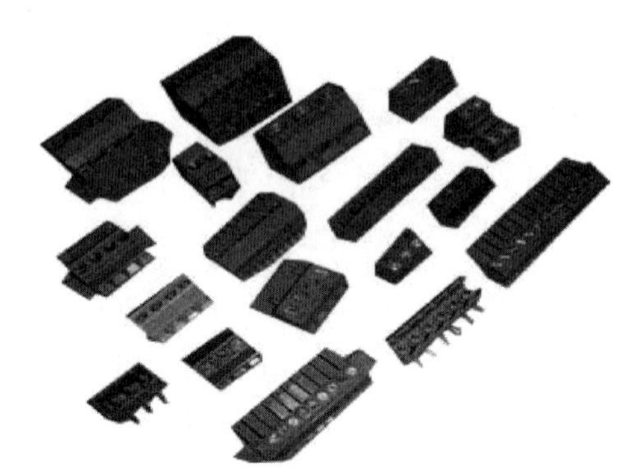

图 2-4-13　矩形连接器

（3）印制板连接器

印制板连接器的结构形式有直接型、绕接型、间接型等。常见印制板连接器的外形结构如图 2-4-14 所示。

（4）D 形连接器

D 形连接器具有非对称定位和连接锁紧机构，可靠性高、定位准确，广泛应用于各种电子产品机内和机外连接。其外形结构如图 2-4-15 所示。

图 2-4-14　印制板连接器

图 2-4-15　D 形连接器

（5）带状电缆连接器

带状电缆连接器常用于数字信号传输。其外形结构如图 2-4-16 所示。

（6）条形连接器

条形连接器主要用于印制电路板与导线的连接。其外形结构如图 2-4-17 所示。

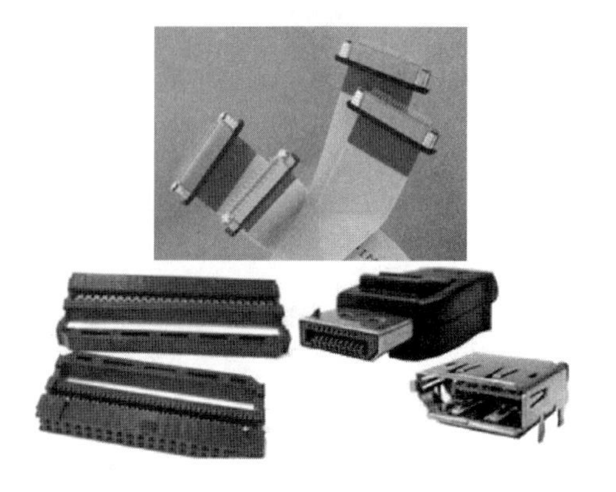

图 2-4-16　带状电缆连接器

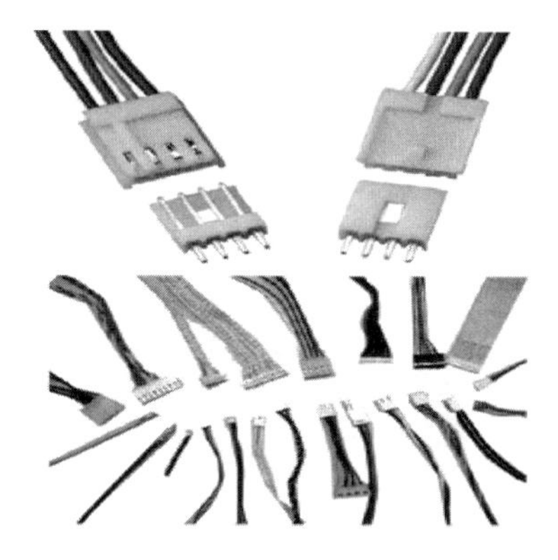

图 2-4-17　条形连接器

（7）AV 连接器

AV 连接器也称音视频连接器或视听设备连接器，用于各种音响设备中，如常用的 CD 机、电视机、DVD 等多媒体部件的连接。

① 音频连接器：常用于音频设备信号传输，一般使用屏蔽线与插头连接。其外形结构如图 2-4-18 所示。

② 同心连接器：又称莲花插头座，常用于音响及视频设备中传输音视频信号，使用时一般用屏蔽线与插头座连接，芯线接插头座中心接点。其外形结构如图 2-4-19 所示。

③ 射频同轴连接器：又称射频转接器，用于射频信号传输和通信、网络等数字信号的传输，与专用射频同轴电缆连接。其外形结构如图 2-4-20 所示。

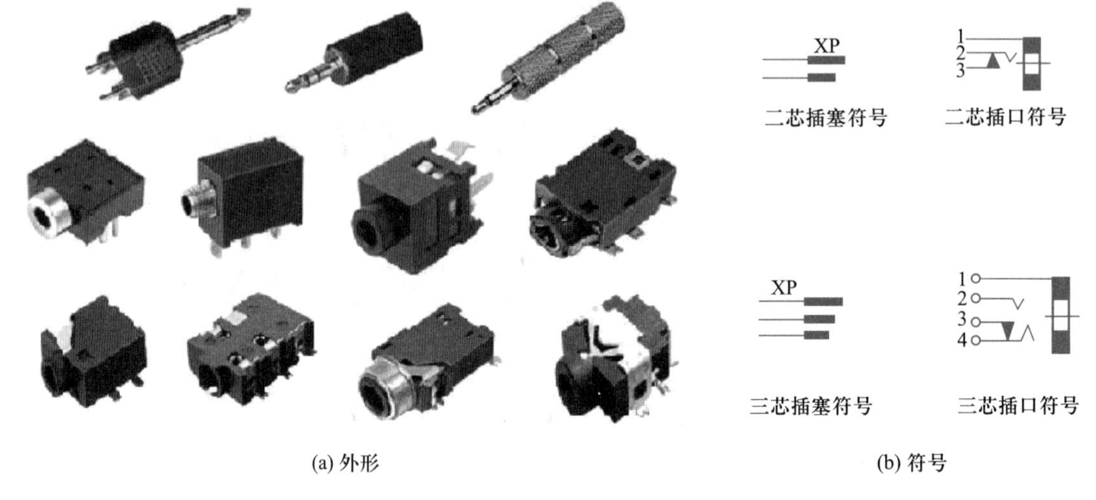

(a) 外形　　(b) 符号

图 2-4-18 音频连接器

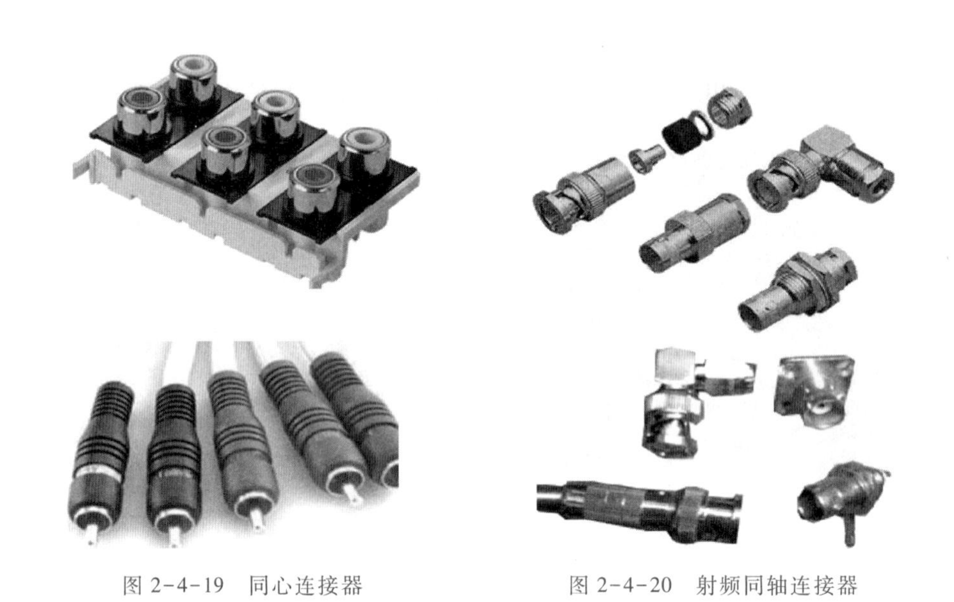

图 2-4-19 同心连接器　　图 2-4-20 射频同轴连接器

（8）电源插头、插座

电源插头、插座一般是配套使用的。按接线数量分为二线、三线和多线电源插头、插座。其外形结构如图 2-4-21 所示。

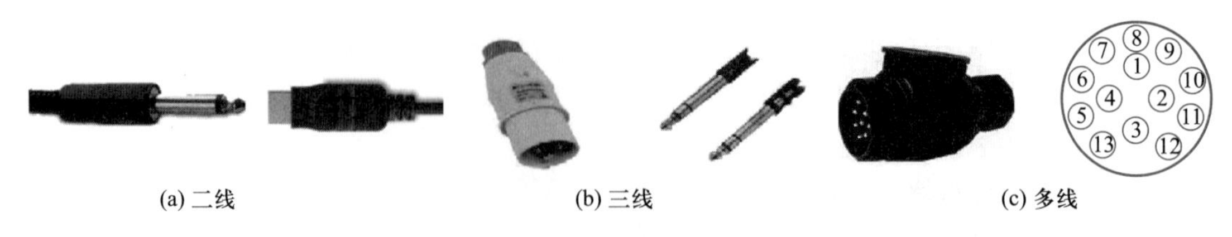

(a) 二线　　(b) 三线　　(c) 多线

图 2-4-21 电源插头、插座

2.4.2 常用机电元件的选用与检测

1. 常用机电元件(开关)的主要参数

① 额定电压。正常工作状态下,开关断开时动、静触点可以承受的最大电压,称为开关的额定电压,对交流开关则指交流电压的有效值。

微课视频

常用机电元件的选用与检测

② 额定电流。正常工作时开关所允许通过的最大电流,称为开关的额定电流,在交流电路中指交流电的有效值。

③ 接触电阻。开关接通时,相通的两个触点之间的电阻值,称为开关的接触电阻。此值越小越好,一般开关接触电阻应小于 20 mΩ。

④ 绝缘电阻。开关不相接触的各导电部分之间的电阻值,称为开关的绝缘电阻。此值越大越好,一般开关绝缘电阻在 100 MΩ 以上。

⑤ 耐压。耐压也称抗电强度,指开关不相接触的导体之间所能承受的最大电压值。一般开关耐压大于 100 V,对电源开关而言,耐压要求不小于 500 V。

⑥ 工作寿命。开关在正常工作条件下的有效工作次数,称为开关的工作寿命。一般开关为 5 000~10 000 次,要求较高的开关可达 $5\times10^4\sim5\times10^5$ 次。

2. 机电元件的选用方法

机电元件的选用方法与前面所述元件的选用方法类似,首要的是所选元件要符合所使用和维护场所对电气、机械、环境的要求;然后要考虑在设计接触对时,尽可能地增加并联的点数,保证可靠地接触;最后要考虑电缆和接插件连通以后,保留一定的长度余量,以防止电缆在震动时受力拉断。

3. 机电元件的检测方法

(1) 开关的检测

开关的检测主要是检测开关接触电阻和绝缘电阻是否符合规定要求。当开关接通时,用万用表电阻挡测量相通的两个触点引脚之间的电阻值,此值越小越好,一般开关接触电阻应小于 20 mΩ,测量结果基本上是零。如果测得的电阻值不为零,而是有一定电阻值或为无穷大,说明开关已损坏,不能再使用。

对于开关不相接触的各导电部分之间的电阻值应越大越好,用万用表电阻挡测量,显示电阻值基本上是无穷大,如果测量结果为零或有一定阻值,则说明开关已短路损坏。

当开关断开时,导电部分应充分断开,用万用表电阻挡测量断开导电部分电阻值,阻值应为无穷大,如果不是,则说明开关已损坏。

(2) 连接器的检测

对连接器的主要检测方法是直观检查和万用表检测。直观检查是指查看有否断线和引线相碰故障。此种方法适用于插头外壳可以旋开进行检查的接插件,通过视觉查看是否有引线相碰或断路故障等。

用万用表检测是通过万用表的电阻挡检查接触对的断开电阻和接触电阻。接触对的断开电阻值均应为∞,若断开电阻值为零,说明有短路处,应检查是何处相碰。接触对的接触电阻值均应小于 0.5 Ω;若大于 0.5 Ω,说明存在接触不良故障。当连接器出现接触不良故障时,对于非密封型插接件可用砂纸打磨触点,也可用尖嘴钳修整插座的簧片弧度，使其接触良好。对于密封型的插头、插座一般无法进行修理，只能采用更换的方法。

小提示

连接线的检测技巧

某些连接线的插孔、插口较小，万用表的表笔不宜进行接触测量，因此，最好是将测量用万用表的表笔稍微作一下小改动。其方法是：把一小号鳄鱼夹套在表笔上，并加绝缘套，用鳄鱼夹的夹头挟着一小号钢针（缝衣针即可）。这样做的探针，接触点较小，但在测量时手一定要操作稳，以防碰到其他引脚而导致短路，如图 2-4-22 所示。

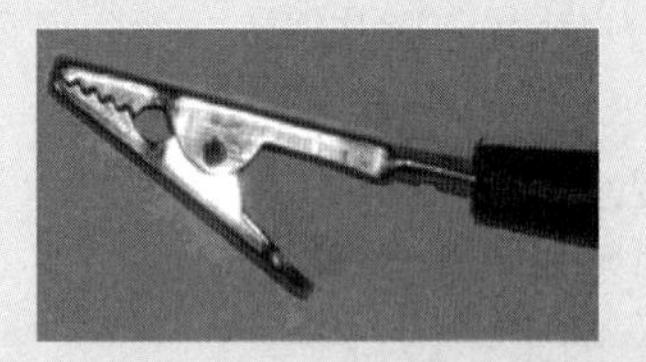

(a) 鳄鱼夹套在表笔上

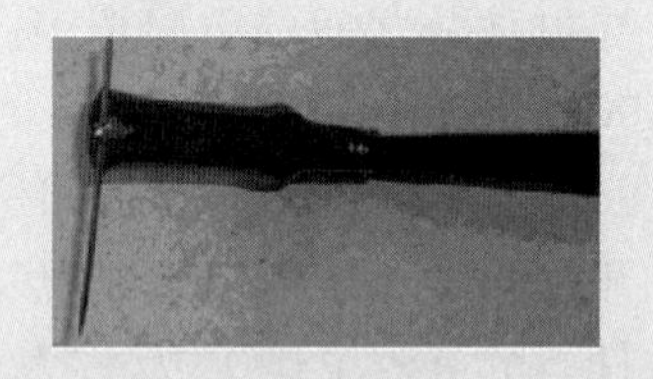

(b) 加绝缘套

(c) 万用表测量

图 2-4-22 连接线的检测技巧

任务 2.5 半导体元器件的识别与检测

任务引入

半导体器件是导电性能介于良导电体与绝缘体之间，利用半导体材料的特殊电特性来完成特定功能的电子器件，可用来产生、控制、接收、变换、放大信号和进行能量转换。半导体材料是硅、锗或砷化镓，可用作整流器、振荡器、发光器、放大器、测光器等二极管、晶体管、场效应管和各类集成电路等元器件。

本任务的目标是学习常用半导体元器件的识别方法，掌握各种类型二极管、晶体管和场效应管及集成电路质量检测方法，为以后工作中对电子产品的维修及对整机（设备）产品质量和可靠性奠定基础。

演示文稿

半导体元器件的识别与检测

2.5.1 二极管的识别与检测

1. 二极管及其分类

二极管是用半导体材料（硅、锗等）制成的一种电子器件。它具有单向导电性能，即给二极管正极和负极加上正向电压时，二极管导通；当给正极和负极加上反向电压时，二极管截止。因此，二极管的导通和截止，则相当于开关的接通与断开。

二极管是最早诞生的半导体器件之一，其应用非常广泛。特别是在各种电子电路中，利用二极管和电阻、电容、电感等元器件进行合理的连接，构成不同功能的电路，可以实现对交流电整流、对调制信号检波、限幅和钳位以及对电源电压的稳压等多种功能。二极管的种类很多,按材料分,有锗二极管、硅二极管、砷化镓二极管等;按制作工艺分,有面接触二极管和点接触二极管等;按用途分,有整流二极管、检波二极管、稳压二极管、变容二极管、光电二极管、发光二极管、开关二极管和快速恢复二极管等;按结构类型分,有结型二极管、金属半导体接触二极管等;按封装形式分,有常规封装二极管、特殊封装二极管等。

动画视频

二极管的用途与分类

2. 二极管的主要参数

不同类型的二极管有不同的特性参数。其中需了解以下几个主要参数。

(1) 额定正向工作电流

额定正向工作电流是指二极管长期连续工作时允许通过的最大正向电流值。因为电流通过管子时会使管芯发热,温度上升,温度超过容许限度(硅管为 140 ℃左右,锗管为 90 ℃左右)时,就会使管芯过热而损坏。所以,二极管使用中不要超过二极管额定正向工作电流值。例如,常用的 1N4001 型锗二极管的额定正向工作电流为 1 A。

(2) 最大浪涌电流

最大浪涌电流是允许流过最大的正向电流。它不是正常电流,而是瞬间电流,这个值通常为额定正向工作电流的 20 倍左右。

(3) 最高反向工作电压

加在二极管两端的反向电压高到一定值时,管子将会击穿,失去单向导电能力。为了保证使用安全,二极管规定了最高反向工作电压值。例如,1N4001 二极管反向耐压为 50 V,1N4007 二极管反向耐压值为 1 000 V。

(4) 反向电流

反向电流是指二极管在规定的温度和最高反向工作电压作用下,流过二极管的反向电流。反向电流越小,管子的单向导电性能越好。值得注意的是反向电流与温度有着密切的关系,大约温度每升高 10 ℃,反向电流增大一倍。例如 2AP1 型锗二极管,在 25 ℃时,反向电流为 250 μA;温度升高到 35 ℃,反向电流将上升到 500 μA;在 75 ℃时,反向电流已达 8 mA,不仅失去了单向导电特性,还会使管子过热而损坏。硅二极管比锗二极管在高温下具有较好的稳定性。

(5) 反向恢复时间

从正向电压变成反向电压时,理想情况是电流能瞬时截止,实际上,二极管在接反向电压时,二极管两端的空穴和电子是不接触的,没有电流流过,但是同时形成了一个等效电容,如果这个时候改变两端的电压方向,则有一个充电的过程,这个充电的时间就是二极管反向恢复时间。

反向恢复时间的存在实际上是由电荷存储效应引起的,反向恢复时间就是存储电荷耗尽所需要的时间。该过程使二极管不能在快速连续脉冲下做开关使用。如果反向脉冲的持续时间比反向恢复时间短,则二极管在正、反向都可导通,起不到开关作用。因此了解二极管反向恢复时间对正确选取二极管和合理设计电路非常重要。

(6) 最大功率

最大功率就是加在二极管两端的电压乘以流过的电流。

3. 常用二极管的符号与外形、性能特点和检测与选用

常用二极管的符号与外形、性能特点和检测与选用见表2-5-1。

表2-5-1 常用二极管的符号与外形、性能特点和检测与选用

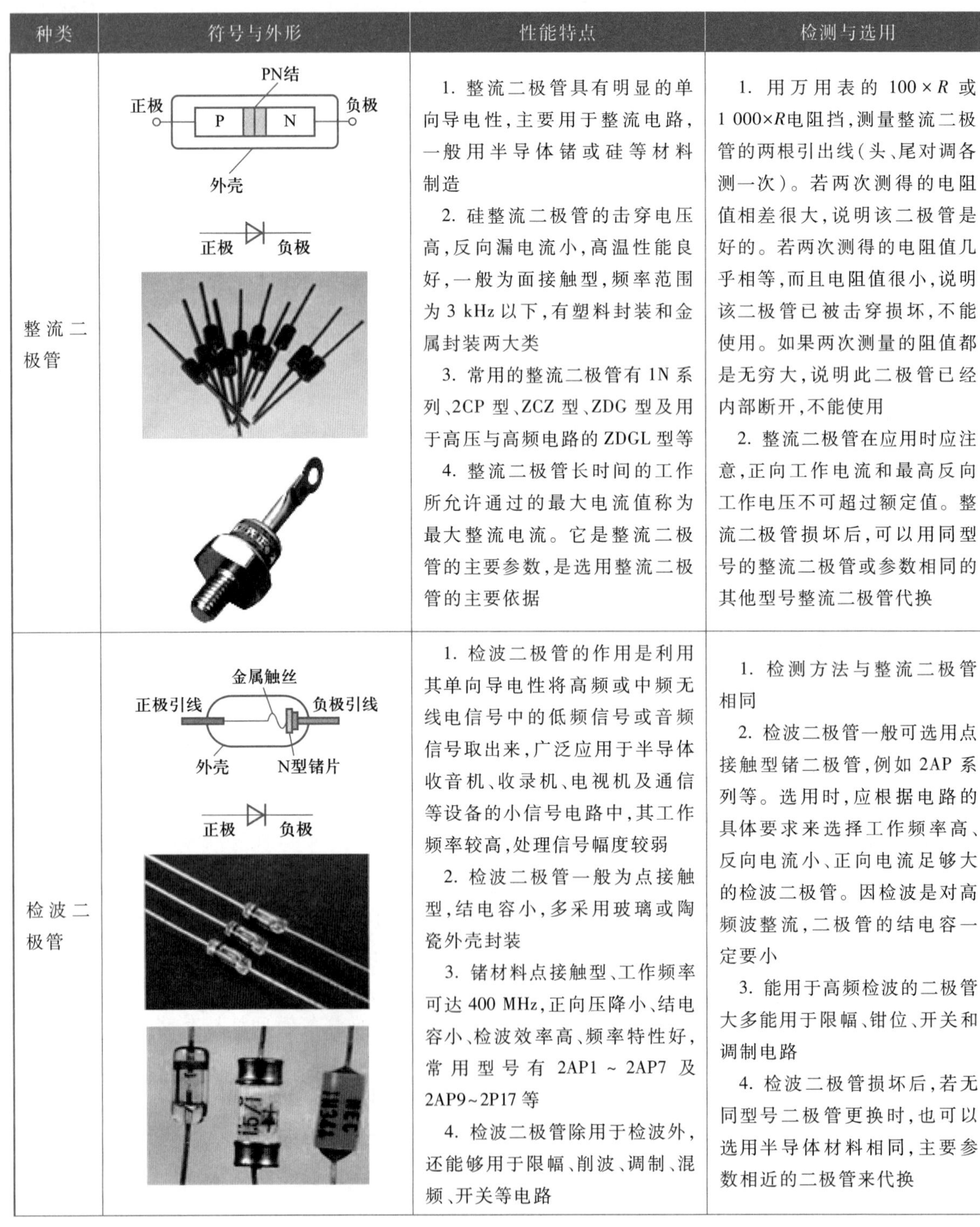

种类	符号与外形	性能特点	检测与选用
整流二极管	PN结 正极 P N 负极 外壳 正极 负极	1. 整流二极管具有明显的单向导电性，主要用于整流电路，一般用半导体锗或硅等材料制造 2. 硅整流二极管的击穿电压高，反向漏电流小，高温性能良好，一般为面接触型，频率范围为3 kHz以下，有塑料封装和金属封装两大类 3. 常用的整流二极管有1N系列、2CP型、ZCZ型、ZDG型及用于高压与高频电路的ZDGL型等 4. 整流二极管长时间的工作所允许通过的最大电流值称为最大整流电流。它是整流二极管的主要参数，是选用整流二极管的主要依据	1. 用万用表的100×*R*或1 000×*R*电阻挡，测量整流二极管的两根引出线（头、尾对调各测一次）。若两次测得的电阻值相差很大，说明该二极管是好的。若两次测得的电阻值几乎相等，而且电阻值很小，说明该二极管已被击穿损坏，不能使用。如果两次测量的阻值都是无穷大，说明此二极管已经内部断开，不能使用 2. 整流二极管在应用时应注意，正向工作电流和最高反向工作电压不可超过额定值。整流二极管损坏后，可以用同型号的整流二极管或参数相同的其他型号整流二极管代换
检波二极管	金属触丝 正极引线 负极引线 外壳 N型锗片 正极 负极	1. 检波二极管的作用是利用其单向导电性将高频或中频无线电信号中的低频信号或音频信号取出来，广泛应用于半导体收音机、收录机、电视机及通信等设备的小信号电路中，其工作频率较高，处理信号幅度较弱 2. 检波二极管一般为点接触型，结电容小，多采用玻璃或陶瓷外壳封装 3. 锗材料点接触型、工作频率可达400 MHz，正向压降小、结电容小、检波效率高、频率特性好，常用型号有2AP1～2AP7及2AP9～2P17等 4. 检波二极管除用于检波外，还能够用于限幅、削波、调制、混频、开关等电路	1. 检测方法与整流二极管相同 2. 检波二极管一般可选用点接触型锗二极管，例如2AP系列等。选用时，应根据电路的具体要求来选择工作频率高、反向电流小、正向电流足够大的检波二极管。因检波是对高频波整流，二极管的结电容一定要小 3. 能用于高频检波的二极管大多能用于限幅、钳位、开关和调制电路 4. 检波二极管损坏后，若无同型号二极管更换时，也可以选用半导体材料相同，主要参数相近的二极管来代换

续表

种类	符号与外形	性能特点	检测与选用
稳压二极管	负极 正极 塑封 金属封装	1. 稳压二极管是利用二极管在反向击穿时，其两端电压即固定在某一数值，基本上不随电流大小变化的特性制成的，在电路中起到稳定电压的作用，在使用中，应在稳压二极管的电路上串联限流电阻 2. 常用的稳压二极管有2CW55、2CW56等。应用稳压二极管时要避免并联运行。因为稳压值的微小差异都会加重电流分配的不均，造成电流大的管子负担过重而损坏	1. 从外形上看，金属封装的正极一端为平面形，负极一端为半圆面形。塑封管体上印有彩色标记的一端为负极，另一端为正极。对标志不清楚的，可用万用表判别其极性，测量的方法与普通二极管相同 2. 稳压二极管故障主要表现在开路、短路和稳压值不稳定。在这3种故障中，前一种故障表现出电源电压升高；后两种故障表现为电源电压变低到0 V或输出不稳定
变容二极管	P N - U +	1. 变容二极管是利用PN结反偏时结电容大小随外加电压变化而变化的特性制成的 2. 变容二极管相当于一个容量可变的电容器，它的两个电极之间的PN结电容大小，随加到变容二极管两端反向电压大小的改变而变化。当加到变容二极管两端的反向电压增大时，变容二极管的容量减小 3. 它主要在高频电路中用作自动调谐、调频、调相等、例如在电视接收机的调谐回路中作可变电容	1. 有的变容二极管的一端涂有色环标记，这一端即是负极，而另一端为正极 2. 选用变容二极管时，应着重考虑其工作频率、最高反向工作电压、最大正向电流和零偏压结电容等参数是否符合应用电路的要求，应选用结电容变化大、高 Q 值、反向漏电流小的变容二极管 3. 常用的国产变容二极管有2CC系列和2CB系列
光电二极管		1. 光电二极管PN结面积相对较大，以便接收入射光。光电二极管是在反向电压作用下工作的，没有光照时，反向电流极其微弱，称为暗电流；有光照时，	1. 用万用表 $R\times1$ k 挡测光电二极管正向电阻约 10 kΩ 左右。在无光照情况下，反向电阻为∞时，说明管子是好的(反向电阻不是∞时说明漏电流大)；

续表

种类	符号与外形	性能特点	检测与选用
光电二极管		反向电流迅速增大到几十微安，称为光电流。光的强度越大，反向电流也越大。光的变化引起光电二极管电流变化，这就可以把光信号转换成电信号，成为光电传感器件 2. 光电二极管具有电流线性良好、成本低、体积小、重量轻、寿命长、量子效率高及无须高电压等优点，且频率特性好，适宜于快速变化的光信号探测	有光照时，反向电阻随光照强度的增加而减小，阻值可达到几 kΩ 或 1 kΩ 以下，则说明管子是好的；若反向电阻都是 ∞ 或为零，则管子也是坏的 2. 只有具备充足能量，光子才能够激发电子穿过能隙，从而产生显著的光电流。由于硅光电二极管具有更大的能隙，因此它在应用过程中产生的信号噪声比锗光电二极管小
发光二极管	金线 环氧树脂 芯片 反光碗 负极 正极	1. 发光二极管简称 LED。由含镓（Ga）、砷（As）、磷（P）、氮（N）等的化合物制成 2. 发光二极管外加正向电压时，二极管处于导通状态，当正向电流流过管芯时，发光二极管就会发光，将电能转换成光能 3. 发光二极管的发光颜色主要由制作管子的材料以及掺入杂质的种类决定。目前常见发光二极管的发光颜色主要有蓝色、绿色、黄色、红色、橙色、白色等 4. 将两个不同颜色的发光二极管封装在一起，使之成为双色二极管（又名变色发光二极管）。这种发光二极管通常有三只引脚，其中一只是公共端。它可以发出三种颜色的光（其中一种是两种颜色的混合色），故通常作为不同工作状态的指示器件	1. 发光二极管的工作电流通常为 2~25 mA 2. 工作电压（即正向压降）随着材料的不同而不同：普通绿色、黄色、红色、橙色发光二极管的工作电压约为 2 V；白色发光二极管的工作电压通常高于 2.4 V；蓝色发光二极管的工作电压通常高于 3.3 V 3. 发光二极管的工作电流不能超过额定值太高，否则，有烧毁的危险，故通常在发光二极管回路中串联一个电阻 R 作为限流电阻 4. 红外发光二极管是一种特殊的发光二极管，其外形和发光二极管相似，只是它发出的是红外光，在正常情况下人眼是看不见的。其工作电压约为 1.4 V，工作电流一般小于 20 mA
开关二极管	阳极 正极 D 阴极 负极 电流方向	1. 开关二极管是为在电路上进行“开”“关”而特殊设计的，它由导通变为截止或由截止变为导通所需的时间比一般二极管短，常见的有 1N4148、2AK、2DK 等系列，主要用于开关电路、检波电路、高频和脉冲整流电路及自动控制电路中	1. 开关二极管分为普通开关二极管、高速开关二极管、超高速开关二极管等多种 2. 中速开关电路和检波电路可以选用 2AK 系列普通开关二极管。高速开关电路可以选用 RLS 系列、1SS 系列、1N 系列、2CK 系列的高速开关二极管

续表

种类	符号与外形	性能特点	检测与选用
开关二极管		2. 开关二极管从截止(高阻状态)到导通(低阻状态)的时间称为开通时间;从导通到截止的时间称为反向恢复时间;两个时间之和称为开关时间	3. 要根据应用电路的正向电流、最高反向电压、反向恢复时间等主要参数来选择开关二极管的具体型号

2.5.2 晶体管的识别与检测

1. 晶体管及其分类

三极管又称晶体管,其外形结构如图 2-5-1 所示。

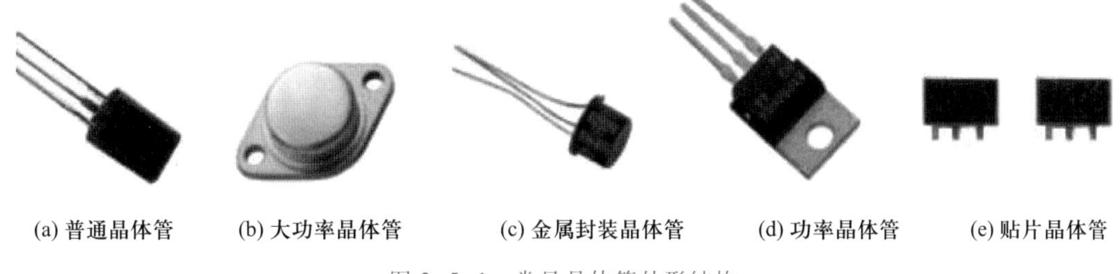

(a) 普通晶体管　(b) 大功率晶体管　(c) 金属封装晶体管　(d) 功率晶体管　(e) 贴片晶体管

图 2-5-1 常见晶体管外形结构

晶体管的图形符号如图 2-5-2 所示。其中图(a)为 NPN 型晶体管符号,图(b)为 PNP 型晶体管符号。在晶体管内,有两种载流子:电子与空穴,它们同时参与导电,故晶体管又称为双极型晶体管。它的工作状态有放大、饱和、截止三种,因此,晶体管是放大电路的核心器件——具有电流放大能力,同时又是理想的无触点开关器件。

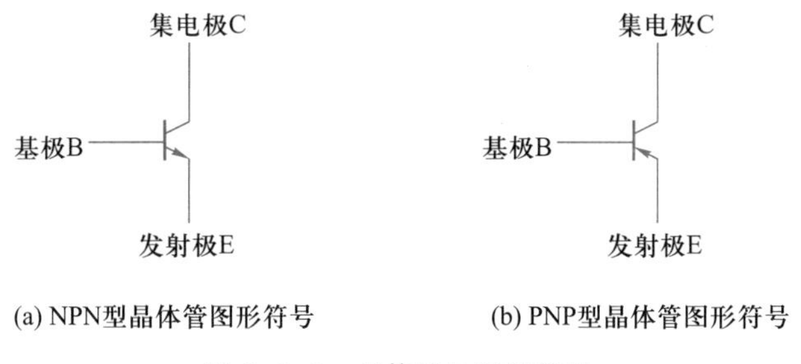

(a) NPN型晶体管图形符号　(b) PNP型晶体管图形符号

图 2-5-2 晶体管的图形符号

晶体管有多种类型,按材料分,有锗晶体管、硅晶体管;按极性分,有 PNP 型管、NPN 型管;按用途分,有大功率晶体管、小功率晶体管、高频晶体管、低频晶体管、光电晶体管等;按封装材料分,有金属封装晶体管、塑料封装晶体管、玻璃壳封装晶体管、表面封装晶体管、陶瓷封装晶体管等。

2. 晶体管的主要参数

(1) 电流放大系数 β

电流放大系数即电流放大倍数，用来表示晶体管放大能力。根据晶体管工作状态不同，电流放大系数又分为直流放大系数和交流放大系数。直流放大系数是指在静态无输入变化信号时，晶体管集电极电流 I_C 和基极电流 I_B 的比值，故又称为直流放大倍数或静态放大系数，一般用 h_{FE} 或 β 表示。交流放大系数也称为动态放大系数或交流放大倍数，是指在交流状态下，晶体管集电极电流变化量与基极电流变化量的比值，一般用 β 表示。β 是反映晶体管放大能力的重要指标。

(2) 耗散功率 P_{CM}

耗散功率也称为集电极最大允许耗散功率 P_{CM}，是指晶体管参数变化不超过规定允许值时的最大集电极耗散功率。

(3) 频率特性

晶体管的电流放大系数与工作频率有关，如果晶体管超过了工作频率范围，会造成放大能力降低甚至失去放大作用。

(4) 集电极最大电流 I_{CM}

集电极最大电流是指晶体管集电极所允许通过的最大电流。集电极电流 I_C 上升会导致晶体管的 β 下降，当 β 下降到正常值的 2/3 时，集电极电流即为 I_{CM}。

(5) 最大反向电压

最大反向电压是指晶体管在工作时所允许加的最高工作电压。最大反向电压包括集电极-发射极反向击穿电压 U_{CEO}、集电极-基极反向击穿电压 U_{CBO} 以及发射极-基极反向击穿电压 U_{EBO}。

(6) 反向电流

晶体管的反向电流包括集电极-基极之间的反向电流 I_{CBO} 和集电极-发射极之间的反向电流 I_{CEO}。

3. 晶体管引脚的排列

普通晶体管在电路中用字母“V”或“VT”加数字表示。与大多数元器件一样，晶体管的识别可通过外形、体表标志来识别，图 2-5-3 为常用晶体管引脚排列示意图。

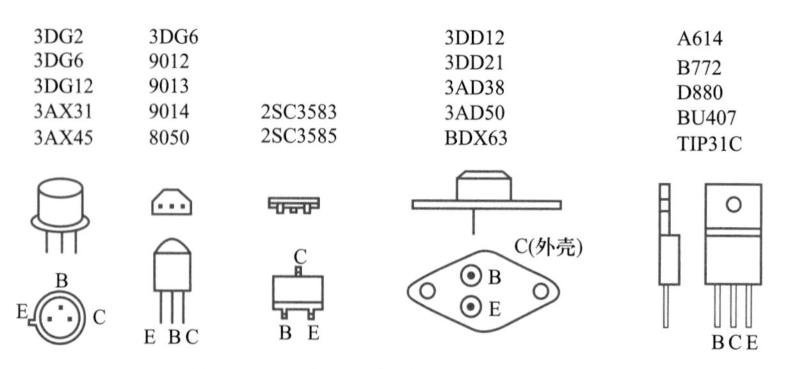

图 2-5-3 常用晶体管引脚排列示意图

4. 晶体管的检测

（1）判别晶体管引脚

指针式万用表判断普通晶体管的三个电极的极性及好坏时，选择 $R\times100$ 或 $R\times1$ k 挡位，常分两步进行测量判断。

晶体管的检测

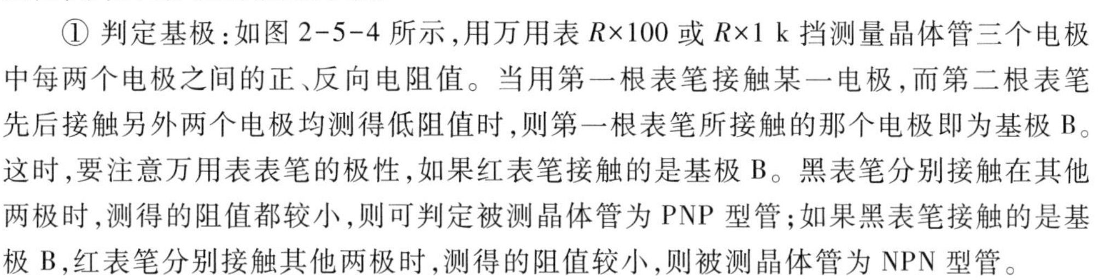

① 判定基极：如图 2-5-4 所示，用万用表 $R\times100$ 或 $R\times1$ k 挡测量晶体管三个电极中每两个电极之间的正、反向电阻值。当用第一根表笔接触某一电极，而第二根表笔先后接触另外两个电极均测得低阻值时，则第一根表笔所接触的那个电极即为基极 B。这时，要注意万用表表笔的极性，如果红表笔接触的是基极 B。黑表笔分别接触在其他两极时，测得的阻值都较小，则可判定被测晶体管为 PNP 型管；如果黑表笔接触的是基极 B，红表笔分别接触其他两极时，测得的阻值较小，则被测晶体管为 NPN 型管。

② 判定集电极 C 和发射极 E：以 PNP 型管为例，将万用表置于 $R\times100$ 或 $R\times1$ k 挡，红表笔接基极 B，用黑表笔分别接触另外两个引脚时，所测得的两个电阻值会是一个大一些，一个小一些。在阻值小的一次测量中，黑表笔所接触引脚为集电极；在阻值较大的一次测量中，黑表笔所接触引脚为发射极。

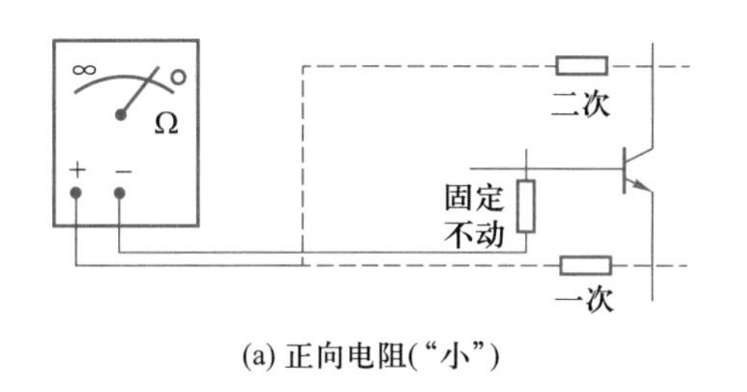

(a) 正向电阻（“小”）

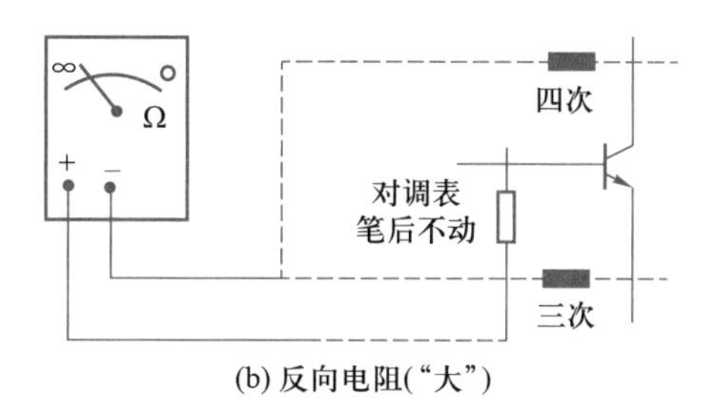

(b) 反向电阻（“大”）

图 2-5-4　晶体管引脚极性判别

（2）测量极间电阻

将万用表置于 $R\times100$ 或 $R\times1$ k 挡，按照红、黑表笔的六种不同接法进行测试。其中，发射结和集电结的正向电阻值比较小，其他四种接法测得的电阻值都很高，约为几百千欧至无穷大。但不管是低阻还是高阻，硅材料晶体管的极间电阻要比锗材料晶体管的极间电阻大得多。

（3）测量穿透电流 I_{CEO}

晶体管的穿透电流 I_{CEO} 的数值近似等于管子的倍数 β 和集电结的反向电流 I_{CBO} 的乘积。I_{CBO} 随着环境温度的升高而增长很快，I_{CBO} 的增加必然造成 I_{CEO} 的增大。而 I_{CEO} 的增大将直接影响管子工作的稳定性，所以在使用中应尽量选用 I_{CEO} 小的管子。通过用万用表电阻挡直接测量晶体管 E-C 极之间的电阻方法，可间接估计 I_{CEO} 的大小，具体方法：万用表电阻的量程一般选用 $R\times100$ 或 $R\times1$ k 挡，对于 PNP 型管，黑表笔接 E 极，红表笔接 C 极，对于 NPN 型管，黑表笔接 C 极，红表笔接 E 极。要求测得的电阻越大越好。E-C 极间的阻值越大，说明管子的 I_{CEO} 越小；反之，所测阻值越小，说明被测管的 I_{CEO} 越大。一般来说，中、小功率硅管、锗材料低频管，其阻值应分别在几百千欧、几十千欧及十几千欧以上，如果阻值很小或测试时万用表指针来回晃动，则表明 I_{CEO} 很大，管子的性能不稳定。

（4）测量放大能力 β

目前数字万用表基本都有测量晶体管 h_{FE} 的功能，可以很方便地测量晶体管的放大倍数。先将万用表功能开关拨至 h_{FE} 挡，把被测晶体管插入测试插座，即可从 h_{FE} 刻度线上读出管子的放大倍数。

2.5.3 场效应管的识别与检测

动画视频

场效应管的识别

场效应晶体管（FET）也是一种由半导体材料制成的半导体晶体管，它只有一种载流子参与导电，所以又称单极型晶体管，简称场效应管。

场效应管具有输入电阻高、噪声小、功耗低、动态范围大、易于集成、没有二次击穿现象、安全工作区域宽、热稳定性好等优点，现已成为双极型晶体管和功率晶体管的强大竞争者。

1. 场效应管的识别

场效应管的外形与双极型晶体管基本一样，但它的工作原理却与普通晶体管不同。普通晶体管是电流控制器件，就是说，可以通过改变基极电流达到控制集电极电流的目的。而场效应管是电压控制器件，它的输出电流 I_D 的大小取决于输入电压信号 U_{GS} 的大小，因而它的输入阻抗可达 $10^9 \sim 10^{14}\ \Omega$。

场效应管主要有结型场效应管（JFET）和绝缘栅型场效应管（MOSFET）两种，绝缘栅型场效应管与结型场效应管的不同之处在于它们的导电方式不同，绝缘栅型场效应管又分成耗尽型与增强型，结型场效应管均为耗尽型。

场效应管的结构和图形符号如图 2-5-5 所示，结型场效应管（JFET）具有一个 PN 结，所以称为结型场效应管，绝缘栅型场效应管（MOSFET）的栅极与其他电极之间有一层绝缘层，所以称为绝缘栅型场效应管。场效应管的封装形式多样，常见场效应管实物图如图 2-5-6 所示。

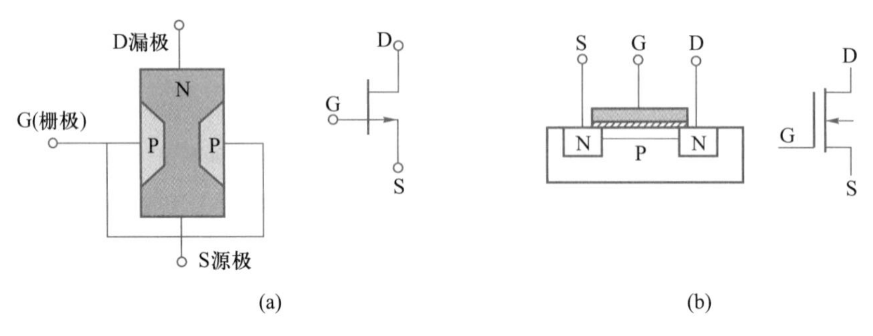

图 2-5-5 场效应管的结构和图形符号

图 2-5-6 场效应管实物图

2. 场效应管的检测

(1) 判断结型场效应管的栅极

万用表拨至 $R×1$ k 挡,将黑表笔接触管子的一个电极,用红表笔分别接触另外两个电极,若两次测得的阻值都很小,则黑表笔所接触的电极就是栅极,是 N 沟道结型场效应管。如果将红表笔接触一个电极,用黑表笔分别接触另外两个电极,若两次测得的阻值都很小,则红表笔所接触的电极就是栅极,是 P 沟道结型场效应管。在测量中如出现两个阻值相差很大,可改换电极重测,直到出现阻值都很小或很大为止。

(2) 判别结型场效应管的好坏

用万用表的 $R×1$ k 挡,测 P 沟道结型场效应管时,将红表笔接源极 S 或漏极 D,黑表笔接栅极 G,测得的电阻应很大,交换两表笔重测,阻值应很小,表明管子性能良好。如测得的结果与上述不符,则说明管子质量较差。当栅极与源极、栅极与漏极间均无反向电阻时,表明管子已经损坏。也可将红、黑表笔分别接触源极 S、漏极 D,然后用手碰触栅极,表针偏转较大,说明管子是好的,如果表针不动,则说明管子已经损坏或性能不良。

知识点扩展

晶闸管的检测

一只好的单向晶闸管,应该是三个 PN 结良好,反向电压能阻断;正极加正向电压情况下,当控制极开路时亦能阻断。而当控制极施加正向电流时晶闸管导通,且在撤去控制极电流后仍维持导通。

先通过测极间电阻检查 PN 结的好坏,由单向晶闸管结构可知,A-G、A-K 间正向电阻都很大,如用万用表的任何电阻挡测试阻值都较小,表示被测管 PN 结已击穿,该晶闸管已损坏。当 A 极接黑表笔,K 极接红表笔,测得阻值越大,表明正向漏电流越小,管子的正向阻断特性越好;当 A 极接红表笔,K 极接黑表笔,测得阻值越大,表明反向漏电流越小,管子的反向阻断特性越好。应指出的是,测 G-K 极间的电阻,即为测一个 PN 结的正反向阻值,则宜用 $R×100$ 或 $R×1$ k 挡进行。G-K 极间的反向阻值应较大,一般为 80 kΩ 左右,而正向阻值为 2 kΩ 左右。若测得正向电阻(G 极接黑表笔,K 极接红表笔)极大,甚至接近无穷大,表示被测管的 G-K 极间已被烧坏。

2.5.4 集成电路的识别与检测

1. 集成电路及其分类

集成电路是利用半导体技术或薄膜技术将半导体器件与阻容元件,以及连线高度集中制成在一块小面积芯片上,再加上封装而成。例如像晶体管大小的集成电路芯片可以容纳几百个元件和连线,并具备了一个完整的电路功能,由此可见它的优越性比晶体管还要大。集成电路具有体积小、重量轻、性能好、可靠性高、耗电省、成本低、简化设计、减少调整等优点,给无线电爱好者带来了许多便利。

① 集成电路按制造工艺的不同,可分为半导体集成电路、膜集成电路和混合集成电路三个主要分支。

② 按集成度的不同，可分为小规模、中规模、大规模和超大规模集成电路。集成度是指在一块芯片上所包括电子元器件的数量。

③ 按功能划分，可分为模拟集成电路、数字集成电路和微波集成电路等。模拟集成电路主要包括集成运算放大器、集成稳压器、收录机、音响专用集成电路，电视机专用集成电路、录放像机和摄像机专用集成电路等。

④ 集成电路的封装材料及外形有多种，最常用的封装有塑料、陶瓷及金属3种。封装外形可分为圆形金属外壳封装（晶体管式封装）、陶瓷扁平或塑料外壳封装、双列直插式陶瓷或塑料封装、单列直插式封装等。

2. 集成电路的封装形式和引脚顺序

集成电路的引脚分别有3根、5根、7根、8根、10根、12根、14根、16根等多种，正确识别引脚排列顺序是很重要的，否则集成电路无法正确安装、调试与维修，以至于不能正常工作，甚至造成损坏。集成电路的封装外形不同，其引脚排列顺序也不一样。

① 圆筒形和菱形金属壳封装IC的引脚识别时操作者要面向引脚（正视），由定位标记所对应的引脚开始，按顺时针方向依次数到底即可。如图2-5-7所示，常见的定位标记有突耳、圆孔及引脚不均匀排列等。

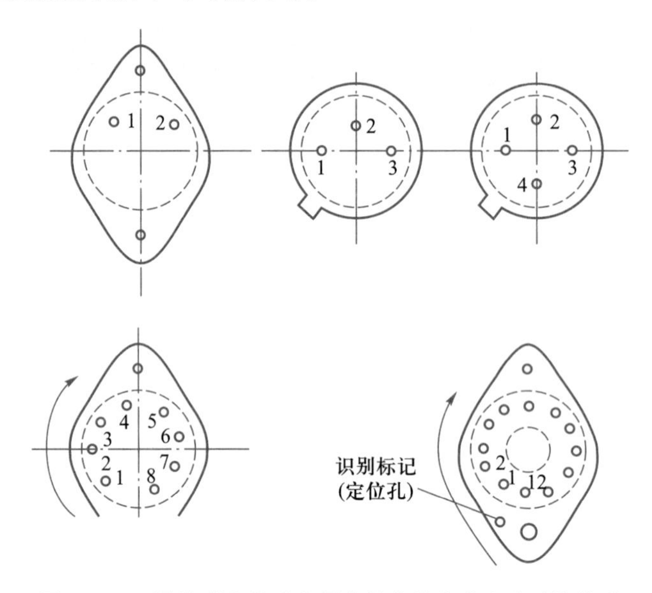

图2-5-7 圆筒形和菱形金属壳封装的集成电路引脚排列

② 单列直插式IC的引脚排列如图2-5-8所示，由定位标记所对应的引脚开始，自定位标记一侧的第一根引脚数起，依次为①脚，②脚，③脚……此类集成电路上常用的定位标记为色点、凹坑、细条、色带、缺角等。

有些厂家生产的集成电路，本是同一种芯片，为了便于在印制电路板上灵活安装，其封装外形有多种。一种按常规排列，即自左向右；另一种则自右向左，如少数这种器件上没有引脚识别标记，这时应从它的型号上加以区别。若其型号后缀有一个字母R，则表明其引脚顺序为自右向左反向排列。例如，M5115P与M5115PR。前者引脚排列顺序为自左向右正向排列，后者引脚为自右向左反向排列。

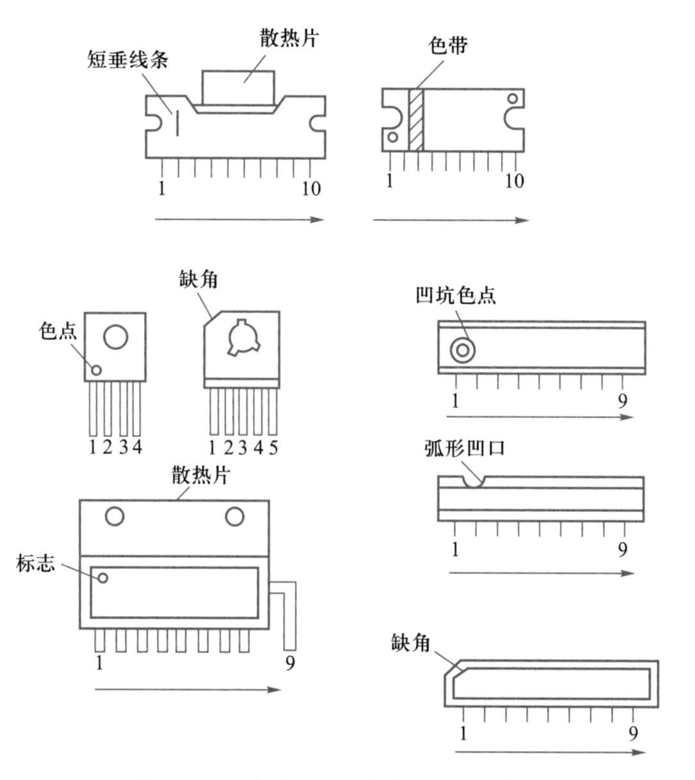

图 2-5-8 单列直插式集成电路引脚排列

③ 双列直插式或扁平式 IC 的引脚识别，如图 2-5-9 所示，将 IC 水平放置，引脚向下，即其型号、商标向上，定位标记在左边，从左下角第一根引脚数起，按逆时针方向，依次为①脚，②脚，③脚…… 扁平式集成电路的引脚识别方向和双列直插式 IC 相同。

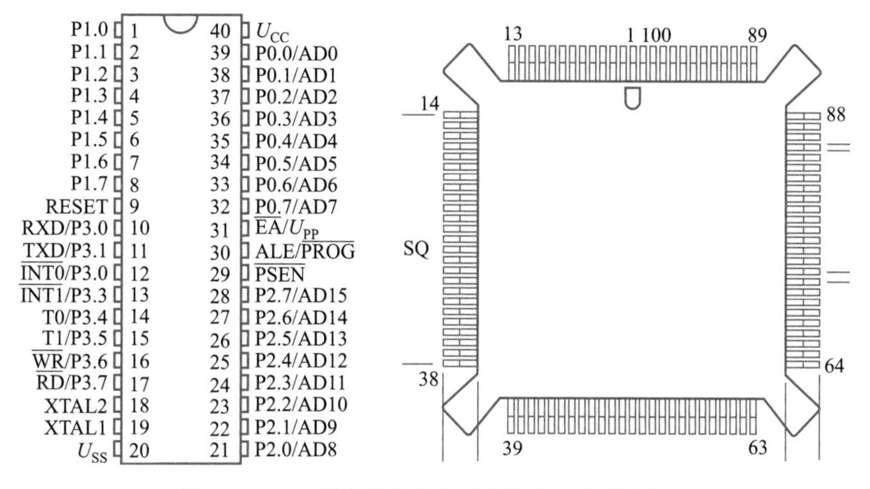

图 2-5-9 双列直插式和扁平式集成电路引脚排列

3. 集成电路性能检测

在用万用表粗测 TTL 数字集成电路之前，应知道待测 TTL 数字集成电路的型号，查技术参数手册或产品样本，找出该集成电路的接地引脚，最好能查出它的内部电路图。TTL 数字集成电路的性能粗测可按以下步骤进行。

① 将万用表拨至 $R\times1$ k 挡,黑表笔接待测集成电路的接地端,红表笔依次测试各输入端和输出端对地的直流电阻值。正常情况下各引脚对地电阻应为 3~10 kΩ。若某一引脚对地电阻小于 1 kΩ 或大于 12 kΩ,则说明该集成电路已损坏。

② 将万用表红表笔接待测集成电路的接地端,黑表笔依次测试各输入端和输出端对地的直流电阻值。正常情况下各引脚对地电阻应大于 40 kΩ,而损坏的集成电路的各引脚对地电阻则低于 1 kΩ。

③ 一个好的 TTL 数字集成电路的电源正、负极引脚的对地正、反向直流电阻值均小于其他引脚的对地电阻值,最大不超过 10 kΩ。若测得此值为零或无穷大,则说明此集成电路电源引脚已损坏,该集成芯片应报废。据此,可检测出 TTL 数字集成电路芯片的电源引脚和接地引脚。

任务 2.6 电声器件的识别与检测

任务引入

随着科技的进步,不论是工业生产还是日常生活,自动化程度都越来越高。电声器件作为自动化设备与自动化产品常用的信号输入/输出部件,使用越来越广泛。电子类专业从业人员对电声器件相关知识的学习变得相当重要。电声器件是将电信号转换为声音信号或将声音信号转换成电信号的换能元件。在家用电器和测量仪器等电子设备中得到了广泛的应用。电声器件的种类很多,这里主要介绍几种常用电声器件的识别和检测方法。

本任务的目标是学习常用电声器件和光电器件的工作原理、识别方法和检测方法,为以后工作中设计和维修相关自动化产品奠定基础。

演示文稿

电声器件的识别与检测

2.6.1 扬声器的识别与检测

扬声器又称为喇叭,是一种电声转换器件,它将模拟的语音电信号转换成声波,是收音机、录音机、电视机和音响设备中的重要器件,它的质量直接影响着音质和音响效果。扬声器的图形符号如图 2-6-1 所示。

扬声器的类型很多,根据其换能原理可分为电动式(即动圈式)、静电式(即电容式)、电磁式(即舌簧式)、压电式(即晶体式)等几种,后两种多用于农村的有线广播网中,其音质较差,但价格便宜。按扬声器工作时的频率范围,可分为低音扬声器、中音扬声器、高音扬声器,高、中、低音扬声器常在音响中作为组合扬声器使用。

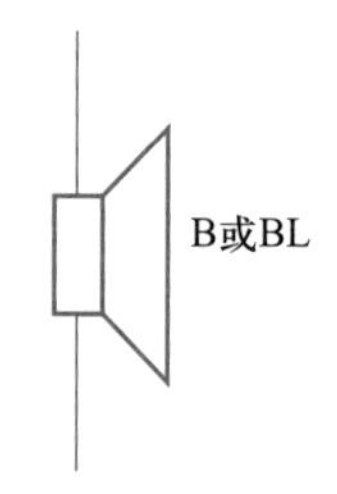

图 2-6-1 扬声器的图形符号

电动式扬声器是最常见的一种结构。电动式扬声器由纸盆、音圈、音圈支架、磁铁、盆架等组成,当音频电流通过音圈时,音圈产生随音频电流变化而变化的磁场,这一变化磁场与永久磁铁的磁场发生相吸或相斥作用,导致音圈产生机械运动并带动纸盆振动,从而发出声音。电动式扬声器的结构如图 2-6-2 所示。

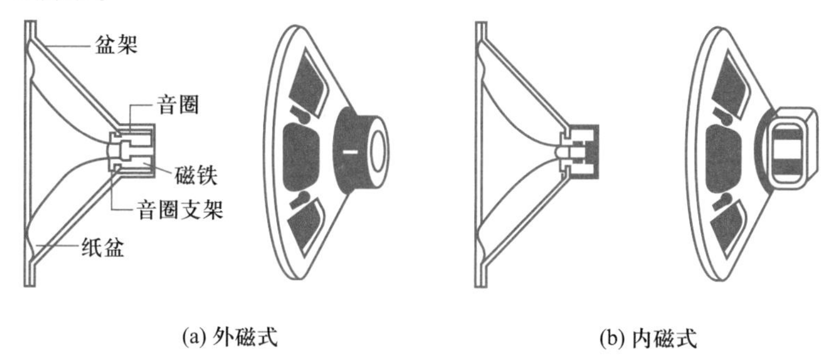

图 2-6-2　电动式扬声器的结构

1. 扬声器的主要参数

扬声器

扬声器的主要参数有额定功率、标称阻抗、频率响应、灵敏度等。

（1）额定功率

扬声器的功率有标称功率和最大功率之分。标称功率又称额定功率、不失真功率。它是指扬声器在不失真范围内容许的最大输入功率，在扬声器的标牌和技术说明书上标注的功率即为该功率值。扬声器的最大功率是指扬声器在某一瞬间所能承受的峰值功率。为保证扬声器工作的可靠性，要求扬声器的最大功率为标称功率的 2~3 倍。常用扬声器的功率有 0.1 W、0.25 W、1 W、2 W、3 W、5 W、10 W、60 W、120 W 等。

（2）标称阻抗

扬声器的标称阻抗又称额定阻抗，是制造厂商规定的扬声器（交流）阻抗值。在这个阻抗上，扬声器可获得最大的输出功率。通常，口径小于 90 mm 的扬声器的标称阻抗是用 1 000 Hz 的测试频率测量出的，大于 90 mm 的扬声器的标称阻抗则是用 400 Hz 的测试频率测量出的。选用扬声器时，标称阻抗是一项重要指标，其标称阻抗一般应与音频功放器的输出阻抗相符。

（3）频率响应

频率响应又称有效频率范围，是指扬声器重放声音的有效工作频率范围。扬声器的频率响应范围显然是越宽越好，但受到结构和价格等因素的限制，一般不可能很宽，国产普通纸盆扬声器的频率响应大多为 120 Hz~10 kHz，相同尺寸的橡皮边或泡沫边扬声器的频率响应可达 55 Hz~21 kHz。

（4）灵敏度

扬声器的灵敏度是指在扬声器输入端加上额定功率为 1 W 的电信号、距离扬声器轴方向 1 m 处所产生的声压级。它体现了电能转换为声能的效率，灵敏度越高，扬声器越容易被功放驱动。

2. 扬声器的检测

（1）估测阻抗和判断好坏

一般在扬声器磁体的标牌上都标有阻抗值，但有时也可能遇到标记不清或标记脱落的情况。因为一般电动扬声器的实测电阻值约为其标称阻抗的 80%~90%，一只8 Ω 的扬声器，实测铜阻值约为 6.4~7.2 Ω，所以可用下述方法进行估测。

将万用表置于 $R\times1$ 挡，调零后，测出扬声器音圈的直流铜阻 R，然后用估算公式 $Z=1.17R$ 即可估算出扬声器的阻抗。例如，测得一只无标记扬声器的直流铜阻为 6.8 Ω，则阻抗 $Z=1.17\times6.8\ \Omega\approx8\ \Omega$。

扬声器是否正常，除可用以上方法测其阻抗外，还可用以下方法进行简易判断。方法是：将万用表置 $R\times1$ 挡，把任意一支表笔与扬声器的任一引出端相接，用另一支表笔断续触碰扬声器另一引出端，此时，扬声器应发出“喀喀”声，指针亦相应摆动。如触碰时扬声器不发声，指针也不摆动，说明扬声器内部音圈断路或引线断裂。

（2）判断相位

就一只扬声器而言，其两个引线是无所谓相位之分的，但在安装组合音箱或用来播放立体声信号时，扬声器的相位是不能接反的。有的扬声器在出厂时，厂家已在相应的引出端上注明了相位，但有许多扬声器的引线上没注明相位，所以正确判断出扬声器的相位是很有用处的。判断扬声器引线相位的方法是：将万用表置于最低的直流电流挡，如 50 mA 或 100 mA 挡，用左手持红、黑表笔分别跨接在扬声器的两个引出端，用右手食指尖快速地弹一下纸盆，同时仔细观察指针的摆动方向。若指针向右摆动，说明红表笔所接的一端为正端，而黑表笔所接的一端则为负端；若指针向左摆，则红表笔所接的为负端，而黑表笔所接的为正端。在测试时应注意，弹纸盆时不要用力过猛，切勿使纸盆破裂或变形将扬声器损坏；而且千万不要弹音圈上面的防尘保护罩，以防使之凹陷影响美观。

2.6.2 耳机的识别与检测

耳机也是一种电声转换器件，它的结构与电动式扬声器相似，也是由磁铁、音圈、振动膜片等组成，但耳机的音圈大多是固定的。耳机的外形及电路符号如图 2-6-3 所示。

图 2-6-3 耳机的外形及电路符号

1. 耳机的主要参数

耳机的主要参数有频率响应、阻抗、灵敏度、谐波失真等。随着音响技术的不断发展，耳机的发展也十分迅速。现代音响设备如高级随身听、高音质立体声放音机等，都广泛采用了平膜动圈式耳机，其结构更类似于扬声器，且具有频率响应好、失真小等突出优点。平膜动圈式耳机多数为低阻抗型，如 20 Ω×2、30 Ω×2 等。

2. 耳机的检测

用万用表可方便地检测耳机的通断情况。对双声道耳机而言，其插头上有 3 个引出端，插头最后端的接触端为公共端，前端和中间端分别为左、右声道引出端。检测时，将万用表置 $R\times1$ 挡，将任一表笔接在耳机插头的公共端上，然后用另一表笔分别触碰耳机插头的另外两个引出端，相应的左或右声道的耳机应发出“喀喀”声，指针应偏转，指示值分别为 20 Ω 或 30 Ω 左右，而且左、右声道的耳机阻值应对称。如果在测量时耳机无声，万用表指针也不偏转，说明相应的耳机有引线断裂或内部焊点脱开的故障。若指针摆至零位附近，说明相应耳机内部引线或耳机插头处有短路的地方。若指针指示阻值正常，但发声很轻，一般是耳机振膜片与磁铁间的间隙不对造成的。

2.6.3　压电陶瓷扬声器和蜂鸣器的识别与检测

1. 压电陶瓷扬声器的识别

压电陶瓷扬声器是将压电陶瓷片分成主电极和反馈电极两部分,从反馈电极直接取出正反馈信号,使振荡电路变得很简单。具有反馈电极的压电陶瓷扬声器的型号有 FT-27-4BT、FT-35-29BT 等。

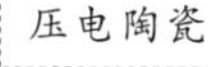

压电陶瓷

压电陶瓷蜂鸣片是将压电陶瓷片和金属片粘贴而成的一个弯曲振动片,如图 2-6-4 所示。在振荡电路的激励下,交变的电信号使压电陶瓷带动金属片一起产生弯曲振荡,并随此发出清晰的声音。压电陶瓷扬声器和一般扬声器相比,具有体积小、重量轻、厚度薄、耗电省、可靠性好、造价低廉、声响可达 120 dB 等特点,广泛应用于电子手表、袖珍计算器、玩具、门铃、移动电话机、BP 机以及各种报警设施中,如煤气检测报警,工业控制设备中的限位、定位、危险等报讯装置。压电陶瓷片用字母 B 表示,其直径有 15 mm、20 mm、27 mm、35 mm 等类型,而厚度仅 0.4~0.5 mm。常见型号有 HTD20、HTD35 等。

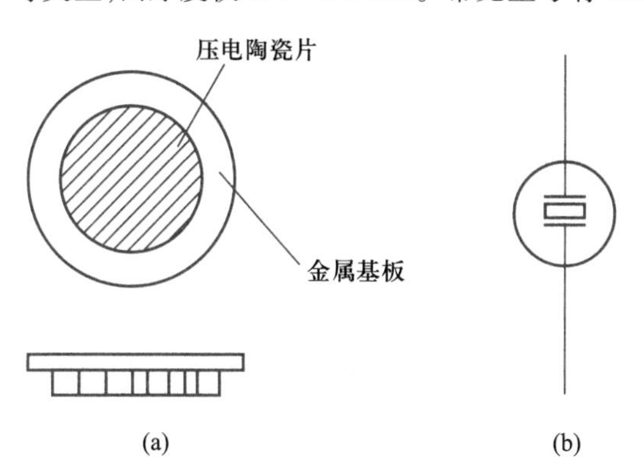

图 2-6-4　压电陶瓷蜂鸣片的结构与图形符号

2. 压电陶瓷扬声器的检测

压电陶瓷扬声器的检测主要是检测压电蜂鸣片,将万用表拨至直流 2.5 V 挡,将待测压电蜂鸣片平放于木制桌面上,带压电陶瓷片的一面朝上。然后将万用表的一支表笔与蜂鸣片的金属片相接触,用另一支表笔轻轻碰触压电蜂鸣片的陶瓷片,可观察到万用表指针随表笔的触、离而摆动,摆动幅度越大,则说明压电陶瓷蜂鸣片的灵敏度越高;若万用表指针不动,则说明被测压电陶瓷蜂鸣片已损坏。

3. 压电陶瓷蜂鸣器的识别

将一个多谐振荡器和压电陶瓷片做成一体化结构,外部采用塑料壳封装,就是一个压电陶瓷蜂鸣器。多谐振荡器一般是由集成电路构成,接通电源后,多谐振荡器起振,输出音频信号(一般为 1.5~2.5 kHz),经阻抗匹配器推动压电陶瓷片发声。

国产压电蜂鸣器的工作电压一般为直流 3~15 V,有正负极两个引出线。压电陶瓷蜂鸣器的原理框图如图 2-6-5 所示。

4. 压电陶瓷蜂鸣器的检测

选用 6 V 的直流稳压电源,将电源的正极接压电陶瓷蜂鸣器的正极,电源负极接

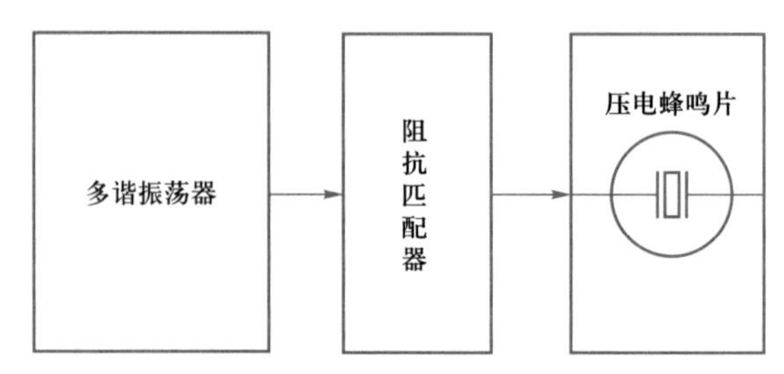

图 2-6-5 压电陶瓷蜂鸣器的原理框图

压电陶瓷蜂鸣器的负极,若压电陶瓷蜂鸣器发出悦耳的响声,说明其工作正常,如不发声,说明其已经损坏。检测时要注意,所加直流电源电压不得超过蜂鸣器的最高工作电压,以免检测时损坏蜂鸣器。

2.6.4 传声器的识别与检测

传声器是将声能转换成音频电信号的一种器件,俗称话筒,话筒的种类很多,应用最广泛的是动圈式话筒和驻极体电容式话筒。传声器的图形符号如图 2-6-6 所示。

图 2-6-6 传声器的图形符号

1. 动圈式话筒的识别与检测

(1) 动圈式话筒的类型和技术指标

动圈式话筒由永久磁铁、音膜、音圈、输出变压器等部分组成,音圈位于永久磁铁的缝隙中,并与音膜粘在一起。当有声音时,声波激发音膜振动,带动音圈作切割磁力线运动而产生音频感应电压,从而实现了声电转换。

动圈式话筒的主要技术参数有频率响应、灵敏度、输出阻抗、指向性等。

动圈式话筒的频率响应范围显然是越宽越好,但频率响应范围越宽,其价格越高。普通动圈式话筒的频率响应范围多在 100~10 000 Hz,质量优良的话筒其频率响应范围可达 20~20 000 Hz。

动圈式话筒的灵敏度是指话筒将声音信号转换成电压信号的能力,用每帕斯卡声压产生多少毫伏电压来表示,其单位为 mV/Pa。话筒的灵敏度还常用分贝(dB)来表示。一般来说,话筒灵敏度越高,话筒的质量就越好。

动圈式话筒的输出阻抗有高阻和低阻两种。高阻话筒的输出阻抗为 20 kΩ,低阻话筒的输出阻抗为 600 Ω,要和扩音机的输入阻抗配合使用。一般是在购买扩音机后,再根据扩音机的输入阻抗购买相应的话筒。

动圈式话筒的指向性是指其灵敏度与声波入射方向的特性。话筒的指向性是根据需要设计的,分为全指向性话筒、单向指向性话筒、双向指向性话筒和近讲话筒。

全指向性话筒对来自四面八方的声音都有基本相同的灵敏度。单向指向性话筒其正面的灵敏度明显高于背面和侧面。双向指向性话筒其正面和背面有相同的灵敏度,两侧的灵敏度则比较低。近讲话筒只对靠近话筒的声音有比较高的灵敏度,对远方的环境噪声不敏感,多为在舞台上演唱的歌手所采用。

(2) 动圈式话筒的检测

动圈式话筒的检测主要是用万用表的电阻挡测量输出变压器的一次、二次线圈和音圈线圈。先用两表笔断续碰触话筒的两个引出端,话筒中应发出清脆的“咔咔”声。如果无声,则说明该话筒有故障,应该对话筒的各个线圈做进一步的检查。

测量输出变压器的二次线圈,可以直接用两表笔测量话筒的两个引出端,若有一定阻值,说明该二次线圈是好的,需要检查输出变压器的一次线圈和音圈线圈的通断。

检查输出变压器的一次线圈和音圈线圈时,需要将话筒拆开,将输出变压器的一次线圈和音圈线圈断开,再分别测量输出变压器的一次线圈和音圈线圈的通断。

2. 驻极体电容式话筒的识别与检测

(1) 驻极体电容式话筒的识别

动画视频

驻极体话筒

驻极体话筒是一种用驻极体材料制作的新型话筒,具有体积小、频带宽、噪声小、灵敏度高等特点,被广泛应用于助听器、录音机、无线话筒等产品中。

驻极体话筒的结构由声电转换系统和场效应管放大器组成。国产驻极体话筒的常见型号有 CRZ2-1、CRZ2-9、CRZ2-15、CRZ2-66 等。

驻极体电容式话筒是由相当于一个极板位置可变的电容和结型场效应管放大器组成的。当有声波传入时,电容的极板位置发生变化,相当于电容量发生变化,而电容两个极片上的电量保持一定,则电容两端的电压就发生变化,从而实现了声电转换。结型场效应管放大器对信号电压进行放大,并与扩音机内的放大器实现阻抗匹配。

驻极体电容式话筒有两端式和三端式两种类型。两端式驻极体电容式话筒有 2 个输出端,分别是场效应管的漏极和接地端。三端式驻极体电容式话筒有 3 个输出端,分别是场效应管的漏极、源极和接地端。

(2) 驻极体电容式话筒的检测

极性判别完后,将万用表的黑表笔接话筒的漏极(D)、红表笔接话筒的源极(S)和外壳(地),用嘴吹话筒,观看万用表的指示。若无指示,说明话筒已失效;若有指示,则说明话筒正常。指示范围越大,说明话筒灵敏度越高。驻极体电容式话筒的检测可用万用表的电阻挡来检测。对两端式驻极体电容式话筒而言,用黑表笔接话筒的 D 端,红表笔接地端,此时,用嘴对准话筒吹气,万用表的指针应有指示。同类型的话筒比较,指示范围越大,说明该话筒的灵敏度越高。如果无指示,说明话筒有问题。

知识点扩展

无线话筒的结构与检修方法

无线话筒实际上是普通话筒和无线发射装置的组合体,其工作频率在 88~108 MHz 的调频波段内,用普通调频收音机即可接收。

无线话筒由受音头、调制发射电路、天线和电池组成。受音头把声音信号转换为电信号,通过调制再发射出去,由相应的接收机接收、放大和解调后送入扩音设备。

无线话筒的发射距离一般在 100 m 以内。

无线话筒的检测方法是:将无线话筒接入一个功放中,用示波器对话筒的输入端进行监测,当对着话筒讲话时,示波器应该有微弱的音频信号出现,若没有信号出现,则说明该话筒有问题。

将话筒拆开,很容易看出其内部结构,一般都是线圈断路所导致的故障。有时,只要将断路的线圈焊接好,就可以修复故障。

知识链接

1. 本章专业术语及词汇

PTC(Positive Temperature Coefficient)正温度系数热敏电阻

NTC(Negative Temperature Coefficient)负温度系数热敏电阻

BJT(Bipolar Junction Transistor)双极型结型晶体管

JFET(Junction Field Effect Transistor)单极型结型场效应管

MOSFET(Metal Oxide Semiconductor FET)单极型绝缘栅型场效应管

Capacitor 电容器,电路符号:C

Color Code 色码

Component 元件

Device 器件

DIP 双列直插封装

Diode 二极管,常用符号:D

IC(Integrated Circuit)集成电路,常用符号:U

Inductor 电感器,常用符号:L

Resistor 电阻器,常用符号:R

2. 所涉及的专业标准及法规

GB/T 2828.1—2012 计数抽样检验程序 第1部分:按接收质量限(AQL)检索的逐批检验抽样计划

GB/T 2828.2—2008 计数抽样检验程序 第2部分:按极限质量LQ检索的孤立批检验抽样方案

GB/T 2828.3—2008 计数抽样检验程序 第3部分:跳批抽样程序

GB/T 2828.4—2008 计数抽样检验程序 第4部分:声称质量水平的评定程序

GB/T 2828.5—2011 计数抽样检验程序 第5部分:按接收质量限(AQL)检索的逐批序贯抽样检验系统

问题与思考

1. 根据IQC来料检验中学到的相关知识，回答下列问题：

（1）电阻的质量检验：在实际生产的来料检验过程中，抽检到的电阻颜色为“蓝灰黑棕 棕”，外形如图2-1所示。则该色环电阻的标称阻值为__________ Ω，允许误差为__________，若用数字式万用表测量结果是8.38 kΩ，则该电阻质量是否正常__________，原因是__________。

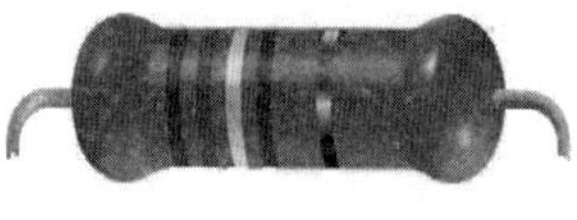

图2-1

（2）你能把色环代码表中所缺的部分填写完成吗?

颜色	黑	棕	红	橙	黄	绿	蓝
数值	0	1	2	3	4	5	6
误差值		±1%	____				
颜色	金	银	无	紫	灰	白	
数值	____	____		7	8	9	
误差值	____	±10%	±20%				

（3） 电容的质量检验：抽检到的涤纶电容上标有“684J400V”，则该电容标称容量为__________，耐压值为__________，若实测该电容的容量为 0.62 μF，则说明该电容是否正常__________，原因是____________________。

（4） 二极管的质量检验：作为质量检验员，应该明白二极管具有__________，即正向偏置时__________，反向偏置时__________。若抽检到如图 2-2 所示的二极管，你能判断该二极管为__________类型的二极管，若采用 500 型模拟万用表测试此二极管时，正向电阻的读数为无穷大，反向电阻的读数也为无穷大，由此判别此二极管两端正反向电阻是否正常____________，说明二极管的质量____________。

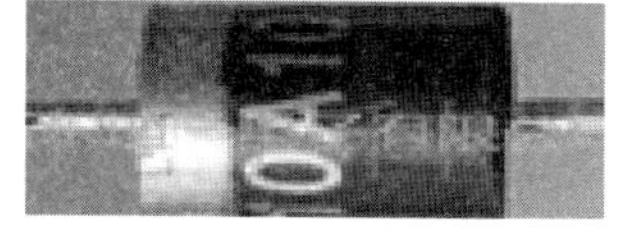

图 2-2

（5） 晶体管的质量检验：抽检到如图 2-3 所示的晶体管，你能判别此晶体管 S8550 是__________类型的晶体管；它是__________材料的晶体管；它的三只引脚顺序从左至右依次是：____、____、____。

图 2-3

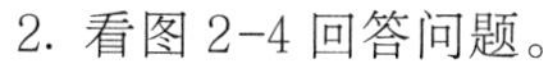

2. 看图 2-4 回答问题。

（1） 图 2-4 中使用了几种电容器，为什么要这样选？（上网查阅相关资料后回答）

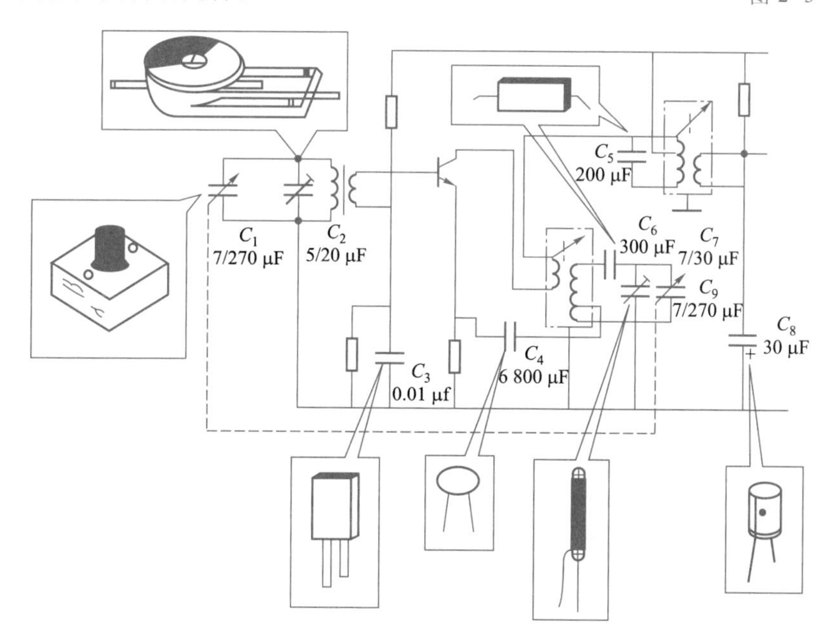

图 2-4 超外差收音机前级电路

（2）解释双连可变电容：7／270是什么意思？ 图中虚线是什么含义？

3. 利用500型模拟万用表测量如图2-5所示的全桥组件电路，测量常用全桥组件各引脚间的阻值。

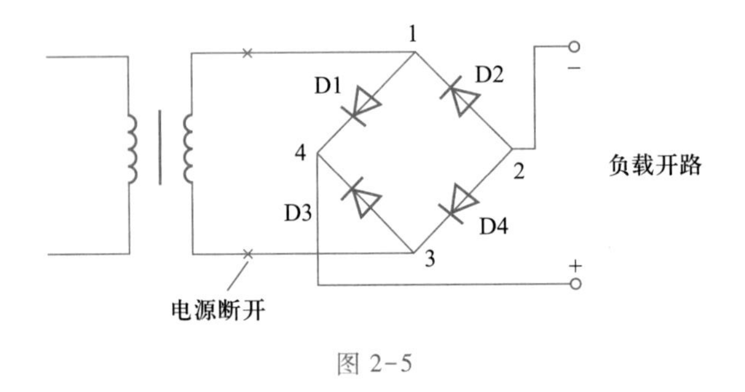

图 2-5

4. 根据给出的晶体管符号，如表2-1所示，请上网查阅相关元器件的PDF资料并按表2-1的要求填写。

表 2-1

外形符号	型号	引脚排列	外形符号	型号	引脚排列
S9014 C338			A1015 Y338		
2SC 181S			3DG 201C		
28A 940			BU326A 8109		

5. 对电子整机产品进行老化和环境试验有什么不同？

能力拓展

1. 通过观看本教材配套的“虚拟电子产品生产车间”视频资源，让学生通过虚拟现实技术完成无源元件（电阻、电容、电感等）和有源器件（晶体管、集成电路等）的识别和检测，并要求学生根据操作结果描述出企业来料检验的方法及注意事项。

2. 图2-6所示为一个串联型直流稳压电源。① 请改正图2-6中的错误，在错误处画“×”并改画正确。② 从表2-2给出的元器件库存表内，选择合适的型号填入表2-3，使之成为正确的元件清单（其中电阻只需选择正确的标称值填入）。

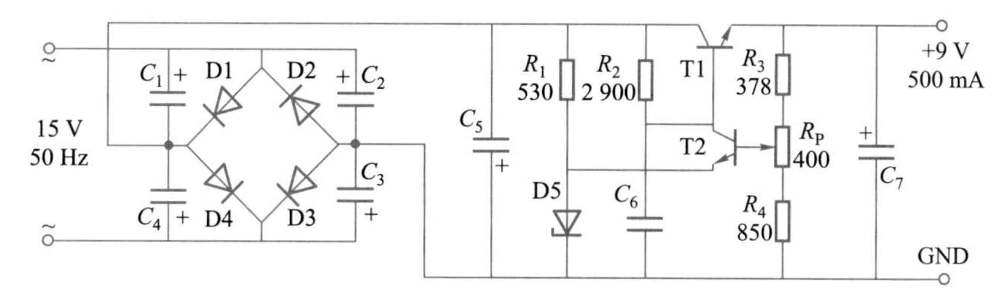

图 2-6　串联型直流稳压电源

表 2-2

编号	型号	编号	型号	编号	型号
1	2AP9	9	3DD01A	17	CD11-6.3V-220μ
2	2CZ82	10	3DK4	18	CA-16V-47μ
3	2CK44	11	3AX22	19	CD11-10V-470μ
4	2CW14	12	3CT6	20	CJ11-63V-0.01μ
5	3CG21	13	CS2B	21	CD11-16V-1000μ
6	3DG6	14	CCW3-1-5/20p	22	CL10-63V-0.01μ
7	3AG15	15	CBM-X-270p	23	CD11-25V-1000μ
8	3AD18A	16	CJ10-160V-0.1μ	24	CD11-16V-220μ

表 2-3

元件	型号	元件	型号
R_1		$C_1 \sim C_4$	
R_2		C_5	
R_3		C_6	
R_4		C_7	
R_P		T1	
D1 ~ D4		T2	
D5			

模块二

通孔插装工艺电子产品的生产与检验

项目 3

通孔插装工艺电子产品的手工装接

【引言】

动画视频

电视机的手工装配

通孔插装手工装配工艺，简称为 THT 手工装配工艺。 它是指将元器件引出脚插入印制电路板（PCB）相应的安装孔，然后通过手工装配方式对印制电路板面的电路焊盘焊接固定的一种手工装联工艺。

本项目主要介绍辅助材料及装配工具、导线端头的处理、元件的引脚成形和插装、THT 元件的手工焊接，能准备辅助材料及装配工具、会加工导线端头、会制作线把、会成形和插装电子元件、会手工焊接 THT 元器件是电子专业工程技术人员所必备的知识和技能。

任务 3.1　辅助材料和装配工具的准备

任务引入

电子整机产品生产与检验过程中，常常会用到导电材料、绝缘材料、敷铜板、黏合剂、焊接材料等各种辅助材料。了解这些材料的分类、特点和性能参数，掌握正确选择与合理使用它们的方法，对于改善电子整机产品的性能，保证产品的质量至关重要。在现代工业 4.0 和智能制造背景下的电子整机产品的装配、调试及返修过程中，经常要为每个岗位的操作者配备做好防静电措施的相应工具和设备，这样才能有节奏地完成整个生产过程，保证产品的质量，这也是每个电子技术工程人员必备的基本技能。

3.1.1　导线与绝缘材料

演示文稿

辅助材料和装配工具的准备

1. 导线

(1) 导线的分类

电子产品中使用的安装导线大多由铜、铝等高导金属制成，能够传输电能或电磁信号，分为电线和电缆两大类。它们又可细分为安装导线、电磁线、扁平电缆（平排线）、屏蔽线、通信电缆、双绞线等。

动画视频

导线（绝缘导线）

构成电线与电缆的核心材料是导线。按材料分，可分为单金属丝（如铜丝、铝丝），双金属丝（如镀银铜线）和合金线；按有无绝缘层分，可分为裸电线和绝缘电线。导线的粗细标准称为线规，有线号制和线径制两种表示方法。按导线的粗细排列成一定号码的称为线号制，线号越大，其线径越小；按导线直径大小的毫米（mm）数表示称为线径制。我国采用线径制，而英、美等国采用线号制。

① 安装导线。在电子产品生产中常用的安装导线，主要是裸导线和塑料绝缘电线。

裸导线是指没有绝缘层的光金属导线，它有单股或多股铜线、镀锡铜线、多股编织线、电阻合金线等，裸导线加工简单，只要按要求长度切断就可以用来连接。因无绝缘层，容易造成短路，故它的用途有限，只能用于单独连线、短连线及跨接线等。

塑料绝缘电线是在裸导线表面外加塑料绝缘的电线，俗称塑胶线。它一般由导线的线芯、绝缘层和保护层构成。线芯有软芯和硬芯之分。按芯线数也可分为单芯、二芯、三芯、四芯及多芯等，如图 3-1-1 所示，广泛用于电子产品的各部分、各组件之间的连接。

② 电磁线。电磁线是指由涂漆或包缠纤维做成的绝缘导线，以漆包线为主，一般用来绕制电机、变压器、电感线圈等电感类产品的绕组，所以也称作绕组线。它的作用主要是通过电流产生磁场或切割磁力线产生电流，以实现电能和磁能的相互转换。漆包线绕制线圈后，需要去除线材端头的漆皮与电路连接。去除漆包线漆皮的方法一般是将漆包线的线端浸入熔融的锡液中，在高温下去除漆皮并同时镀上一层薄锡。

③ 扁平电缆。在数字电路特别是计算机类产品中，数据总线、地址总线和控制总

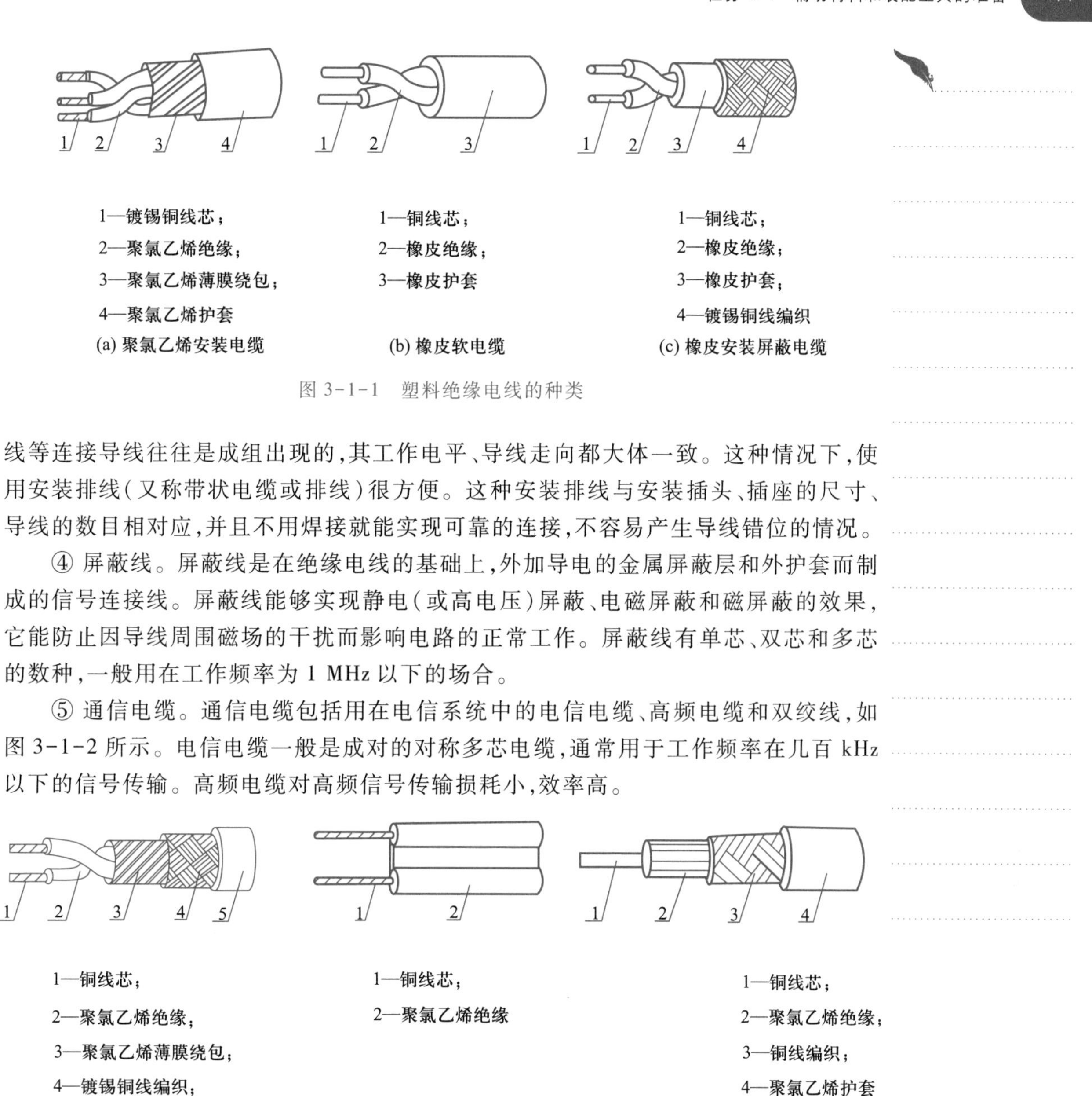

图 3-1-1　塑料绝缘电线的种类

线等连接导线往往是成组出现的，其工作电平、导线走向都大体一致。这种情况下，使用安装排线（又称带状电缆或排线）很方便。这种安装排线与安装插头、插座的尺寸、导线的数目相对应，并且不用焊接就能实现可靠的连接，不容易产生导线错位的情况。

④ 屏蔽线。屏蔽线是在绝缘电线的基础上，外加导电的金属屏蔽层和外护套而制成的信号连接线。屏蔽线能够实现静电（或高电压）屏蔽、电磁屏蔽和磁屏蔽的效果，它能防止因导线周围磁场的干扰而影响电路的正常工作。屏蔽线有单芯、双芯和多芯的数种，一般用在工作频率为 1 MHz 以下的场合。

⑤ 通信电缆。通信电缆包括用在电信系统中的电信电缆、高频电缆和双绞线，如图 3-1-2 所示。电信电缆一般是成对的对称多芯电缆，通常用于工作频率在几百 kHz 以下的信号传输。高频电缆对高频信号传输损耗小，效率高。

图 3-1-2　通信电缆的种类

⑥ 双绞线。双绞线是指由两条相互绝缘的导线按照一定的规格互相缠绕（一般以逆时针缠绕）在一起而制成的一种通用配线，属于信息通信网络传输介质。双绞线过去主要是用来传输模拟信号的，但现在同样适用于数字信号的传输，外形如图 3-1-3(a)所示。双绞线一般采用一对互相绝缘的金属导线互相绞合的方式来抵御一部分外界电磁波干扰，更主要的是降低自身信号的对外干扰。把两根绝缘的铜导线按一定密度互相绞在一起，可以降低信号干扰的程度，每一根导线在传输中辐射的电磁

动画视频

双绞线

波会被另一根线上发出的电磁波抵消。“双绞线”的名字也是由此而来。

双绞线分成六类，即一类线、二类线、三类线、四类线、五类线和六类线，其中三类以下的线已不再使用。目前使用最多的是五类线。五类线分五类和超五类线，超五类线目前应用最多，共4对绞线用来提供10～100 Mbps服务，六类多用于1 000 Mbps网络。

超五类线是网络布线中最常用的网线，分为屏蔽和非屏蔽两种。一般的超五类线里都有4对绞在一起的细线，并用不同的颜色标明。在星形网络的布线中，每条双绞线通过两端安装的RJ-45连接器（俗称水晶头）将各种网络设备连接起来。双绞线的标准接法不是随便规定的，目的是保证线缆接头布局的对称性，这样就可以使接头内线缆之间的干扰相互抵消。双绞线有两种接法，如表3-1-1所示和图3-1-3(b)所示，分为EIA/TIA 568B标准和EIA/TIA 568A标准。

表3-1-1 用双绞线做网络传输线的标准

线序		1	2	3	4	5	6	7	8
芯线颜色	T568A标准	绿白	绿	橙白	蓝	蓝白	橙	棕白	棕
	T568B标准	橙白	橙	绿白	蓝	蓝白	绿	棕白	棕

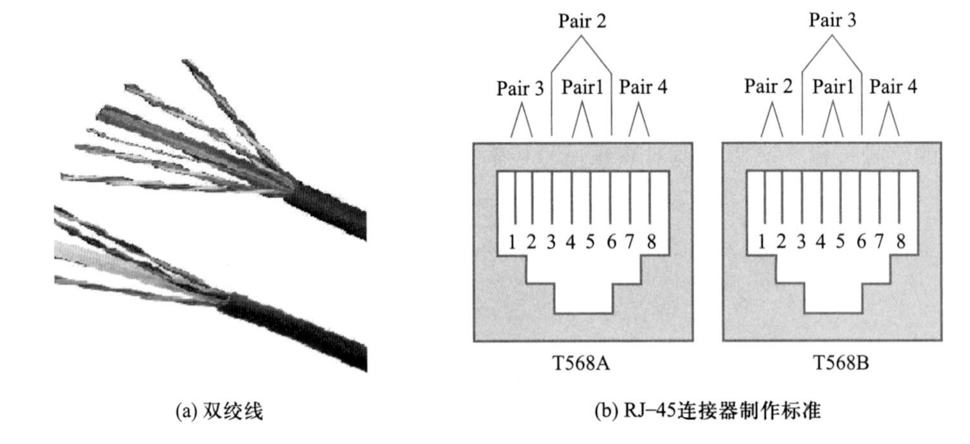

图3-1-3 双绞线及做网络传输线的标准

(2) 电线、电缆型号的命名

电线型号的命名方法见表3-1-2，射频电缆型号的命名方法见表3-1-3。

表3-1-2 电线型号的命名方法

分类代号或用途		绝缘		护套		派生特性	
符号	意义	符号	意义	符号	意义	符号	意义
A	安装线	V	聚氯乙烯	V	聚氯乙烯	P	屏蔽
B	布电线	F	氟塑料	H	橡胶套	R	软
F	飞机用低压线	Y	聚乙烯	B	编织套	S	双绞
R	日用电器用软线	X	橡皮	L	蜡克	B	平行

续表

分类代号或用途		绝缘		护套		派生特性	
符号	意义	符号	意义	符号	意义	符号	意义
Y	一般工业移动电器用线	ST	天然丝	N	尼龙套	D	带形
T	天线	B	聚丙烯	SK	尼龙丝	T	特种
		SE	双丝包				

表 3-1-3 射频电缆型号的命名方法

分类代号或用途		绝缘		护套		派生特性	
符号	意义	符号	意义	符号	意义	符号	意义
S	射频同轴电缆	Y	聚乙烯实芯	V	聚氯乙烯	P	屏蔽
SE	射频对称电缆	YF	发泡聚乙烯	F	氟塑料	Z	综合式
ST	特种射频电缆	YK	纵孔聚乙烯	B	玻璃丝编织	D	镀铜屏蔽层
SJ	强力射频电缆	X	橡皮	H	橡胶套		
SG	高压射频电缆	D	聚乙烯空气	VZ	阻燃聚氯乙烯		
SZ	延迟射频电缆	F	氟塑料实芯	Y	聚乙烯		
SS	电视电缆	U	氟塑料空气				

(3) 导线的选用

① 电路条件:

• 允许电流。指常温下工作的电流值,导线在电路中工作时的电流要小于允许电流。

• 导线电阻的电压降。在导线很长时,要考虑导线电阻对电压的影响。

• 额定电压与绝缘性。使用时,电路的最大电压应低于额定电压,以保证绝缘性能和使用安全。

• 频率特性。对不同的频率选用不同线材,要考虑高频信号的趋肤效应。

• 特性阻抗。在射频电路中还应考虑导线的特性阻抗,保证电路的阻抗匹配,以防止信号的反射波。

② 环境条件:

• 温度。由于环境温度的影响,会使导线的绝缘层变软或变硬,以致变形、开裂,造成短路。

• 湿度。环境潮湿会使导线的芯线氧化,绝缘层老化。

• 气候。恶劣的气候会加速导线的老化。

• 化学药品。许多化学药品都会造成导线腐蚀和氧化。选用线材应能适应环境的湿度、温度及气候的要求。一般情况下导线不要与化学药品及日光直接接触。

③ 机械强度:

所选择的导线应具备良好的拉伸强度、耐磨损性和柔软性，质量要轻，以适应环境的机械振动等条件。

2. 绝缘材料

绝缘材料具有很大的电阻系数。其主要作用是用来隔离带电的或不同电位的导体。按常用绝缘材料的化学性质不同，分为有机绝缘材料、无机绝缘材料和混合绝缘材料三种类型。其中，有机绝缘材料包括棉纱、麻、蚕丝、树脂、人造丝等，且具有密度小、易加工、柔软，但耐热性不高、化学稳定性差、容易老化的特点；无机绝缘材料包括石棉、陶瓷、大理石、硫磺、云母等，主要用作电机、电器的绕组绝缘以及开关底板和绝缘子的制造材料等；混合绝缘材料是由以上两种材料经加工后制成的各种成形绝缘材料，常用作电器底座、外壳等。

3.1.2 敷铜箔层压板

动画视频

敷铜板

敷以铜箔的绝缘层压板称为敷铜箔层压板，简称敷铜板。它是用腐蚀铜箔法制作电路板的主要材料。敷铜箔层压板的种类很多，按基材的品种可分为纸基板和玻璃布板；按黏结树脂来分有酚醛、环氧酚醛、聚四氟乙烯等。

1. 敷铜箔层压板的种类

(1) 酚醛纸基敷铜箔层压板

它是用浸渍过酚醛树脂的绝缘纸或纤维板用为基板，两面加无碱玻璃布，并在一面或两面敷以电解紫铜箔，经热压而成的板状制品。此类层压板价格低廉，但机械强度低、易吸水、耐高温性能差（一般不超过 100 ℃），主要用于低频和一般民用产品中。标准厚度有 1.0 mm，1.5 mm，2.0 mm 三种，一般应优先选用 1.5 mm 和 2.0 mm 厚的层压板。

(2) 环氧酚醛玻璃布敷铜箔层压板

这是无碱玻璃布浸以环氧树脂经热压而成的层压制品，一面或两面敷以电解紫铜箔。这类层压板的电气和机械性能良好，加工方便，可用于恶劣环境和超高频电路中。

(3) 环氧玻璃布敷铜箔层压板

这类层压板由玻璃布浸以双氰胺固化剂的环氧树脂经热压而成。这类层板基材的透明度良好，与环氧酚醛敷铜板相比，具有较好的机械加工性能，防潮性良好，工作温度较高。

(4) 聚四氟乙烯玻璃布敷铜箔层压板

这是以无碱玻璃布浸渍聚四氟乙烯分散乳液为基材，敷以经氧化处理的电解紫铜箔，经热压而成的层压板，是一种耐高温和高绝缘的新型材料。具有较宽的耐温范围（-23~260 ℃），在 200 ℃下可长期工作，并可在 300 ℃下间断工作。它主要用在高频和超高频电路中。

此外，还有聚苯乙烯敷铜箔板、软性聚酯敷铜箔板等。

2. 敷铜箔层压板的选用

敷铜箔层压板的性能指标主要有抗剥强度、耐浸焊性（耐热性）、翘曲度（又称弯曲度），电气性能（工作频率范围、介质损耗、绝缘电阻和耐压强度）及耐化学溶剂性能。敷铜箔层压板的选用主要是根据产品的技术要求、工作环境和工作频率，同时兼顾经济性来决定的。在保证产品质量的前提下，优先考虑经济效益，选用价格低廉的敷铜箔层压板，以降低产品成本。

3. 印制电路板的特点

印制电路是指在绝缘基板上印制导线和印制元件系统。具有印制电路的绝缘基板称为印制电路板。印制电路板用于安装和连接小型化元件、晶体管集成电路等电路元器件。

使用印制电路板制造的产品具有可靠性高，一致性、稳定性好，机械强度高、耐振、耐冲击，体积小、重量轻，便于标准化、便于维修以及用铜量小等优点。其缺点是制造工艺较复杂，单件或小批量生产不经济。

4. 印制电路板的分类

印制电路板按其结构可分为如下 4 种。

（1）单面印制电路板

单面印制电路板通常是用酚醛纸基单面敷铜箔层压板，通过印制和腐蚀的方法，在绝缘基板敷铜箔一面制成印制导线。它适用于对电性能要求不高的收音机、收录机、电视机、仪器和仪表等。

（2）双面印制电路板

双面印制电路板是在两面都有印制导线的印制板。通常采用环氧树脂玻璃布铜箔板或环氧酚醛玻璃布铜箔板。由于两面都有印制导线，一般采用金属化孔连接两面印制导线。其布线密度比单面板更高，使用更为方便。它适用于对电性能要求较高的通信设备、计算机、仪器和仪表等。

（3）多层印制电路板

多层印制电路板是在绝缘基板上制成三层以上印制导线的印制电路板。它由几层较薄的单面或双面印制电路板（每层厚度在 0.4 mm 以下）叠合压制而成。为了将夹在绝缘基板中的印制导线引出，多层印制电路板上安装元件的孔需经金属化处理，使之与夹在绝缘基板中的印制导线沟通。目前，广泛使用的有四层、六层、八层，更多层的也有使用。

（4）软性印制电路板

软性印制电路板也称柔性印制电路板，是以软层状塑料或其他软质绝缘材料为基材制成的印制电路板。它可以分为单面、双面和多层三大类。此类印制电路板除了重量轻、体积小、可靠性高以外，最突出的特点是具有挠性，能折叠、弯曲、卷绕，自身可端接以及三维空间排列。软性印制电路板在电子计算机、自动化仪表、通信设备中应用广泛。

3.1.3 常用装配工具

动画视频

钳子工具使用

在电子产品装配过程中使用的工具称为装配工具。常用的装配工具有通用的手工装配工具（如钳口工具、剪切工具、紧固工具、焊接工具等）。随着电子产品装配工具的发展，新型多功能乃至智能化的机器人的出现，使绝大部分的手工操作被专用设备所代替。但手工工具，如螺钉旋具（如各种螺丝刀）、扳手、尖嘴钳、偏口钳等，仍然是装配工人不可缺少的工具。作为整机生产的技术人员，只有对这些常用装配工具和专用设备有所了解，并熟练地掌握其使用方法、操作要领及维护知识，才能真正成为一名合格的电子产品生产者、管理者或产品开发技术人员。

1. 钳口工具

常用的钳口工具见表3-1-4。

表3-1-4 常用的钳口工具

名称	外形图	用途	名称	外形图	用途
尖嘴钳		主要用于焊接网绕导线和元器件引线、引线成形、布线、夹持小螺母、小零件等	平嘴钳		主要用于拉直裸导线或将较粗的导线及较粗的元器件引线成形
圆嘴钳		由于钳嘴呈圆锥形，可以方便地将导线端头、元器件的引线弯绕成圆环形，安装在螺钉及其他部位上	镊子		主要用来夹持物体，在焊接时，可用镊子夹持导线或元器件。要求镊子弹性强，合拢时尖端要对正吻合

2. 剪切工具

常用的剪切工具见表3-1-5。

表3-1-5 常用的剪切工具

名称	外形图	用途	名称	外形图	用途
偏口钳		偏口钳又称斜口钳，主要用于剪切导线。剪线时，要使钳头朝下，防止剪下的线头飞出伤眼	剪刀		剪刀有普通剪刀和剪切金属线材用剪刀两种。其头部短而宽，刃口角度较大，能承受较大的剪切力

3. 紧固工具

常用的紧固工具见表3-1-6。

表3-1-6 常用的紧固工具

名称	外形图	用途
螺钉旋具	 十字形螺钉旋具  一字形螺钉旋具	紧固工具用于紧固和拆卸螺钉和螺母。它包括螺钉旋具、螺母旋具和各类扳手等。螺钉旋具也称螺丝刀、改锥或起子，常用的有一字形，十字形两种，并有自动、电动、风动等形式

续表

名称	外形图	用途
电动螺钉旋具	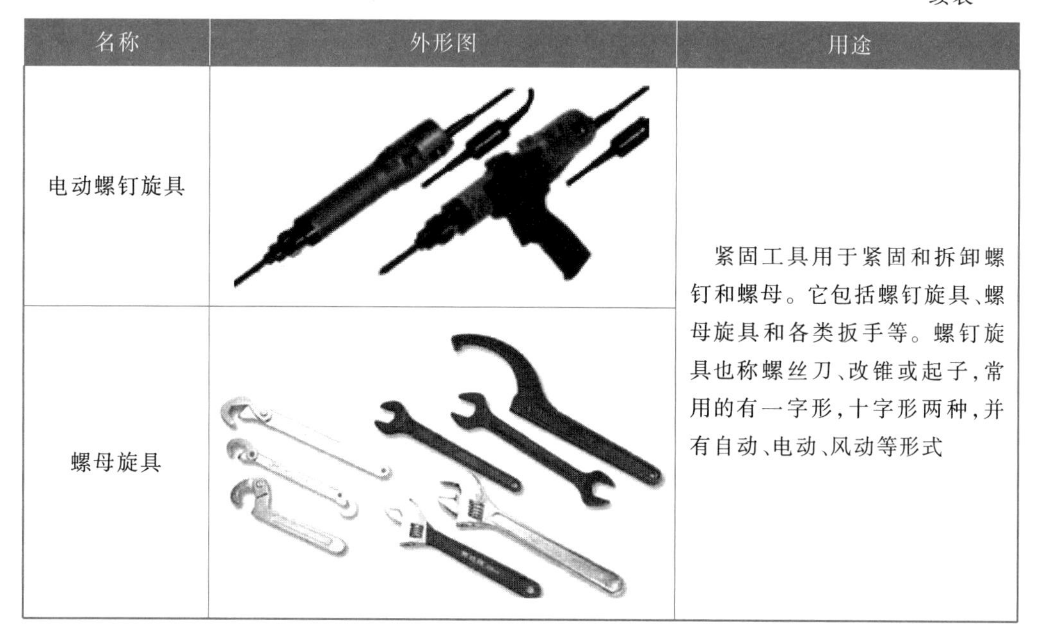	紧固工具用于紧固和拆卸螺钉和螺母。它包括螺钉旋具、螺母旋具和各类扳手等。螺钉旋具也称螺丝刀、改锥或起子，常用的有一字形，十字形两种，并有自动、电动、风动等形式
螺母旋具		

4. 常用紧固件

常用的紧固件见表 3-1-7。

表 3-1-7 常用的紧固件

名称	外形图	用途
常用紧固件	扎带　垫圈　螺柱、螺栓	在整机的机械安装中，各部分的连接、部件的组装、部分元器件的固定及锁紧、定位等，经常要用到紧固零件。常用紧固零件有螺钉、螺母、垫圈、螺栓、螺柱、压板、夹线板、铆钉等

5. 常用的手工焊接工具

常用的手工焊接工具见表 3-1-8。

表 3-1-8 常用的手工焊接工具

名称	结构原理及作用
普通电烙铁	电烙铁是指用于各类电子整机产品的手工焊接、补焊、维修及更换元器件。电烙铁的工作原理是烙铁心内的电热丝通电后，将电能转换成热能，经烙铁头把热量传给被焊工件，对被焊接点部位的金属加热，同时熔化焊锡，完成焊接任务。普通电烙铁根据传热方式分为内热式和外热式两种。

续表

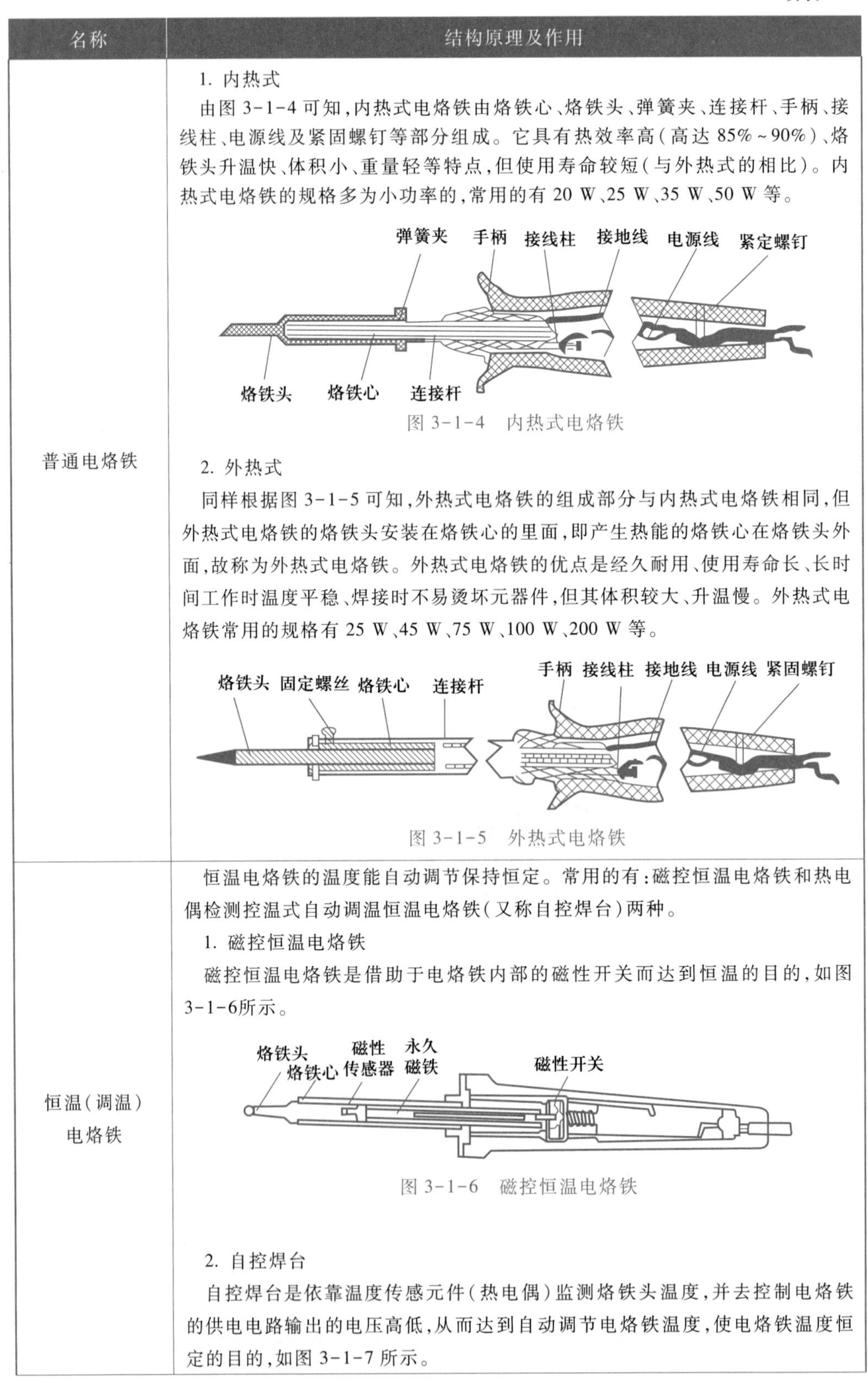

名称	结构原理及作用
普通电烙铁	1. 内热式 由图 3-1-4 可知,内热式电烙铁由烙铁心、烙铁头、弹簧夹、连接杆、手柄、接线柱、电源线及紧固螺钉等部分组成。它具有热效率高(高达 85%～90%)、烙铁头升温快、体积小、重量轻等特点,但使用寿命较短(与外热式的相比)。内热式电烙铁的规格多为小功率的,常用的有 20 W、25 W、35 W、50 W 等。 图 3-1-4　内热式电烙铁 2. 外热式 同样根据图 3-1-5 可知,外热式电烙铁的组成部分与内热式电烙铁相同,但外热式电烙铁的烙铁头安装在烙铁心的里面,即产生热能的烙铁心在烙铁头外面,故称为外热式电烙铁。外热式电烙铁的优点是经久耐用、使用寿命长、长时间工作时温度平稳、焊接时不易烫坏元器件,但其体积较大、升温慢。外热式电烙铁常用的规格有 25 W、45 W、75 W、100 W、200 W 等。 图 3-1-5　外热式电烙铁
恒温(调温)电烙铁	恒温电烙铁的温度能自动调节保持恒定。常用的有:磁控恒温电烙铁和热电偶检测控温式自动调温恒温电烙铁(又称自控焊台)两种。 1. 磁控恒温电烙铁 磁控恒温电烙铁是借助于电烙铁内部的磁性开关而达到恒温的目的,如图 3-1-6所示。 图 3-1-6　磁控恒温电烙铁 2. 自控焊台 自控焊台是依靠温度传感元件(热电偶)监测烙铁头温度,并去控制电烙铁的供电电路输出的电压高低,从而达到自动调节电烙铁温度,使电烙铁温度恒定的目的,如图 3-1-7 所示。

续表

名称	结构原理及作用
恒温(调温)电烙铁	(a) 带气泵型自动调温恒温电烙铁(含吸锡电烙铁) (b) 防静电型自动调温恒温电烙铁(两台) 图 3-1-7 自控焊台
电热风枪	电热枪由控制台和电热风吹枪组成。它是利用高温热风,加热焊锡膏和电路板及元器件引脚,使焊锡熔化,来实现焊装或拆焊的目的,专门用于焊装或拆卸表面贴装元器件的专用焊接工具。
吸锡电烙铁	吸锡电烙铁是在普通烙铁的基础上增加吸锡机构,使其具有加热、吸锡两种功能。吸锡电烙铁用于拆焊(解焊)时除去焊接点上的焊锡。操作时,先用吸锡电烙铁加热焊点,等焊锡熔化后接通吸锡装置,即可将锡吸走。
自动送锡电烙铁	自动送锡电烙铁是在普通烙铁的基础上增加了焊锡丝输送机构,能在焊接时由电烙铁自动将焊锡送到焊接点。使用这种电烙铁,可使操作者腾出一只手(原来拿焊锡的手)来固定工件。
感应式电烙铁	感应式电烙铁是通过一个二次侧只有 1~3 匝的变压器,将一次侧的高电压(交流 220 V)变换到二次侧的低压大电流,并使二次侧感应出的大电流流过烙铁头,使烙铁头迅速达到焊接所需的温度。该电烙铁的特点是加热速度快,一般通电几秒钟,即可达到焊接温度,特别适用于断续工作的使用。但该烙铁头上带有感应信号,对一些感应敏感的器件不要使用这种电烙铁焊接。
烙铁架	用于搁放通电加温后的电烙铁,以免烫坏工作台或其他物品。

演示文稿

导线的加工

任务 3.2 导线的加工

任务引入

导线在电子整机产品中是必不可少的线材,它主要用于电子整机电路之间、分机之间进行电气连接与相互间传递信号。在电子整机装配之前,要对整机所需的各种导线进行预加工处理。这些准备工作,称为导线的加工。导线加工工艺一般包括绝缘导线加工工艺和屏蔽导线端头加工工艺。本任务通过学习绝缘导线、屏蔽导线和扁平电缆的加工方法,使学生掌握导线加工工艺。

3.2.1 绝缘导线的加工

普通导线的加工包括导线的截断和线端头处理，有的还需印标记。对于裸导线，只要按设计要求的长度截断就可以了。对于有绝缘层的导线，其加工分为剪裁、剥头、清洗、捻头（多股线）、搪锡、印标记等几个工序。

1. 剪裁

导线按先长后短的顺序，用斜口钳、自动剪线机或半自动剪线机进行剪切。剪裁绝缘导线时要拉直再剪。剪线要按工艺文件中的导线加工表规定进行，长度应符合公差要求（如无特殊公差要求时，可按表3-2-1选择公差）。导线的绝缘层不允许损伤，否则会降低其绝缘性能。导线的芯线应无锈蚀，否则影响导线传输信号的能力。故绝缘层已损坏或芯线有锈蚀的导线不能使用。

表3-2-1 导线长度与公差要求表

导线长度/mm	50	50~100	100~200	200~500	500~1 000	1 000以上
公差/mm	±3	±5	±5~±10	±10~±15	±15~±20	±30

2. 剥头

将绝缘导线的两端去掉一段绝缘层而露出芯线的过程称为剥头。在生产中，剥头长度应根据芯线截面积和接线端子的形状来确定，若工艺文件的加工表中无明确要求时，可按表3-2-2和表3-2-3来选择剥头长度及调整范围。

表3-2-2 剥头长度及调整范围表

连接方式	剥头长度/mm	
	基本尺寸	调整范围
搭焊	3	+2.0
勾焊	6	+4.0
绕焊	15	±5.0

表3-2-3 导线粗细与剥头长度的关系

芯线截面积/mm^2	<1	1.1~2.5
剥头长度 L/mm	8~10	10~14

剥头时要求不应损伤芯线，多股芯线应尽量避免断股，使用剥线钳剥头时要选择与芯线粗细相配的剥线口，并要对准所需要的剥头距离。常用的方法有刃截法和热截法两种。

① 刃截法。刃截法就是用专用剥线钳进行剥头，在大批量生产中多使用自动剥线机，手工操作时也可用剪刀、电工刀。其优点是操作简单易行，只要把导线端头放进钳口并对准剥头距离，握紧钳柄，然后松开，取出导线即可。为了防止出现损伤芯线或拉不断绝缘层的现象，应选择与芯线粗细相配的钳口。刃截法易损伤芯线，故对单股导线不宜用刃截法。

② 热截法。热截法就是使用热控剥皮器去除导线的绝缘层。使用时，按设计要求的长度把绝缘导线放在两个电极之间，为使切口平齐，应在截切时同时转动导线，待四周绝缘层均被切断后用手边转动边向外拉，即可剥出端头。热截法的优点是操作简单，不损伤芯线，但加热绝缘层时会放出有害气体，因此要求有通风装置。

3. 清洁

绝缘导线在空气中长时间放置，导线端头易被氧化，有些芯线上有油漆层。故在浸锡前应进行清洁处理，除去芯线表面的氧化层和油漆层，提高导线端头的可焊性。清洁的方法有两种：一是用小刀刮去芯线的氧化层和油漆层，在刮时注意用力适度，同时应转动导线，以便全面刮掉氧化层和油漆层；二是用砂纸清除掉芯线上的氧化层和油漆层，清除时，砂纸应由导线的绝缘层端向端头单向运动，以避免损伤导线。

4. 捻头

多股芯线经过清洁后，芯线易松散开，因此必须进行捻头处理，以防止浸锡后线端直径太粗。捻头时应按原来合股方向扭紧。捻线角一般在 30°~45°之间，如图 3-2-1 所示。捻头时用力不宜过猛，以防捻断芯线。大批量生产时可使用捻头机进行捻头。

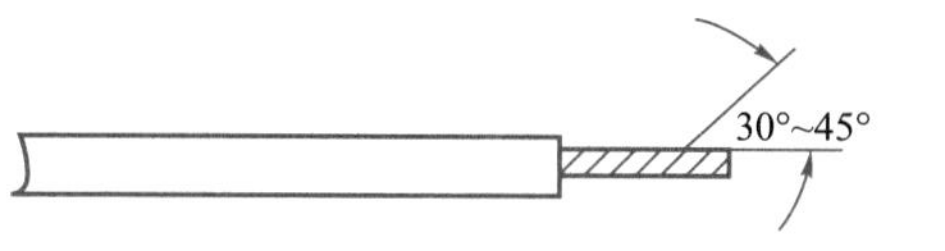

图 3-2-1　多股芯线捻角度

5. 搪锡（又称上锡）

经过剥头和捻头的导线应及时搪锡，以防止氧化。通常使用锡锅浸锡。锡锅通电加热后，锅中的焊料熔化。将导线端头蘸上助焊剂，然后将导线垂直插入锅中，并且使浸锡层与绝缘层之间有 1~2 mm 间隙，待浸润后取出即可，浸锡时间为 1~3 s。应随时清除残渣，以确保浸锡层均匀、光亮。其次还可以用电烙铁进行手工搪锡，将已经加热的烙铁头带动熔化的焊锡，在已捻好头的导线端头上，顺着捻头的方向来回移动，完成导线端头的搪锡过程。

6. 印标记

复杂的产品中使用了很多导线，单靠塑胶线的颜色已不能区分清楚，应在导线两端印上线号或色环标记，才能使安装、焊接、调试、修理、检查时方便快捷。印标记的方式有导线端印字标记、导线染色环标记和将印有标记的套管套在导线上等。

3.2.2　屏蔽导线及同轴电缆的加工

屏蔽导线及同轴电缆的结构要比普通绝缘导线复杂，导体分为内导体和外导体，故对其进行线端加工处理又要复杂许多。在对屏蔽线进行端头处理时应注意去除的屏蔽层不宜太多，否则会影响屏蔽效果。屏蔽导线及向轴电缆的端头处理一般包括：不接地线端的加工、接地线端的加工和导线的端头绑扎处理等。

动画视频

同轴电缆的制作

1. 屏蔽导线及同轴电缆不接地线端的加工

① 去外护层。用热截法或刃截法去掉一段屏蔽导线或同轴电缆的外护套（即屏蔽层外的绝缘保护层），截去的长度要根据工艺文件的规定，或根据工作电压（确定内绝缘层端到外屏蔽层端的距离 L_1）和焊接方式（确定芯线的剥头长度 L_2）共同确定。绝缘层 L_1 的长度按表 3-2-4 确定剪切；芯线 L_2 的长度则按表 3-2-3 确定；则外护套层的切除长度 $L=L_1+L_2+L_0$（L_0 = 1~2 mm），如图 3-2-2 所示。

表 3-2-4 L_1 工作电压的关系

工作电压/V	内绝缘层长度 L_1/mm
<500	10～20
500～3 000	20～30
>3 000	30～50

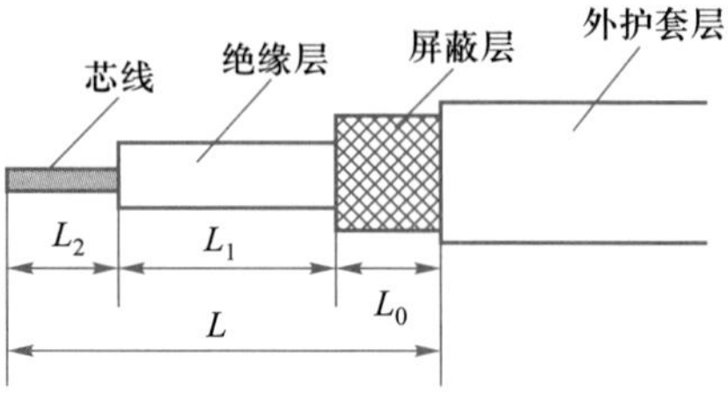

图 3-2-2 屏蔽导线或同轴电缆加工示意图

② 去屏蔽层。去屏蔽层的方法是左手拿住屏蔽导线的外护套，用右手手指向左推屏蔽层，使屏蔽层成为图 3-2-3(a)、(b)所示的形状，然后剪断松散的屏蔽层。剪断长度应根据导线的外护套厚度及导线粗细来定，留下的长度（从外护层端开始计算），约为外护套厚度的两倍。

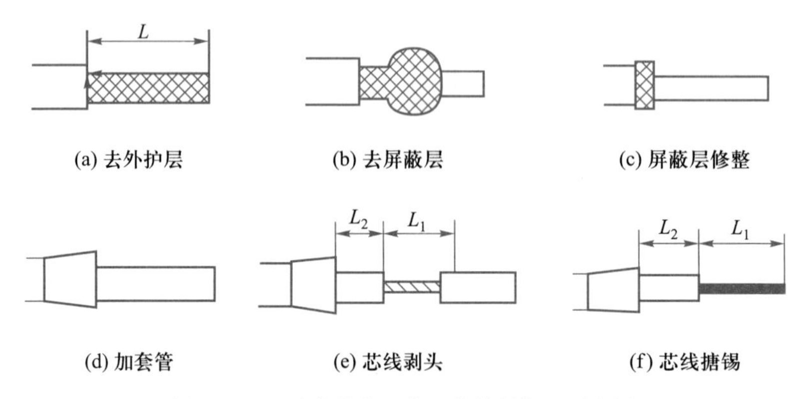

图 3-2-3 屏蔽导线不接地线端的加工示意图

③ 屏蔽层修整。去除松散的屏蔽层后，将剩下的屏蔽层向外翻套在外护套外面，并使端面平整，加工示意过程如图 3-2-3(c)所示。

④ 加套管。屏蔽层修整后，应套上热收缩套管并加热，使套管将外翻的屏蔽层与外护套套牢，加工示意过程如图 3-2-3(d)所示。

⑤ 芯线剥头。芯线剥头的方法、要求同普通塑胶导线一样，加工示意过程如图 3-2-3(e)所示。

⑥ 芯线搪锡和清洗。芯线浸锡和清洗的方法、要求同普通塑胶导线一样，加工示意过程如图 3-2-3(f)所示。

2. 屏蔽导线及同轴电缆接地线端的加工

① 去外护层。采用热截法或刃截法去掉一段屏蔽导线的外护套，其截去的长度要求与上述“屏蔽导线及同轴电缆不接地线端的加工”中的要求相同。

② 拆散屏蔽层。用钟表镊子的尖头将外露的编织状或网状的屏蔽层由最外端开始，逐渐向里挑拆散开，使芯线与屏蔽层分离开。

③ 屏蔽层剪切与修整。将分开后的屏蔽层引出线按焊接要求的长度剪断。长度一般比芯线的长度短，这是为了使安装后的受力由受力强度大的屏蔽层来承受，而强度小的芯线不受力，因而其不易断线。

④ 屏蔽层捻头与搪锡。将拆散的屏蔽层的金属丝理好后，合在一边并捻在一起，然后进行搪锡处理。有时，也可将屏蔽层切除后，另焊一根导线作为屏蔽层的接地线。

⑤ 芯线线芯加工。加工方法和要求与上述“屏蔽导线及同轴电缆不接地线端的加工”相同。

⑥ 加套管。由于屏蔽层经处理后有一段呈多股裸导线状态，为了提高绝缘和便于使用，需要加上一套管。加套管的方法一般有三种：其一是用外径相适应的热缩套管先套已剥出的屏蔽层，然后用较粗的热缩套管将芯线连同已套在屏蔽层的小套管的根部一起套住，留出芯线和一段小套管及屏蔽层，如图 3-2-4(a) 所示；其二是在套管上开一小口，将套管套在屏蔽层上，芯线从小口穿出来，如图 3-2-4(b) 所示；其三是采用专用的屏蔽导线套管，这种套管的一端有一较粗的管口，套住整线，而另一端有一大一小两个管口，分别套在屏蔽层和芯线上，如图 3-2-4(c) 所示。

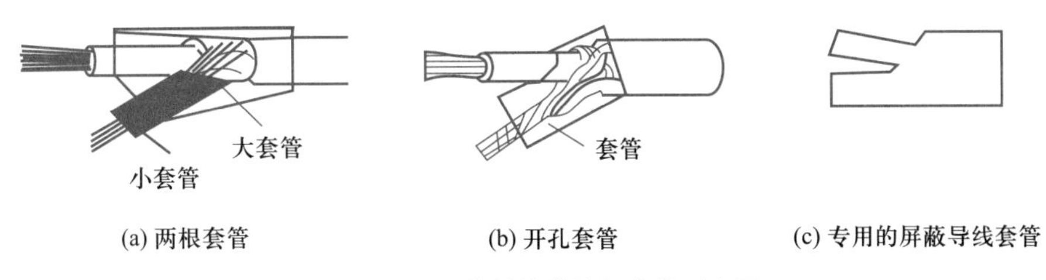

(a) 两根套管　(b) 开孔套管　(c) 专用的屏蔽导线套管

图 3-2-4　屏蔽导线线端加套管示意图

3. 加接导线引出接地线端的加工处理

在实际生产过程中，有时需要对屏蔽导线或同轴电缆进行加接导线并来引出接地线端的加工处理。通常的做法是将屏蔽导线线端处剥脱一段屏蔽层，进行整形并搪锡，然后加接导线并做好接地焊接的准备。

① 剥脱屏蔽层并整形搪锡。如图 3-2-5(a) 所示，在屏蔽导线端部附近将屏蔽层开个小孔，挑出绝缘导线，并按图 3-2-5(b) 所示，把剥脱的屏蔽层编织线整形、捻紧并搪好一段锡。

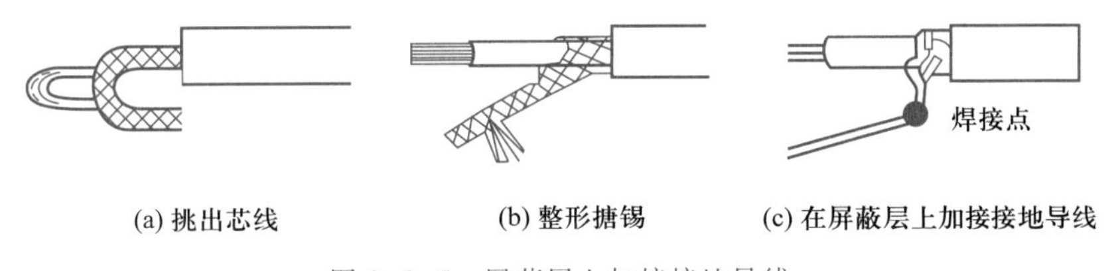

(a) 挑出芯线　(b) 整形搪锡　(c) 在屏蔽层上加接接地导线

图 3-2-5　屏蔽层上加接接地导线

② 在屏蔽层上加接接地导线。有时剥脱的屏蔽层长度不够，须加焊接地导线。可按图 3-2-5(c) 所示，把一段直径为 0.5~0.8 mm 的镀银铜线的一端，绕在已剥脱的并经过整形搪锡处理的屏蔽层上约 2~3 圈并焊牢。

③ 加套管的接地线焊接。如图 3-2-6 所示，在剪除一段金属屏蔽层之后，选取一段适当长度的导线焊牢在金属屏蔽层上做接地导线，再用绝缘套管或热缩性套管，从图示方向套住焊接处，起保护焊接点的作用。

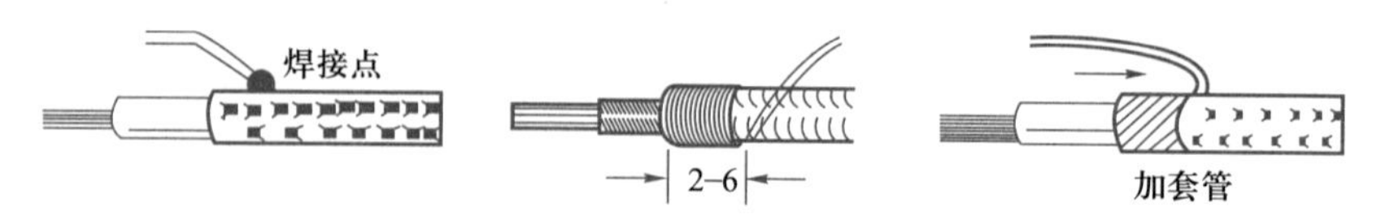

图 3-2-6 加套管的接地线焊接

3.2.3 扁平电缆的加工

扁平电缆通常采用如图 3-2-7(a)所示的穿刺卡接方式与专用插头连接，所以基本上不需进行端头处理，但采用直接焊装或普通插头压按时，就必须进行端头加工处理。加工过程简述如下。

剥去扁电缆绝缘层需要专门的工具和技术。最普通的方法是使用摩擦轮剥皮器的剥离法。如图 3-2-7(b)所示，两个胶木轮向相反方向旋转，对电缆的绝缘层产生摩擦而熔化绝缘层，然后，绝缘层熔化物被抛光刷刷掉。如果摩擦轮的间距正确，就能做到整齐清洁地剥去需要剥离的绝缘层。扁电电缆与电路板的连接常用焊接法或专用固定连接器完成。

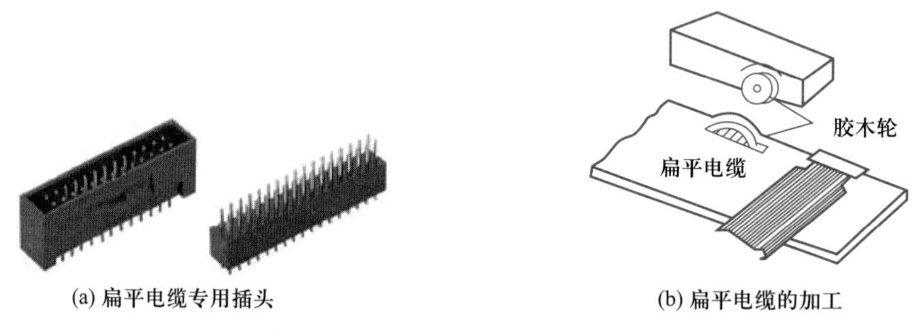

(a) 扁平电缆专用插头　　(b) 扁平电缆的加工

图 3-2-7 扁平电缆插头及其加工

3.2.4 双绞线的制作加工

双绞线的制作加工是掌握电子产品生产过程中生产设备（SMT 贴片机、锡膏印刷机等）之间的网络通信必备的操作技能，也是对不同生产设备组建星形结构以太网的必要技术。同时也是我们日常网络维护的重要内容。

网线的制作

1. 制作双绞线的专用工具和设备

① 网线钳。网线钳是用来压接网线或电话线和水晶头的工具，因地域不一样，名称也不一样，有网络端子钳、网络钳、线缆压著钳、网线钳等，其外形如图 3-2-8(a)所示。

② 普通网线测试仪。普通网线测试仪的外形如图 3-2-8(b)所示，其使用非常简单，只要将已制作完成的双绞线或同轴电缆的两端分别插入水晶头插座或 BNC 接头，然后打开电源开关，观察对应的指示灯是否为绿灯，如果依次闪亮绿灯，表明各线对已连通，否则可以判断没有接通。

2. 网线制作标准

网线制作标准分为两种：一种是 T568A 标准，它规定的连接线序为：绿白、绿、橙

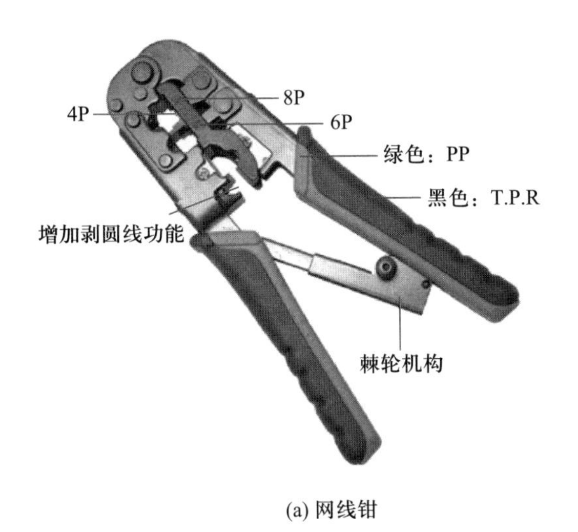

(a) 网线钳

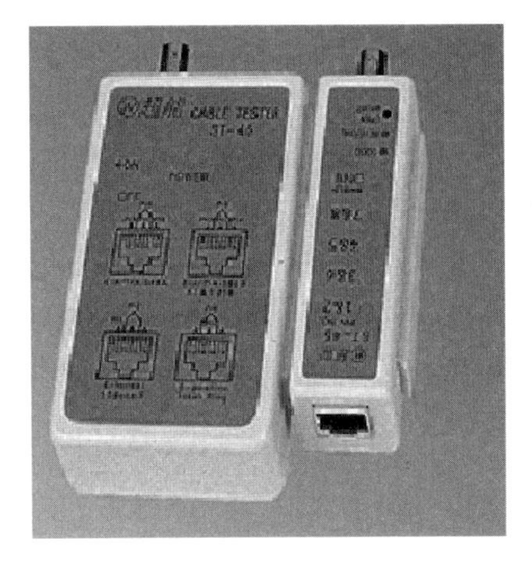

(b) 普通网线测试仪

图 3-2-8 制作双绞线的专用工具和设备

白、蓝、蓝白、橙、棕白、棕；另一种是 T568B 标准，它规定的连接线序为：橙白、橙、绿白、蓝、蓝白、绿、棕白、棕。其中“绿白”线的含义是白色的外层上有些绿色，表示和绿色的是一对线。在通常的工程实践中，T568B 使用得较多。网线制作时又分为两种：一种是交叉线（两个头中的线序不同，一头为 T568A，另一头为 T568B），另一种是直连线（两个头中线的顺序相同，比如两头都为 T568B 标准）。当网线所连接的两边端口的性质相同时，一般用交叉线连接方式（比如，计算机到计算机）。

做一做

你能选择下列情形下，网络的连接方式吗？

（1）交换机的 UpLink 口连接到交换机的普通口——直连线

（2）交换机的 UpLink 口连接到交换机的 UpLink 口——交叉线

（3）交换机的普通口连接到交换机的普通口——交叉线

注意：当网线所连接的两边端口的性质相同时，用交叉线。如果不按标准连接，虽然线路也能接通，但是线路内部各线对之间的干扰不能有效消除，从而导致信号传送出错率升高，最终影响网络整体性能。

3. 双绞线（网线）的制作加工（以 T568B 直连线为例）

网线的制作加工一般有剪断、剥线、排序、剪齐、插入、压制、测试等工序。

① 剪断。用压线钳的剥线刀口将五类双绞线的外保护套管划开（小心不要将里面的双绞线的绝缘层划破），刀口距双绞线的端头至少 2 cm，操作过程如图 3-2-9（a）所示。

② 剥线。将划开的外保护套管剥去，即旋转并向外抽，操作过程如图 3-2-9（b）所示。

③ 排序。将露出的双绞线中的 4 对双绞线按照 EIA/TIA-568B 标准和导线颜色将导线按规定的序号排好（橙白、橙、绿白、蓝、蓝白、绿、棕白、棕），操作过程如图

3-2-9(c)所示。

④ 剪齐。将8根导线平坦整齐地平行排列,用压线钳的剪线刀口将8根导线整齐地剪断,操作过程如图3-2-9(d)所示。

⑤ 插入。将整齐剪断的电缆线放入RJ-45插头(水晶头)试试长短(要插到底),双绞线的外保护层最后应能够在RJ-45插头内的凹陷处被压实。反复进行调整,操作过程如图3-2-9(e)所示。

⑥ 压制。在确认一切都正确后(特别要注意不要将导线的顺序排列反了),将RJ-45插头放入压线钳的压头槽内,双手紧握压线钳的手柄,用力压紧,操作过程如图3-2-9(f)所示。

⑦ 测试。将做好的网线的两头分别插入网线测试仪中,并启动开关,如果两边的指示灯同步亮,则表示网线制作成功。

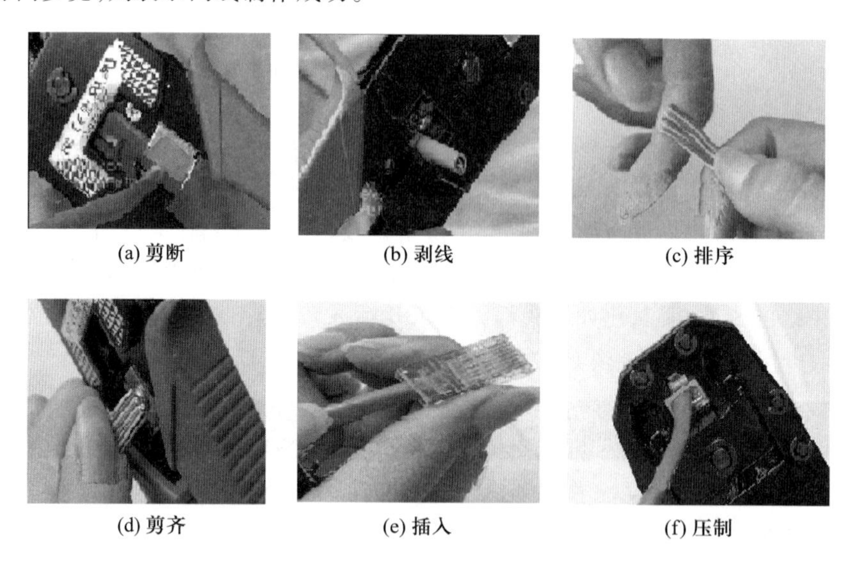
(a) 剪断　(b) 剥线　(c) 排序
(d) 剪齐　(e) 插入　(f) 压制

图3-2-9　双绞线(网线)的制作加工过程

演示文稿

元器件引线预成形与插装

任务3.3　元器件引线预成形与插装

任务引入

为了使元器件在印制电路板上的装配排列整齐,并便于安装和焊接,提高装配质量和效率,增强电子设备的防震性和可靠性,在安装前,根据安装位置的特点及技术方面的要求,要预先把元器件引线弯曲成一定的形状。元器件引线成形是针对小型元器件而言,大型元器件不是单独立放,而是必须用支架、卡子等固定在安装位置上。小型元器件可用跨接、立式、卧式等方法进行插装、焊接,并要求受震动时不变动元器件的位置。

本任务的目标就是通过学习元器件引线成形的工艺要求、元器件插装原则与方式等内容,让学生掌握元器件引线成形方法、元器件插装方法,为后继提高电子产品焊接操作技能奠定基础。

3.3.1　元器件引线的预成形

演示文稿

预处理岗位操作文件

电子元器件插装到印制电路板(PCB)上后要做到电路板整齐、美观、稳定,所以,必须对电子元器件引脚事先要进行搪锡、外形整理等相关的预处理工作。元器件预处理包括组件引脚成形、导线处理、搪锡等。成形时要求元器件放置于两焊盘之间位置居中,元器件的标识清晰,无极性的元器件依据识别标记的读取方向而放置且保持一致。引脚上锡是将镕锡覆在底层金属上以增强可焊性。经过预处理的组件方便组件插装、焊接等后续工作的进行。

1. 元器件引线预成形工艺要求

元器件引线预成形工艺要求见表 3-3-1。

表 3-3-1　元器件引线预成形工艺要求

主题		文字说明	图片说明
元器件预成形	成形跨距	元器件引脚之间的距离,它等于印制板安装孔的中心距离,允许公差为±0.5 mm	L±0.5 mm
	成形台阶	元器件插入印制板后的高度有两种安装要求。一种是小功率元器件的主体紧贴板面,不需要控制	
		另一种是大功率元器件需要与板面保持一定的距离。控制方法:将元器件引线的适当部位弯成台阶。 高度要求: 卧式元器件 5~10 mm 立式元器件 3~5 mm 其中电解电容器约 2.5 mm	5~10 mm (a) 3~5 mm (b) 2.5 mm (c)
	引线长度	是指元器件主体底部至引线端头的长度。其中: d_1:元器件主体与板面的距离 d_2:印制板的厚度(约 1.4~2 mm) d_3:元器件引脚伸出板面的长度(约 2~3 mm)	d_3 d_2 $L=d_2+d_3$ d_1 $L=d_1+d_2+d_3$

续表

主题		文字说明	图片说明
元器件预成形	引线不平行度	是指两引线不处在同一平面内，会影响插件，并使组件受到应力。不平行度应小于 1.5 mm	
	折弯弧度	指引线弯曲处的弧度。为避免加工时引线受损，折弯处应有一定的弧度，折弯处的伤痕应不大于引线直径的 1/10	
		引脚的直径（D）或厚度（T）	最小的引脚内侧弯曲半径（R）
		< 0.8 mm	1 倍直径或厚度
		0.8～1.2 mm	1.5 倍直径或厚度
		>1.2 mm	2 倍直径或厚度

2. 元器件引线预成形的方法

元器件引线预成形的方法见表 3-3-2。

动画视频

预处理操作视频

表 3-3-2 元器件引线预成形的方法

成形方法	设备描述	工具设备及操作说明
手工成形	最简易的手工成形工具是成形棒，其宽度决定成形跨距，高度决定引线长度。除此以外，还可使用尖嘴钳或镊子等普通工具进行手工成形加工	l_1:电阻体长度 l_2:成形跨距 l_3:折弯高度 d:元器件引线直径
手摇式电阻成形	本机器本体轻巧，设计结构优良，操作非常容易，且坚固耐用，生产量每分钟可达1 000件，效率极高	

续表

成形方法	设备描述	工具设备及操作说明
手摇式电阻成形		操作说明： 1. 拧松成形齿轮上的紧固螺钉，调到所需的尺寸固定螺钉 2. 拧松切断齿轮的固定螺钉，用手移动切断齿轮，调到所需的尺寸再固定切断齿轮紧固螺钉 3. 转动刀座旋钮调整左右成形刀座，使间隙刚好等于成形线径的间隙为最适当，再固定成形刀座螺钉 4. 取单支元件放在成形齿轮中间，再转动手摇柄齿轮 5. 试做元件经与 PCB 对应元件针脚距离比对认可后，再将入料轨道调入使带式元件能顺利入料 6. 成形：摇动手摇柄，将带式元件先切断，成形随之完成 7. 退料：元件成形后依然架于成形齿轮之上，借助于退料器触及本体而落入成品盒内，成形工作即可完成
全自动散装电容成形	针对立式电子元器件切脚而设计。如：各类电容器、LED、排阻、晶体管 采用平面送料方式，无论大小元器件均可适用。本机器切脚机构与振动机构可以分开或合并使用 切脚长短由 3～30 mm 任意调整，另零件的线径为 $\phi0.35$～$\phi2.0$ mm	操作说明： 1. 将元器件倒入振动盘中，打开振动盘电源开关。调节振动调速器来控制送料速度的快慢，根据元件高低调整压料轨道。压料轨道底面与元器件本体之间保持间隙在 1.0～1.5 mm 2. 转动切刀座调整杆，标尺上所指示的数值，即是成形脚长的尺寸。开启切脚机电源开关，打开切脚机振动器开关，移动快慢由调速器来控制 3. 成形的元器件由出料槽进入成品盒内。当切脚工作完成之后。关掉电源。清理机器上的废料，打开废料抽屉箱将箱内的铁屑倒掉即可

续表

成形方法	设备描述	工具设备及操作说明
晶体管成形	1. 晶体管成形机全自动送料，切断无须人工操作 2. 不须变换模具、成形机即可随意调整	 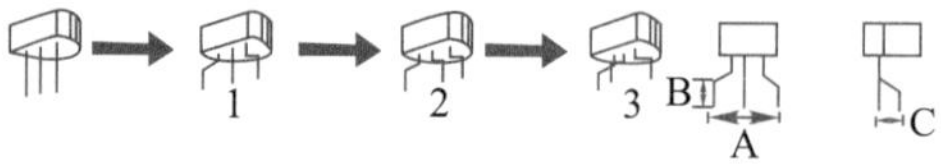 1 2 3 B A C 操作说明： 1. 将材料倒入振动送料机内。一次 60 Pcs 为最适当。启动振动盘，元器件会沿振动盘圆边向上移动，调节调速器，使元器件移动速度略高于主机成形速度 2. 当材料进入平面送料槽，到达入料口时即停止，等待一个接一个送入送料盘；平面送料槽安装两组电眼，以控制材料的进入。当前一对电眼未照射到材料时，表示送料太慢，主机即全部停止，等待材料排满后，再继续送料 3. 当材料排列到后一对电眼时，表示材料已满，振动盘送料需停止。等待主机材料消化后，送料机再继续送料 4. 材料由送料盘经整脚→切脚→成形→后成形→成料器→落入成品盒。成形工作完成

演示文稿

元器件引线的搪锡

3.3.2 元器件引线的搪锡

引脚搪锡（也称上锡）是将熔化的焊锡覆在底层金属上以增强可焊性。由于某些元器件的引脚或导线的材质，或因长时间存放而氧化，可焊性变差。必须去除氧化层，搪锡后再插装，否则极易造成虚焊。去除氧化层的方法有多种，但对于少量的元器件，用手工刮削的办法较为易行可靠。

元器件引线的搪锡见表3-3-3。

表 3-3-3　元器件引线的搪锡

主题		文字说明	图片说明
搪锡工艺	助焊剂要求	搪锡时为了清除表面的氧化层，需浸沾助焊剂，必须选用中性焊剂（弱活性的松香助焊剂，简称：RAM）。绝对不允许使用具有腐蚀性的酸性助焊剂，以免残余在引线上的 Cl 离子、SO_2 离子带入整机，使引线逐渐腐蚀而折断	
	操作步骤及要领	1. 浸沾助焊剂：元器件引线根部离助焊剂平面为 2～3 mm 2. 浸锡： 锡槽温度：260～270 ℃； 停留时间：2～3 s； 浸入深度：元器件引线根部离锡平面 2～5 mm。 特别注意：元器件引线从锡槽内提起的动作要缓慢 3. 清洗：从锡槽内取出后应立即浸入酒精内	电阻 $L \geqslant 2$mm L
	质量要求	1. 锡层应光亮、均匀，没有剥落、针孔、不润湿等缺陷 2. 镀层离主体根部的距离：轴向引出的元器件为 2～3 mm，径向引出的元器件为 4～5 mm，类似插座形式组件为 1～2 mm 3. 元器件表面保持清洁，无残留助焊剂，表面不允许出现烧焦、烫伤等现象 4. 导线上锡时股线均匀覆上薄锡层，各芯线清楚可辨。绝缘层末端无镀锡的股线长度不超过导线直径 1 倍（D）	2　2 5

3.3.3　元器件的插装

在电子组件进行焊接之前，必须将直插式元器件引出脚插入印制电路板相应的安装孔，并达到相应的安装工艺要求，为焊接做好准备，这就是插装工艺。插装工艺具有投资少、工艺相对简单、基板材料及印制线路工艺成本低，适应范围广等优点，同时不苛求体积小型化的产品。元器件的插装又分为手工插装和自动插装两种，如图 3-3-1 所示。

演示文稿

元器件插装岗位培训

其中，手工插装多用于科研或小批量生产，它有两种方法：一种是一块印制电路板上所有元器件由一人负责插装；另一种是采用传送带的方式多人流水作业完成插装。而自动插装则采用自动插装机来完成插装。根据印制电路板上元器件的位置，由事先

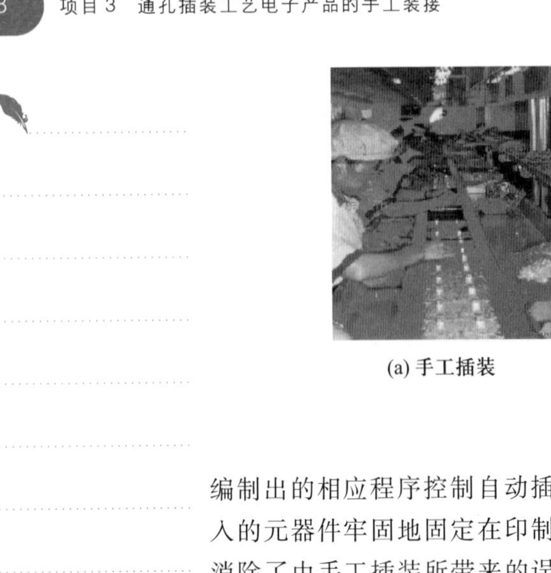

(a) 手工插装

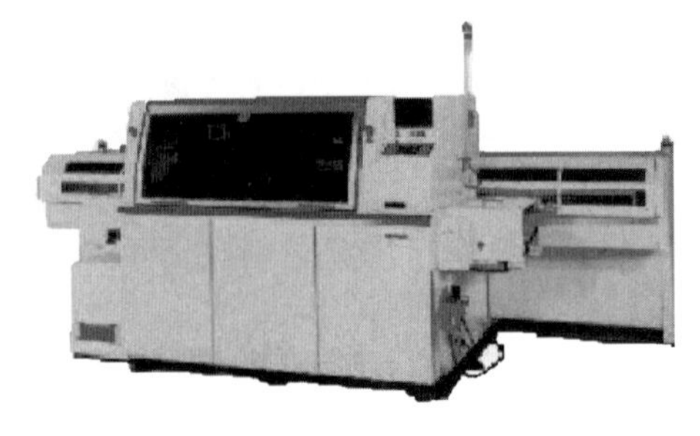

(b) 自动插装

图 3-3-1 元器件插装方式

编制出的相应程序控制自动插装机插装，插装机的插件夹具有自动打弯机构，能将插入的元器件牢固地固定在印制电路板上，提高了印制电路板的焊接强度。自动插装机消除了由手工插装所带来的误插、漏插等差错，保证了产品的质量，提高了生产效率。

1. 元器件插装的原则

元器件插装的原则见表 3-3-4。

表 3-3-4 元器件插装的原则

主题	文字说明	图片说明
插装原则	1. 手工插装原则 先插装需要机械固定的元器件，如功率器件的散热器、支架、卡子等，然后再插装需焊接固定的元器件。插装时不要用手直接触碰元器件引脚和印制板上铜箔（右图数字说明插装的顺序）	1 2 3 4 5 6 7
	2. 自动机械设备插装原则 先插装那些高度较低的元器件，后安装那些高度较高的元器件，贵重的关键元器件应该放到最后插装，散热器、支架、卡子等的插装，要靠近焊接工序（右图说明机械插装的过程）	把连接器垂直压入安装孔内
	组件插装基本原则： • 前一工序插件内容不得妨碍下一工序作业 • 尽量先安装大颗零件 • 零件外观相近，颜色相似的零件尽可能分布到不同工站安装 • 组件位于棋盘中间 • 组件标识可识别 • 无极性组件按标记通向读取（从左至右或从上至下）的原则定向 • 极性组件和多引脚组件定向正确 • 同一工站的组件按“先小后大，先低后高”的顺序装插 • 同一工站的组件按“先难后易，先远后近”的顺序装插 • 相似的元件在板面上应以相同的方式排放	

2. 插装方式

插装方式见表 3-3-5。

表 3-3-5 插 装 方 式

主题	文字说明	图片说明
普通插装方式	1. 俯卧式 俯卧式元器件插入印制电路板后的高度有两种安装要求,一种是小功率元器件:主体紧贴板面,不需要控制;另一种是大功率元器件:需要与板面保持一定的距离,控制方法是将元器件引线的适当部位弯成台阶,高度:卧式元器件5~10mm。二极管、电容器、电阻器等元器件均是俯卧式安装在印刷电路板上	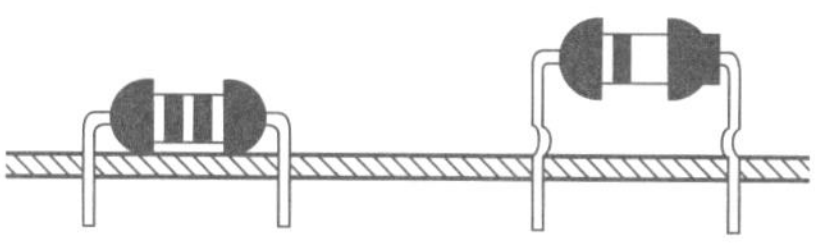 (a) 贴紧板面　(b) 插到台阶处
	2. 直立式 直立式要求插正,不允许明显歪斜。有极性元器件(晶体管、电解、集成电路)的极性方向不能插反。插件工艺要求一般手工插件差错率应控制在65 PPM之内(插入 1 万个元件,平均插错不超过 0.65 个)。电阻器、电容器、晶体管等大多是竖直安装在印制电路板上	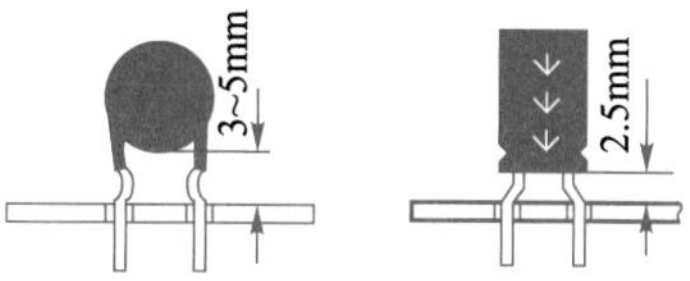 3~5mm　2.5mm
	3. 混合式 为了适应各种不同条件的要求或某些位置受面积所限,在一块印刷电路板上,有的元器件采用直立式安装,也有的元器件采用俯卧式安装	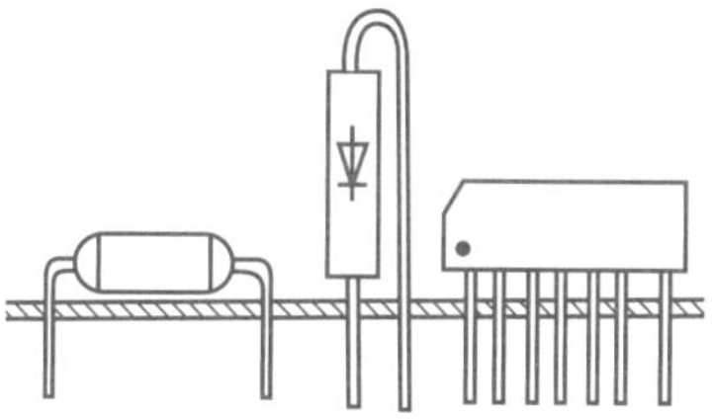
长短脚的插装方式	1. 长脚插装(手工插装) 插装时可以用食指和中指夹住元器件,再准确插入印制电路板	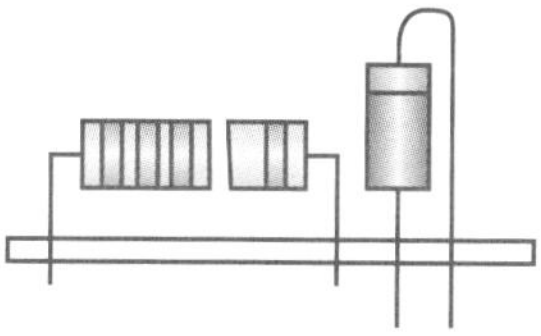
	2. 短脚插装 短脚插装的元器件整形后,引脚很短,所以,都用自动化插件机器插装,且靠板插装,当元器件插装到位后,机器自动将穿过孔的引脚向内折弯,以免元器件掉出	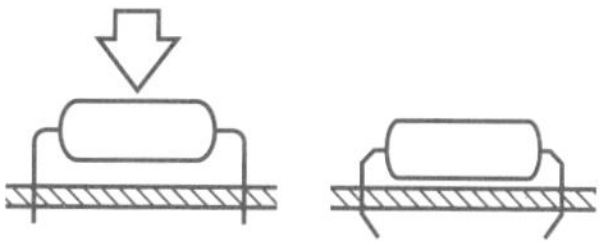 插装　弯脚

动画视频

元器件引线的插装工艺

3. 元器件的插装方向与标识

元器件的插装方向与标识见表3-3-6。

表3-3-6 元器件的插装方向与标识

主题	元件引脚方向	元件实物图	PCB丝印标识
电阻类	1. 热敏电阻、压敏电阻、金属膜电阻 主要是注意色环的顺序		
	2. 电位器 在电位器上有一个调节头，以调节头来识别		
	3. 电阻排 在电阻排的侧面印有一个圆点标志的引脚是第1脚		
电容类	1. 陶瓷电容、独石电容 没有方向性		
	2. 聚酯电容、涤纶电容 没有方向性		
	3. 瓷片电容 没有方向性		
	4. 电解电容 在电容本体一侧印有白色（或黑色）条形标志的引脚为负极		

续表

主题	元件引脚方向	元件实物图	PCB 丝印标识
电感类	1. 两脚功率电感 没有方向性	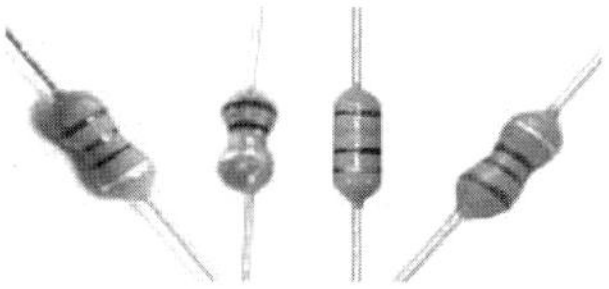	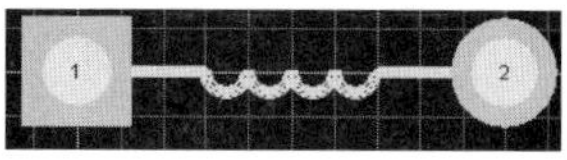
	2. 工字电感 没有方向性	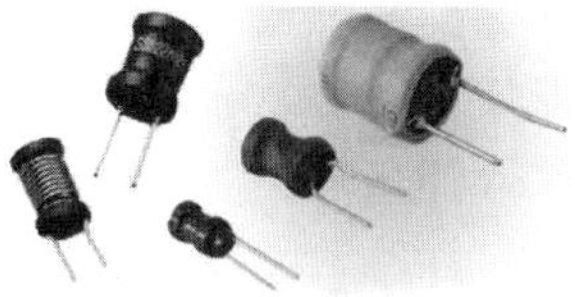	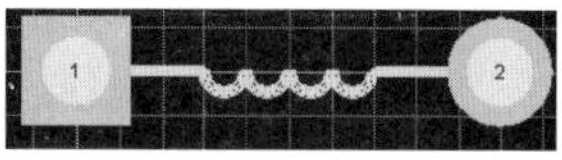
二极管	1. 发光二极管 LED 内部较小的引脚是正极		
	2. 整流、稳压二极管 有白色(或黑色)环形标识的一端为负极		
晶体管	1. 半圆形晶体管 按照 PCB 上的丝印符号进行识别		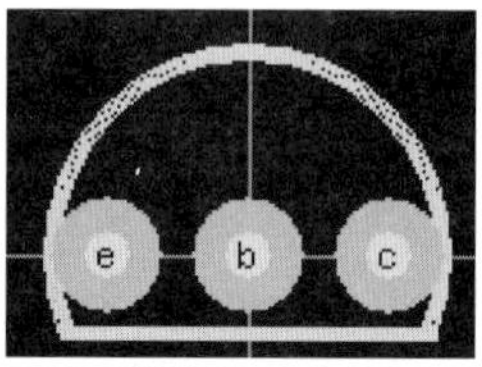
	2. 中功率晶体管 带有金属散热片的中功率晶体管的封装型号有 TO-126	 TO-126	
	3. 大功率晶体 带有金属散热片的大功率晶体管凡是要卧倒插装时,一般都是金属面朝 PCB	 TO-220	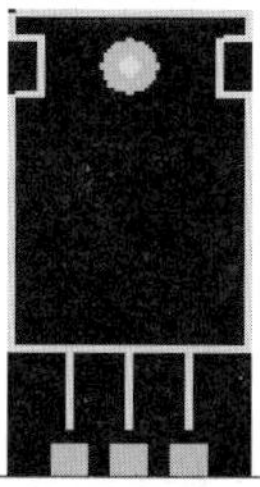
	4. 金属封装的晶体管 金属封装的晶体管封装形式有 TO-3,其中外壳为集电极	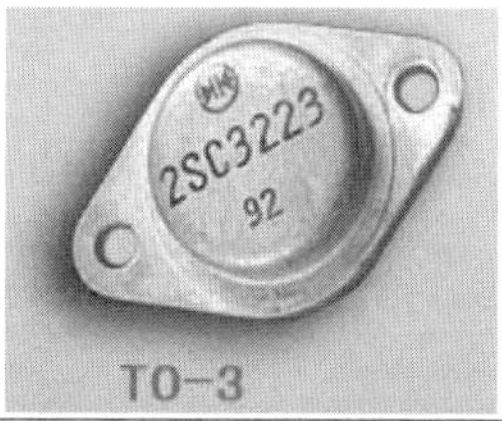 TO-3	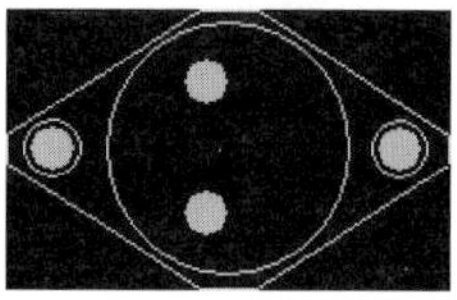

续表

主题	元件引脚方向	元件实物图	PCB丝印标识
芯片类	1. 双列直插式芯片 从正面(有文字的一面)看去,将有半圆缺口的一侧朝左。则缺口下面的引脚为第1脚,有些IC在第1脚上面有一个凹点		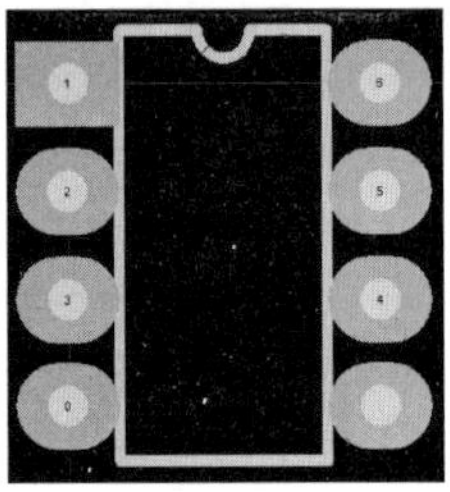
	2. PLCC芯片 插座有3个角是直角,有一个是斜角。按照斜角进行识别		
开关类	轻触开关		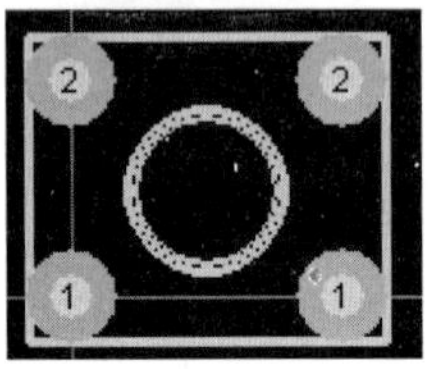

4. 元件插装的接收条件

根据IPC-A-610E“电子组装的可接收条件”,定义了如下术语:

① 目标条件:是指近乎完美或被称为“优选”。它是一种希望达到但不一定总能达到的条件,对于保证组件在使用环境下的可靠运行也并不是非达到不可。

图文文档

IPC插装外观检验标准

② 可接受条件:指组件在使用环境下运行能保证完整、可靠但不是完美。可接收条件稍高于最终产品的最低要求条件。

③ 拒收条件:指组件在使用环境下其完整、安装或功能上可能无法满足要求。

元件插装的接收条件见表3-3-7。

表3-3-7 元件插装的接收条件

主题		文字说明	图片说明
水平插装	可接受	1. 元器件居中放置在两焊盘之间 2. 元器件的标识清晰,特别是极性标识符要清晰明确 3. 无极性元器件要尽可能依识别标记的读取方向(从左至右、从上至下)放置,并尽可能保持一致	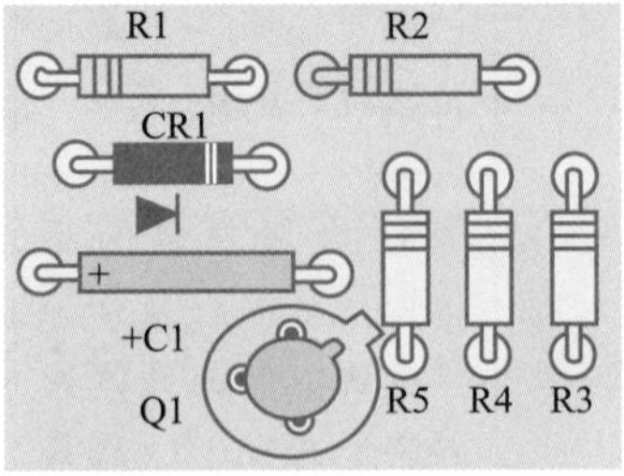 R1 R2 CR1 +C1 Q1 R5 R4 R3

续表

主题		文字说明	图片说明
	拒收	1. 未按规定选用正确的元件 2. 元器件未安装在正确的孔内 3. 极性元器件方向安装错误 4. 多引脚元器件放置的方向错误	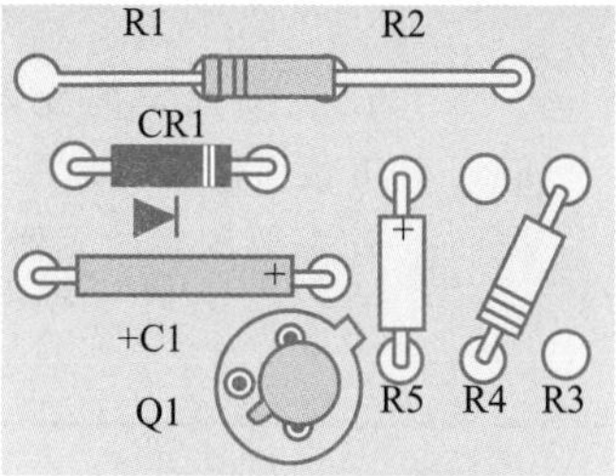
垂直插装	可接受	1. 无极性元器件的标识应尽可能从上至下读取 2. 极性元器件的标识应尽可能在元器件的顶部	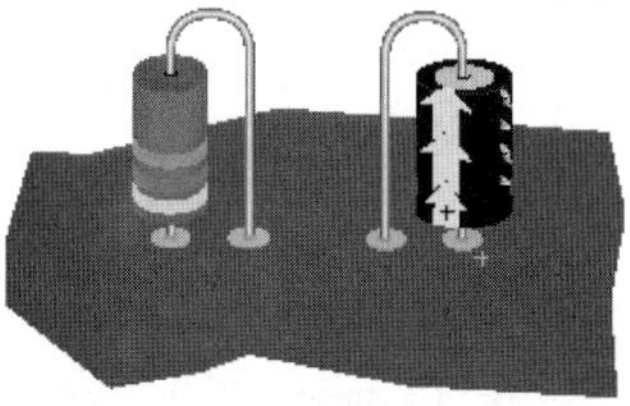
	拒收	极性元器件的方向安装错误	
水平轴向引脚安装	可接受	贴板安装:元器件与 PCB 板面平行,元器件本体与 PCB 板面完全接触	
		离板安装:元器件距离 PCB 板面最少 1.5 mm	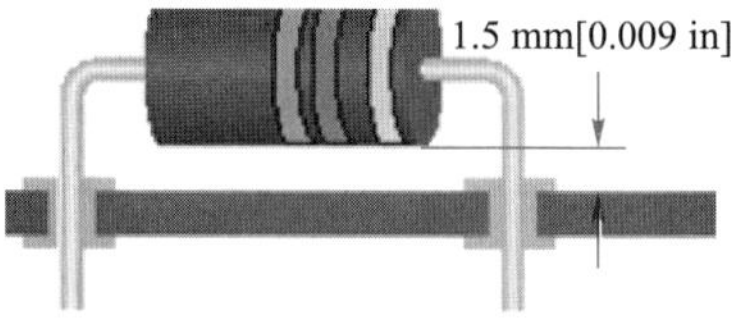
	拒收	元器件距离 PCB 板面距离<1.5 mm	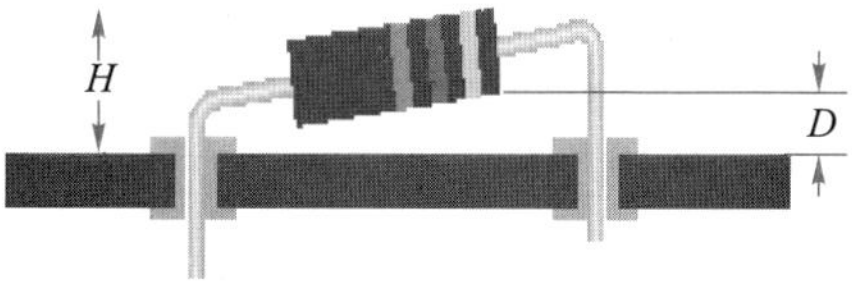
水平径向引脚安装	可接受	元器件本体与 PCB 板面平行且充分接触(优选)	
		元器件至少有一边或一面与 PCB 接触	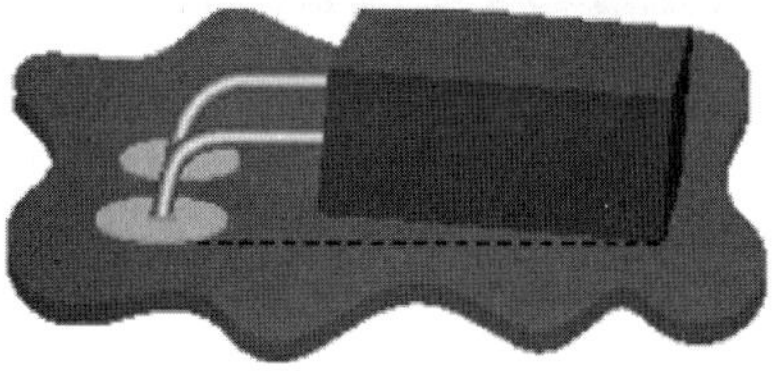

续表

主题		文字说明	图片说明
水平径向引脚安装	拒收	1. 无须固定的元器件本体没有与PCB板面接触 2. 需要固定的元器件没有使用固定材料	

演示文稿

通孔插装电子元器件的手工焊接

任务3.4 通孔插装电子元器件的手工焊接

任务引入

手工焊接是传统的焊接方法，虽然批量电子产品生产已较少采用手工焊接了，但对电子产品生产中的修板、电路调试和维修还是不可避免地会用到手工焊接。且焊接质量的好坏也直接影响到电子产品生产的效率。且手工焊接是一项实践性很强的技能，在掌握了一般方法后，要多练、多实践，才能保证较好的焊接质量。

本任务的目标就是通过学习焊接材料、锡焊原理及手工焊接的基本方法，为学生后继提高电子产品安装调试操作技能奠定基础。

3.4.1 焊接材料

焊接材料包括焊料和焊剂（又称助焊剂）。学习焊料和焊剂的性质、成分、作用原理及选用知识，是电子工艺技术人员必备的知识和能力，对于保证产品的焊接质量具有决定性的影响。

1. 锡铅合金焊料

焊料是指焊接过程中用于熔合两种相同或不同的金属表面，使它们冷却凝固形成一个导电性能良好的整体。一般要求焊料具有熔点低、凝固快的特点，熔融时能有较好的润湿性和流动性，凝固后要有足够的机械强度。焊料是易熔金属，它的熔点低于被焊金属。按照组成的成分，有锡铅焊料、银焊料、铜焊料等多种。传统的电子产品装配焊接中，主要使用铅锡焊料，一般俗称为焊锡。

小提示

焊接是金属加工的基本方法之一。通常焊接技术分为熔焊、压焊和钎焊三大类。锡焊属于钎焊中的软钎焊（钎料熔点低于450 ℃）。习惯把钎料称为焊料，采用锡铅焊料进行焊接称为铅锡焊，简称锡焊。施焊的零件通称焊件，一般情况下是指金属零件。

(1) 电子产品焊接对焊料的要求

电子产品的焊接中,通常要求焊料合金必须满足下列要求。

① 焊接温度要求在相对较低的情形下进行,以保证元器件不受热冲击而损坏。如果焊料的熔点在 180~220 ℃之间,通常焊接温度要比实际焊料熔化温度高 50 ℃左右,实际焊接温度则在 220~250 ℃范围内。根据 IPC-SM-782 规定,通常片式元器件在 260 ℃环境中仅能保留 10 s,而一些热敏元件耐热温度更低。

② 熔融焊料必须在被焊金属表面有良好的流动性,有利于焊料均匀分布,并为润湿打下基础。

③ 凝固时间要短,有利于焊点成形,便于操作。

④ 焊接后,焊点外观要好,便于检查。

⑤ 具有良好的导电性能,并有足够的机械强度。

⑥ 抗蚀性好,电子产品在一定的高温或低温、烟雾等恶劣环境下进行工作,特别是军事、航天等,为此,焊料必须有很好的抗蚀性。

⑦ 保存的稳定性要好。

⑧ 焊料原料的来源必须在世界范围内容易得到,数量上满足全球的需求。

(2) 锡铅合金的组成和特点

铅与锡以不同比例熔合成铅锡合金以后,熔点和其他物理性能都会发生变化。图 3-4-1 表示了不同比例的铅锡合金状态随温度变化的曲线。

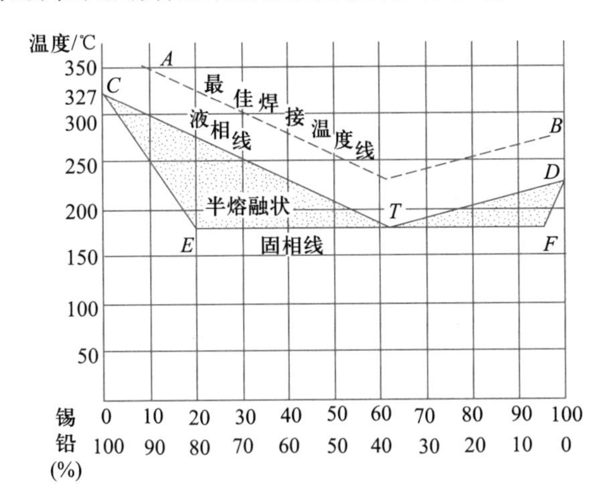

图 3-4-1 铅锡合金状态图

从图 3-4-1 中可以看出,当铅与锡用不同的比例组成合金时,合金的熔点和凝固点也各不相同。其中,T 点对应的合金成分为 Pb-37%、Sn-63% 的铅锡合金称为共晶焊锡,它的熔点只有 183 ℃,是铅锡焊料中熔点最低、性能最好的一种。所以,共晶焊锡在电子产品生产中获得了广泛的应用。

(3) 常用焊锡及其特性、用途

锡铅合金焊料有多种形状和分类。其形状有粉末状、带状、球状、块状和管状等几种,手工焊接中最常见的是管状松香芯焊锡丝。这种焊锡丝将焊锡制成管状,其轴向芯是由优质松香添加一定的活化剂组成的。

管状松香芯焊锡丝的外径有0.5 mm、0.8 mm、0.9 mm、1.0 mm、1.2 mm、1.5 mm、2.0 mm、2.3 mm、2.5 mm、3.0 mm、4.0 mm、5.0 mm等若干种尺寸。焊接时,根据焊盘的大小选择松香芯焊锡丝的尺寸。通常,松香芯焊锡的外径应该小于焊盘的尺寸。常用焊锡的特性及用途见表3-4-1。

表3-4-1 常用焊锡的特性及用途

<table>
<tr><th rowspan="2">名称</th><th rowspan="2">牌号</th><th colspan="3">主要成分(%)</th><th rowspan="2">熔点/℃</th><th rowspan="2">抗拉强度/(kgf/cm²)</th><th rowspan="2">主要用途</th></tr>
<tr><th>锡</th><th>锑</th><th>铅</th></tr>
<tr><td>10锡铅焊料</td><td>HLSnPb10</td><td>89~91</td><td>≤0.15</td><td rowspan="8">余量</td><td>220</td><td>4.3</td><td>用于锡焊食品器皿及医药卫生物品</td></tr>
<tr><td>39锡铅焊料</td><td>HLSnPb39</td><td>59~61</td><td rowspan="2">≤0.8</td><td>183</td><td>4.7</td><td>用于锡焊电子、电气制品</td></tr>
<tr><td>50锡铅焊料</td><td>HLSnPb50</td><td>49~51</td><td>210</td><td>3.8</td><td>用于锡焊散热器、计算机、黄铜制品</td></tr>
<tr><td>58-2锡铅焊料</td><td>HLSnPb58-2</td><td>39~41</td><td rowspan="3">1.5~2</td><td>235</td><td>3.8</td><td>用于锡焊电子元器件、导线、物理仪表等</td></tr>
<tr><td>68-2锡铅焊料</td><td>HLSnPb68-2</td><td>29~31</td><td>256</td><td>3.3</td><td>用于锡焊电缆护套、铅管等</td></tr>
<tr><td>80-2锡铅焊料</td><td>HLSnPb80-2</td><td>17~19</td><td>277</td><td>2.8</td><td>用于锡焊油壶、容器等</td></tr>
<tr><td>90-6锡铅焊料</td><td>HLSnPb90-6</td><td>3~3</td><td>5~6</td><td>265</td><td>5.9</td><td>用于锡焊黄铜和铜制品</td></tr>
<tr><td>73-2锡铅焊料</td><td>HLSnPb73-2</td><td>24~26</td><td>1.5~2</td><td>265</td><td>2.8</td><td>用于锡焊铅管等铅制品</td></tr>
</table>

图文文档

无铅焊料简介

2. 无铅焊料

锡铅焊锡是电子装配中最常用的焊锡,但铅的使用对人类健康会产生不良影响。工业废弃品中的铅通过渗入地下水系统而进入动物或人类的食物链,人体中存在过量的铅将导致神经和再生系统紊乱、发育迟缓、血色素减少并引发贫血或高血压。

国际环保组织陆续对各行各业制定了强制性法令法规,对危害环境的物质实施限制或禁止使用的规定。2003年,欧盟颁布了《废旧电子电气设备指令》(简称《WEEE指令》)和《电子电气设备中限制使用某些有害物质指令》(简称《RoHS指令》)两项环保指令,对电子电气设备生产、处理提出了要求。WEEE对产品在废弃阶段必须回收的比率及方式进行管制,RoHS则对产品在生产阶段中含有害物质的最大量进行管制。

(1) 无铅焊料的定义

一般认为,以锡(Sn)为基体,添加其他金属元素,而铅(Pb)的含量在0.1~0.2 wt%(wt%重量百分比)以下的主要用于电子组装的软钎料合金才可以算是无铅焊料。我国2006年6月以后也已加入严禁使用的行列。目前新的无铅焊料的生产与使用有很多种,每个公司选用的也很不相同,有关的理论分析与测试分析的文章非常多,观点也很不一样。

(2) 无铅焊料应具备的条件

众所周知,锡铅合金具有优良的焊接工艺、优良的导电性、适中的熔点等综合性能,无铅焊料也应该具备与之大体相同的特征,具体如下。

① 无铅焊料要无公害,无毒性。

② 无铅焊料的熔点应该同锡铅体系焊料的熔点(183 ℃)接近,要能在现有的加工设备上和现有的工艺条件下操作。

③ 无铅焊料所使用的供应材料必须在世界范围内容易得到,数量上满足全球的需求,某些金属[如铟(In)和铋(Bi)]数量比较稀少,只够用作无铅焊锡合金的添加成分。

④ 无铅焊料还应该是可循环再生的,如将三四种金属加入无铅替代焊锡配方中可能使循环再生过程复杂化,并且增加其成本。

⑤ 无铅焊料熔化后应对许多材料(目前电子行业中已经使用的)如铜、银-钯、金等有很好的润湿性能,形成优良的焊点。

⑥ 无铅焊料的机械强度和耐热疲劳性要与锡铅合金接近。

⑦ 无铅焊料的保存稳定性要好。

⑧ 导电性要好,导热性要强。

⑨ 合金相图应具有较窄的固液两相区,能确保有良好的润湿性和安装后的机械可靠性。

⑩ 无铅焊料必须能够具有电子工业使用的所有形式,包括返工与修理用的锡线、锡膏用的粉末、波峰焊用的锡条以及预成形。如铋含量高将使合金太脆而不能拉成锡线。

不难看出,要满足这些条件并不是件容易的事情。

(3) 无铅焊料的发展情况

目前广泛使用的无铅焊料,还是以锡(Sn)为主,添加铜(Cu)、银(Ag)、铟(In)、锌(Zn)、铋(Bi)、锑(Sb)等金属元素,组成合金。选择这些金属材料可在和锡组成合金时降低焊料的熔点,使其得到理想的物理特性。目前电子工业开发较为成功的几种合金体系见表 3-4-2。

表 3-4-2　无铅焊料合金体系的优缺点及用途

无铅焊料合金体系	熔点温度/℃	优缺点及用途
锡锌系(Sn91-Zn9)	199	优点:在日本无铅化使用面很广,锡锌系焊料是无铅焊料中唯一与锡铅系焊料的共晶熔点相接近的,可以用在耐热性不好的元器件焊接上,并且成本较低 不足:在大气中使用表面会形成很厚的锌氧化膜,必须要在氮气下使用或添加能溶解锌氧化膜的强活性焊剂,才能确保焊接质量。而且润湿性差也不能忽视。用于波峰焊生产时会出现大量的浮渣。制成锡膏时由于锌的反应活性较强,需要采取措施保证锡膏的存放稳定性和增加它的润湿性,故此种焊料短期内不会得到推广

续表

无铅焊料合金体系	熔点温度/℃	优缺点及用途
锡铜系（Sn99.3-Cu0.7）	227	优点：此焊料在焊点亮度、焊点成形和焊盘浸润等方面和传统锡铅焊料焊接后的外观没有什么区别。而且由于锡铜系焊料构成简单，供给性好且成本低，因此大量用于基板的波峰焊、浸焊，适合作松脂心软焊料。还有在细间距 QFP 的 IC 流动焊中无桥连现象，同时也没有无铅焊料专有的针状晶体和气孔，可得到有光泽的焊角。在 260 ℃和 245 ℃的温度下焊接实验都很成功 不足：熔点较高
锡银系（Sn96.5-Ag3.4）	221	优点：此焊料作为锡铅替代品已在电子工业中使用了多年。它能在长时间内提供良好的黏力。在过回流焊时无须氮气保护浸润性和扩散性与锡铅系焊料相近，并且锡银系的助焊剂残留外观比锡铅系的残留还要好，基本无色透明。而且还在合金的电导率、热导率和表面张力等方面与锡铅合金不相上下 不足：熔点偏高，比 Sn-Pb 高 30-40 ℃，润湿性差，成本高
锡银铜系（Sn95.4-Ag3.1-Cu1.5）	216-217	优点：无铅焊料可能将是锡铅焊料的最佳替代品，它有着良好的物理特性。锡银铜系与传统锡铅系（Sn63-Pb37）比，具有更好的抗拉强度。与锡银系比，它的熔化温度低大约 4 ℃，且具有更好的强度和疲劳性，但是塑性没有锡铜系高 不足：虽然锡银铜系达到的最低熔化温度为 216～217 ℃，但这个温度还是太高，要适用于现阶段 SMT 的电路板生产应低于 215 ℃的实际标准熔化温度。这个问题以后随着更深入的研究和实际应用会慢慢得到解决

小提示

通过长时间的研究，锡被认定为是最好的基础金属，因为锡的货源储备充足，无毒害，检修容易，有良好的物理特性，熔点是 232 ℃，与其他金属进行合金化后熔点不会很高。

图文文档

助焊剂主要种类

3. 助焊剂

助焊剂（flux）是指在焊接工艺中能帮助和促进焊接过程，同时具有保护作用、阻止氧化反应的化学物质。

（1）助焊剂的主要作用

助焊剂的主要作用有：辅助热传导、去除氧化物、降低被焊接材质表面张力、去除被焊接材质表面油污、增大焊接面积、防止再氧化等。在这几个方面中比较关键的作用是：去除氧化物、降低被焊接材质表面张力。

（2）对助焊剂的基本要求

① 助焊剂的熔点要低于焊料的熔点，这样才能发挥助焊剂的作用。

② 助焊剂的表面张力、黏度、比重应小于焊料。

③ 残留应该容易清除。因助焊剂都带有酸性，会腐蚀金属，而且残留会影响美观。

④ 助焊剂不能腐蚀被焊金属。助焊剂酸性太强，在除去氧化物的同时，也会腐蚀金属，从而造成危害。

⑤ 助焊剂不能产生对人体有害的气体及刺激性臭味。

(3) 助焊剂的分类与选用

助焊剂大致可分为无机焊剂、有机焊剂和树脂焊剂 3 大类。其中以松香为主要成分的树脂焊剂在电子产品生产中占有重要地位，成为专用型的助焊剂。

① 无机焊剂。无机焊剂的活性最强，常温下就能除去金属表面的氧化膜。但这种强腐蚀作用很容易损伤金属及焊点，电子产品焊接中是不用的。

② 有机焊剂。有机焊剂具有较好的助焊作用，但也有一定的腐蚀性，残渣不易清除，且挥发物容易污染空气，一般不单独使用，而是作为活化剂与松香一起使用。

③ 树脂焊剂。这种焊剂的主要成分是松香。松香的主要成分是松香酸（约占 80%）和海松酸等，在常温下几乎没有任何化学活力，属中性，当加热到 70 ℃以上时开始融化，液态松香呈弱酸性。可与金属氧化膜发生还原反应，生成松香酸铜等化合物悬浮在液态焊锡表面，也起到焊锡表面不被氧化的作用，同时还能降低液态焊锡表面的张力，增加它的流动性。焊接完毕恢复常温后，松香又变成固体，无腐蚀，无污染，绝缘性能好。因此，正确使用松香是获得合格焊点的重要条件。

助焊剂的选用应优先考虑被焊金属的焊接性能及氧化、污染等情况。铂、金、银、铜、锡等金属的焊接性能较强，为减少助焊剂对金属的腐蚀，多采用松香作为助焊剂。焊接时，尤其是手工焊接时多采用松香焊锡丝。铅、黄铜、青铜、铍青铜及带有镍层金属材料的焊接性能较差，焊接时，应选用有机助焊剂。焊接时能减小焊料表面张力，促进氧化物的还原作用。它的焊接能力比一般焊锡丝要好，但要注意焊接后的清洗问题。

4. 阻焊剂

焊接中，特别是在浸焊及波峰焊中，为提高焊接质量，需要耐高温的阻焊涂料，使焊料只在需要的焊点上进行焊接，而把不需要焊接的部分保护起来，起到一种阻焊作用，这种阻焊材料称作阻焊剂。

(1) 阻焊剂的优点

① 因印制电路板板面部分被阻焊剂覆盖，焊接时受到的热冲击小，降低了印制电路板的温度，使板面不易起泡、分层，同时也起到保护元器件和集成电路的作用。

② 防止桥联、短路及虚焊等情况的发生，减少印制电路板的返修率，提高焊点的质量。

③ 除了焊盘外，其他部位均不上锡，这样可以节约大量的焊料。

④ 使用带有色彩的阻焊剂，可使印制电路板的板面显得整洁美观。

(2) 阻焊剂的分类

阻焊剂按成膜方法，分为热固化和光固化两大类，即所用的成膜材料是加热固化还是光照固化。目前热固化阻焊剂被逐步淘汰，光固化阻焊剂被大量采用。

热固化阻焊剂具有价格便宜、黏接强度高的优点，但也具有加热温度高、时间长、印制电路板容易变形、能源消耗大、不能实现连续化生产等缺点。

光固化阻焊剂在高压汞灯下照射 2~3 min 即可固化，因而可节约大量能源，提高生产效率，便于自动化生产。

3.4.2 手工焊接技术

动画视频

手工焊接技术

工业化生产的电子产品都是采用自动化焊接设备，如波峰焊机，但在试验阶段的焊接操作、少量产品的生产及调试，以及维修，仍需要手工焊接，因此掌握手工焊接技术是电子技术工作者不可缺少的基本实践技能之一。

1. 焊接准备

① 焊锡丝的选择。直径为 0.8 mm 或 1.0 mm 的焊锡丝，用于电子或电类焊接；直径为 0.6 mm 或 0.7 mm 的焊锡丝，用于超小型电子元器件焊接。

② 电烙铁功率的选择。应根据不同的焊接物选择电烙铁的功率，由于内热式电烙铁具有升温快、热效率高、体积小、质量小的特点，在电子装配中已得到普遍使用。如焊接集成电路、晶体管及其他受热易损件的元器件时，考虑选用 20 W 内热式电烙铁，若焊底板及大地线等，则应选用功率更大一些的电烙铁。

③ 选用合适的烙铁头。烙铁头的形状要适应被焊工件表面的要求和产品的装配密度。凿形和尖锥形烙铁头，热量比较集中，温度下降较慢，适用于一般焊点。圆锥形烙铁头适用于焊接密度高的焊点、小孔和小而怕热的元器件。目前有一种“长寿命”的烙铁头，是在紫铜表面镀以纯铁或镍，使用寿命比普通烙铁头高出 10~20 倍。这种烙铁头不宜用锉刀加工，以免破坏表面镀层，缩短使用寿命。该种烙铁头的形状一般都已加工成适用于印制电路板焊接要求的形状。

④ 烙铁头的清洁和上锡。对于已使用过的电烙铁，应进行表面清洁、整形及上锡，使烙铁头表面平整、光亮及上锡良好。

⑤ 印制电路板及电路元器件的可焊性检查、处理。施焊前，要对已经做过必要的性能筛选、准备齐全的元器件，进行可焊性检查、搪锡及整形等工作。

⑥ 手工焊接所需的其他工具。准备好端口闭合良好，尖无扭曲、折断的镊子；检测合格，手腕带松紧适中，金属片与手腕部皮肤贴合良好，接地线连接可靠的防静电手腕。

小提示

焊锡丝拿法

在焊接印制电路板的过程中，烙铁头必须朝下，拿稳拿准，可以一手拿电烙铁，一手拿焊锡丝。焊锡丝一般也有两种拿法，如图 3-4-2 所示。一种是连续锡焊时锡丝拿法，适合于成卷（筒）焊锡丝的手工焊接；另一种是断续锡焊时锡丝拿法，适合于小段焊锡丝的手工焊接。另外，焊接时加热挥发的化学物质对人体是有害的，一般烙铁离开鼻子的距离应至少不小于 30 cm，通常以 40 cm 为宜。铅是对人体有害的重金属，焊锡丝又都含一定比例的铅，故操作时应戴上手套或操作后洗手，避免食入。电烙铁用后一定要稳妥地放在烙铁架上，并注意导线等物不要碰电烙铁。

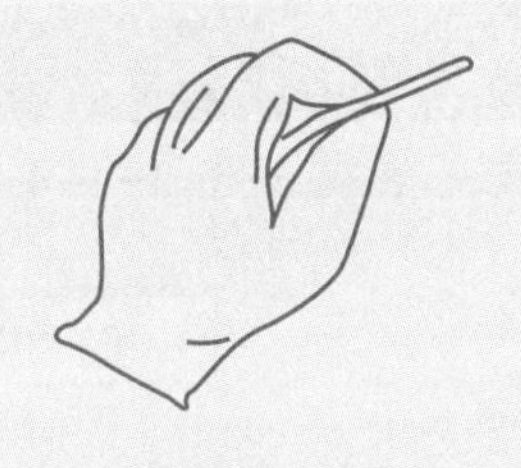

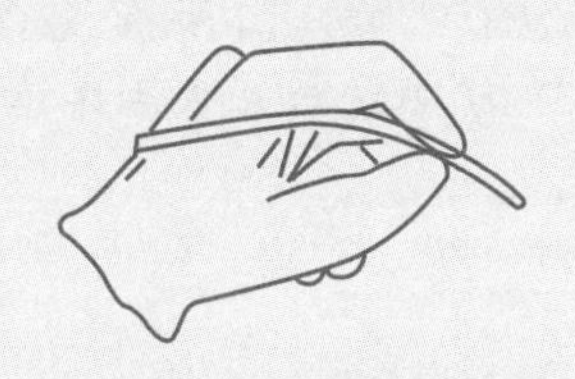

(a) 连续锡焊时焊锡丝的拿法　(b) 断续锡焊时焊锡丝的拿法

图 3-4-2　焊锡丝拿法

2. 手工锡焊基本操作

(1) 焊接操作方法

要得到良好的焊锡结果,必须要有正确的姿势。电烙铁的操作方法一般有三种:握笔法、正握法和反笔法,如图 3-4-3 所示。

① 握笔法。如图 3-4-3(a)所示,适合于小功率电烙铁焊接散热量小的被焊件,尤其是焊接印制电路板。

② 正握法。如图 3-4-3(b)所示,适合于中功率的电烙铁及带弯头的电烙铁的操作,或直烙铁头在大型机架上的焊接。

③ 反握法。如图 3-4-3(c)所示,适合于对被焊件的压力较大及较大功率的电烙铁(>75 W)对大焊点的焊接操作。

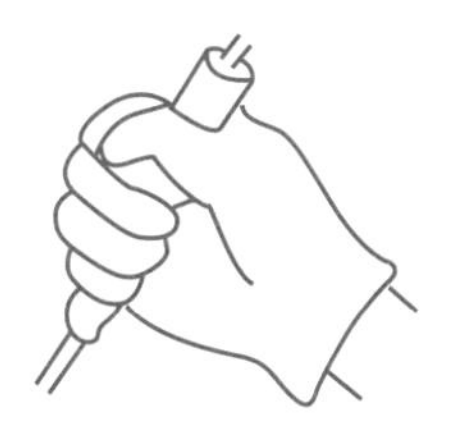

(a) 握笔法　(b) 正握法　(c) 反握法

图 3-4-3　电烙铁拿法

(2) 手工焊接的基本步骤

① 准备焊接。清洁焊接部位的积尘及油污、元器件的插装、导线与接线端勾连,为焊接做好前期的预备工作。

② 加热焊接。将沾有少许焊锡的电烙铁头接触被焊元器件约几秒钟。若是要拆下印制电路板上的元器件,则待烙铁头加热后,用手或镊子轻轻拉动元器件,看是否可以取下。

③ 清理焊接面。若所焊部位焊锡过多,可将烙铁头上的焊锡甩掉(注意不要烫伤皮肤,也不要甩到印制电路板上!),然后用烙铁头"沾"些焊锡出来。若焊点焊锡过少、不圆滑时,可以用电烙铁头"蘸"些焊锡对焊点进行补焊。

④ 检查焊点。看焊点是否圆润、光亮、牢固,是否有与周围元器件连焊的现象。

做一做

开始用五步法训练焊接，熟练后三步法焊接自然就会了，如图 3-4-4 所示。

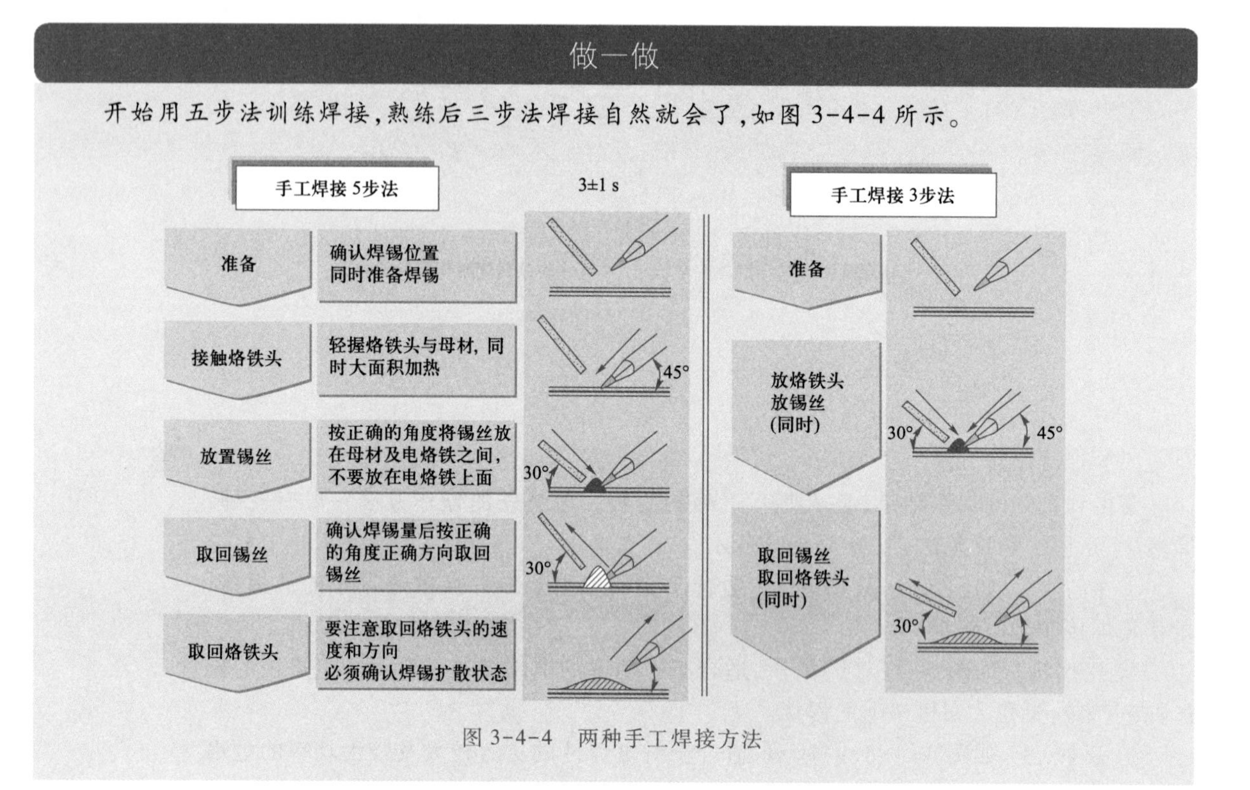

图 3-4-4 两种手工焊接方法

(3) 焊接操作的一些要点

① 保持烙铁头的清洁。因为焊接时烙铁头长期处于高温状态，其表面很容易氧化并沾上一层黑色杂质，这些杂质几乎形成隔热层，使烙铁头失去加热作用。所以，要随时去除烙铁头上的杂质。用一块湿布或湿海绵随时擦拭烙铁头，是一种常用方法。

做一做

1. 烙铁头清洗时海绵用水过量，烙铁温度会急速下降，锡渣就不容易落掉，水量不足时海绵会被烧掉。清洗的原理：水分适量时，烙铁头接触的瞬时，水会沸腾波动，达到清洗的目的。海绵浸湿的方法如图 3-4-5(a)所示：① 泡在水里清洗；② 轻轻挤压海绵，可挤出 3~4 滴水珠为宜；③ 2 小时清洗一次海绵。

2. 烙铁头在空气中暴露时，烙铁头表面被氧化形成氧化层，表面的氧化物与锡珠没有亲合性，焊锡时焊锡强度弱。烙铁头清洗方法：海绵孔及边都可以清洗烙铁头，要轻轻地均匀地擦动；海绵面上不要被清洗的异物覆盖，否则异物会再次粘在烙铁头上；碰击时不会把锡珠弄掉反而会把烙铁头碰坏。具体如图 3-4-5(b)所示。

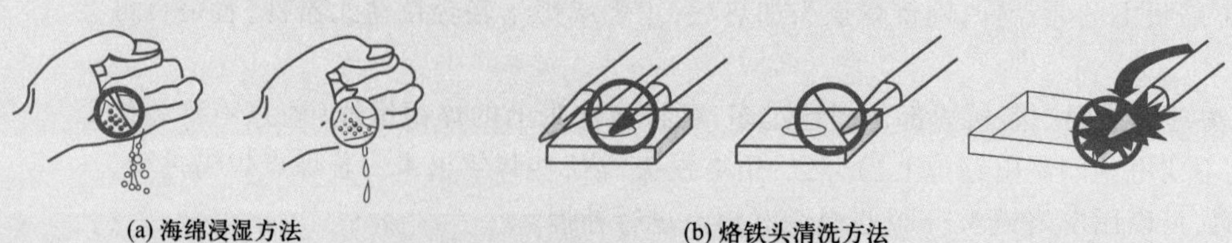

(a) 海绵浸湿方法　　(b) 烙铁头清洗方法

图 3-4-5 烙铁头的清洗

② 采用正确的加热方法。要靠增加接触面积加快传热,而不要用烙铁对焊件加力。正确办法应该根据焊件形状选用不同的烙铁头,或自己修整烙铁头,让烙铁头与焊件形成面接触而不是点或线接触,这就能大大提高效率。要提高烙铁头加热的效率,需靠烙铁上保留少量焊锡作为加热时烙铁头与焊件之间传热的桥梁。但应注意,作为焊锡桥的锡保留量不可过多。

③ 控制焊接时间和温度。焊接时间短了,容易产生虚假焊,焊接时间长了,会使焊点氧化,灼伤被焊物体。

④ 电烙铁撤离方法。正确的电烙铁撤离方法是,将电烙铁迅速回带一下,同时轻轻旋转沿焊点约 45 ℃方向迅速移开。当然也应视具体情况而定,根据实际操作过程不断总结体会。

⑤ 在焊锡凝固之前不要使焊件抖动。焊锡凝固前的抖动会造成焊点内部结构疏松,容易有气隙和裂缝,致使焊点强度降低,导电性能差。因此,在焊锡凝固前,一定要保持焊件静止。

⑥ 焊锡、焊剂的用量要合适。用锡量要适当,锡点均匀,不能太大或大小;控制助焊剂用量,过多会形成污染,延长加热时间,并要注意随时清洗浸流的焊剂。

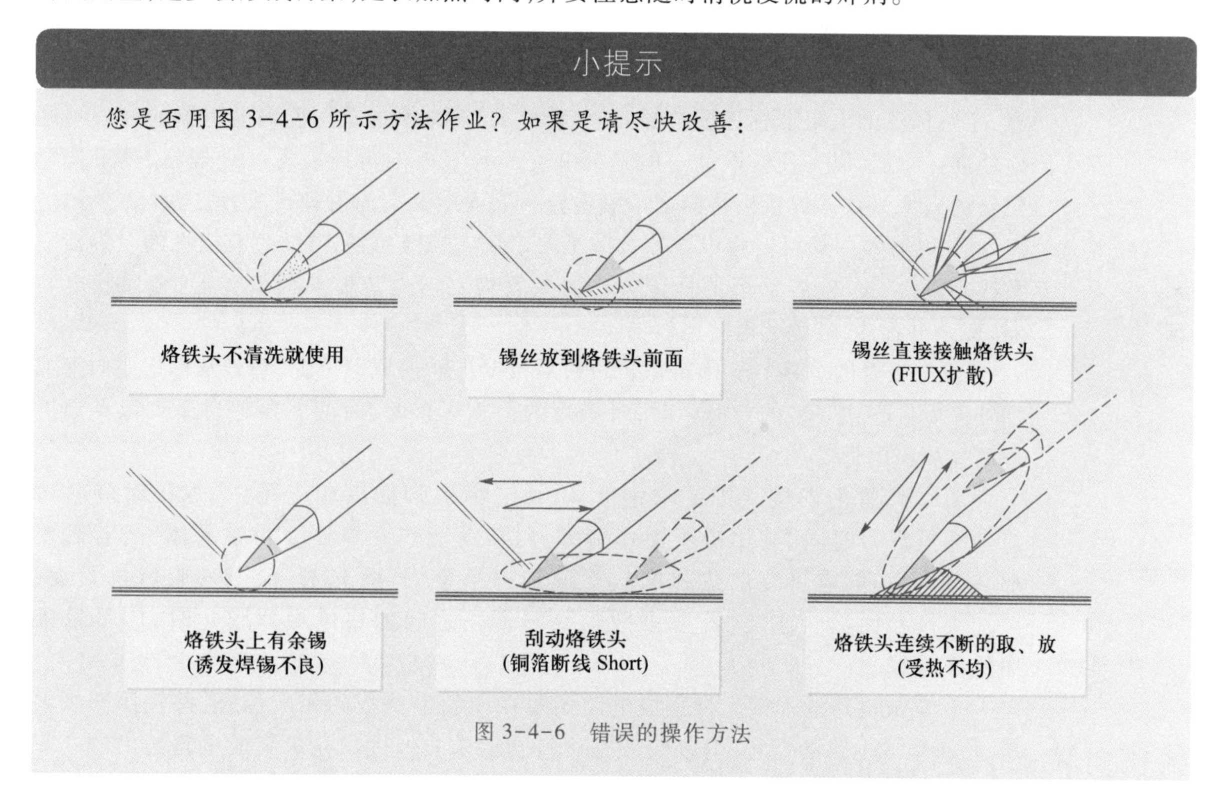

图 3-4-6　错误的操作方法

3.4.3　实用焊接技术

掌握焊接原则和要领对正确操作是非常必要的,但仅仅依照这些原则和要领并不能解决实际操作中的各种问题。具体工艺步骤和实际经验是不可缺少的。借鉴他人的经验、遵循成熟的工艺是初学者掌握好焊接技术的必由之路。

1. 印制电路板的焊接

印制电路板的焊接会涉及印制电路板黏合的铜箔与绝缘基板的热膨胀系数各不相同,过高的焊接温度和过长的时间会引起印制电路板起泡、变形,甚至铜箔翘起。此外,印制电路板插装的元器件一般为小型元器件,如晶体管、集成电路及使用塑料骨架的中周、电感等,耐高温性能较差,焊接温度过高,时间过长,都会造成元器件的损坏。所以在焊接印制电路板时,要根据具体情况,除掌握合适的焊接温度、焊接时间外,还应选用合适的焊料和助焊剂。

(1) 焊接前的准备

焊接前要将被焊元器件的引线进行清洁和预挂锡。清洁印制电路板的表面,主要是去除氧化层、检查焊盘和印制导线是否有缺陷和短路点等不足。同时还要检查电烙铁能否吃锡。熟悉相关印制电路板的装配图,并按图纸检查所有的元器件型号、规格、数量是否符合图纸要求。

(2) 装焊顺序

元器件装焊的顺序原则是先低后高、先轻后重、先耐热后不耐热。一般次序是:电阻器、电容器、二极管、晶体管、集成电路、大功率管等。

(3) 常用元器件的焊接要求

① 电阻器的焊接。按图纸要求将电阻器准确地插入规定位置,插入孔位时要注意,字符标注的电阻器标称字符要向上(卧式)或向外(立式),色码电阻器的色环顺序应朝同一方向,以方便读取。一般是插装完一种规格的再插装另一种规格,尽量使电阻器的高低一致。焊接后将露在印制电路板表面上多余的引脚齐根剪去。

② 电容器的焊接。将电容器按图纸要求插入规定位置,并注意有极性的电容器正负极不能接错。电容器上的标记方向要易看得见。先装玻璃釉电容器、金属膜电容器、瓷介电容器,最后装电解电容器。

③ 二极管的焊接。正确辨认正负极后按要求插入规定位置,型号及标记要向上或朝外。焊接立式安装的二极管时,对最短的引脚焊接时,时间不要超过 2 s,以免温度过高损坏二极管。

④ 晶体管的焊接。按要求将 E、B、C 三个引脚插入相应孔位,焊接时应尽可能地缩短焊接时间,并用镊子夹住引脚,以帮助散热。焊接大功率晶体管,若需要加装散热片时,应将装散热片的接触面加以平整,打磨光滑,涂上硅胶后再紧固,以加大接触面积。注意,若要求散热片与管壳之间加垫绝缘薄膜片时,应尽量采用绝缘导线。

⑤ 集成电路的焊接。将集成电路插装在印制电路板的相应位置,并按照图纸要求,检查集成电路的型号、引脚位置是否符合要求。焊接时先焊集成电路边沿的 4 只引脚,以使其定位,然后再从左到右或从上至下进行逐个焊接。

(4) 焊接时的注意事项

焊接印制电路板时,除了应遵循的锡焊要领外,还要注意以下几点:

① 电烙铁的选用。一般最好选用 20~35 W 内热式或调温式电烙铁,电烙铁的温度以不超过 300 ℃为宜。烙铁头的形状应以不损伤印制电路板为原则,同时也要考虑适当增加烙铁头的接触面积。目前印制电路板以小型密集化为主,宜选择常用小型圆

锥烙铁头。

② 加热时应尽量使烙铁头同时接触印制电路板上铜箔和元器件引脚,对较大的焊盘(直径大于 5 mm)焊接时可移动烙铁,即烙铁绕焊盘转动,以免长时间停留一点导致局部过热。

③ 金属化孔的焊接。两层以上印制电路板的连接孔一般都要进行金属化处理。在金属化孔上焊接时,为了使焊盘和金属化孔都充分浸润焊料,对金属化孔的加热时间比单层板要稍长一些。

④ 焊接时不要用烙铁头摩擦焊盘的方法增强焊料润湿性能,而要靠表面清理和预焊。

2. 导线的焊接

导线焊接在电子产品装配中占有重要的位置。实践中发现,在出现故障的电子产品中,导线焊点的失效率高于印制电路板,所以有必要对导线的焊接工艺给予特别的重视。

(1) 导线的焊前处理

① 剥线。用剥线钳或普通偏口钳剥线时要注意对单股线不应伤及导线,多股线及屏蔽线不断线,否则将影响接头质量。对多股线剥除绝缘层时注意将线芯拧成螺旋状,一般采用边拽边拧的方式。剥线的长度根据工艺资料要求进行操作。

② 预焊。预焊是导线焊接的关键步骤。导线的预焊又称为挂锡,但注意导线挂锡时要边上锡边旋转,旋转方向与拧合方向一致,多股导线挂锡要注意"烛心效应",即焊锡浸入绝缘层内,造成软线变硬,容易导致接头故障。

(2) 导线和接线端子的焊接方法

① 绕焊。如图 3-4-7(a)所示,绕焊是把经过上锡的导线端头在接线端子上缠一圈,用钳子拉紧缠牢后进行焊接,绝缘层不要接触端子,导线一定要留 1~3 mm 为宜。

② 钩焊。如图 3-4-7(b)所示,钩焊是将导线端子弯成钩形,钩在接线端子上并用钳子夹紧后施焊。

③ 搭焊。如图 3-4-7(c)所示,搭焊把经过镀锡的导线搭到接线端子上施焊。

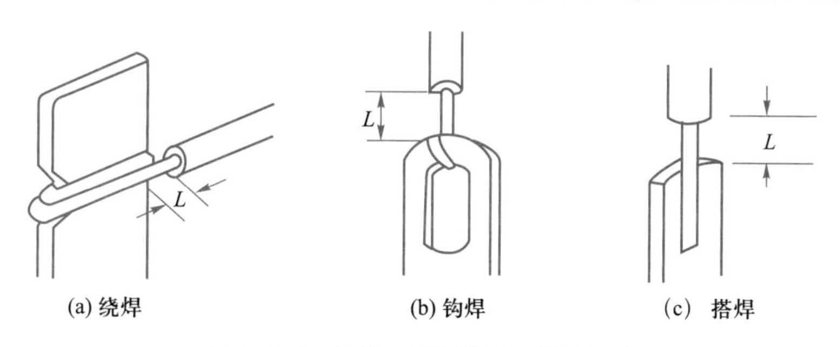

图 3-4-7 导线和接线端子的焊接方法

(3) 杯形焊件的焊接方法

① 如图 3-4-8(a)所示,往杯形孔内滴助焊剂,若孔较大,用脱脂棉蘸助焊剂在孔内均匀擦一层。

② 如图 3-4-8(b)所示,用电烙铁加热并将锡熔化,靠浸润作用流满内孔。

③ 如图3-4-8(c)所示,将导线垂直插入孔的底部,移开电烙铁并保持到凝固。在凝固前,导线切不可移动,以保证焊点质量。

④ 如图3-4-8(d)所示,完全凝固后立即套上套管,并用热风枪进行吹烘紧固。

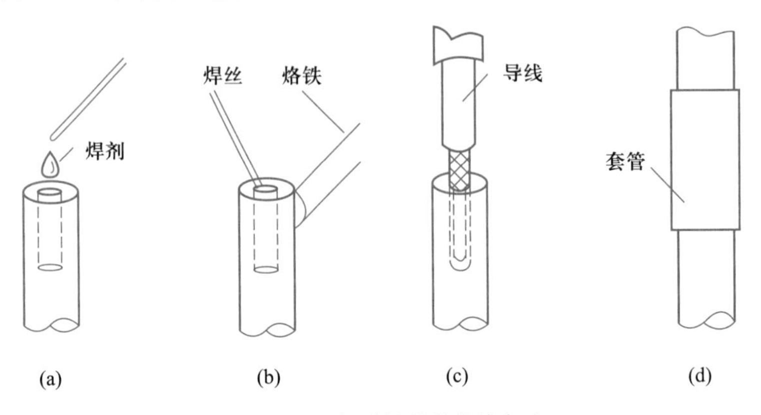

图3-4-8 杯形焊件的焊接方法

知识链接

1. 专业术语及词汇

THT(Through Hole Technology)通孔插装技术

SMT(Surface Mounted Technology)表面组装技术

Flux 助焊剂

AWG(Americal Wire Gauge)美制导线标准

WEEE(Waste Electrical and Electronic Equipment)电子垃圾,废弃的电气电子设备

RoHS(Restriction of Hazardous Substances)全称是《关于限制在电子电器设备中使用某些有害成分的指令》

2. 所涉及的专业标准及法规

GB/T4728.1~GB/T4728.13《电气简图用图形符号》

IPC-EIA-J-STD-002A《元件引线、端子、焊片、接线柱及导线可焊性试验》

EIA/TIA 568A(568B)标准网线连接方法

《WEEE指令》是指2003年,欧盟颁布的《废旧电子电气设备指令》环保指令

《RoHS指令》是指《电子电气设备中限制使用某些有害物质指令》环保指令

问题与思考

1. 请熟悉和牢记表3-1中常用的图形符号,做到会识别、会使用。 请到图书馆或网络索阅电子类期刊,练习和巩固图形符号的识别能力。

表 3-1

标识	含义(符号、名称)	标识	含义(符号、名称)

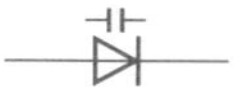			
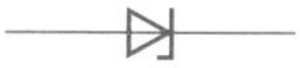			
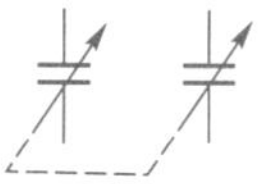			

2.(1)请说明表 3-2 中电路符号应该如何简化省略。

表 3-2

标识	简化或省略	标识	简化或省略
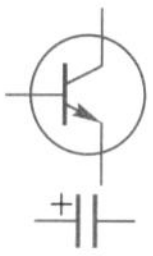		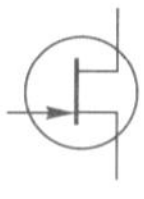	
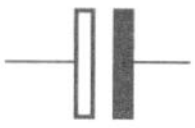			

(2)请说明表 3-3 中下角标的含义。

表 3-3

下脚标码	含义	下脚标码	含义
R_1、R_2、…		R_{201}、R_{202}、…	
IC_1、IC_2、…		S_{1A}、S_{1B}、S_{1C}	

(3)请说明表 3-4 中元器件性能参数标注的含义。

表 3-4

参数标注	含义	参数标注	含义
R:6Ω8		R:Ω10	
R:4M7		R:360	
CJ 型:5p6		CD 型:5μ6	
CBB 型:4n7		CD 型:2m2/50	

3. 屏蔽导线与电缆的加工分为哪几个步骤?

4. 试写出下列工具的名称:

剥线 剪切 夹持 剪切螺钉 压著

(A) 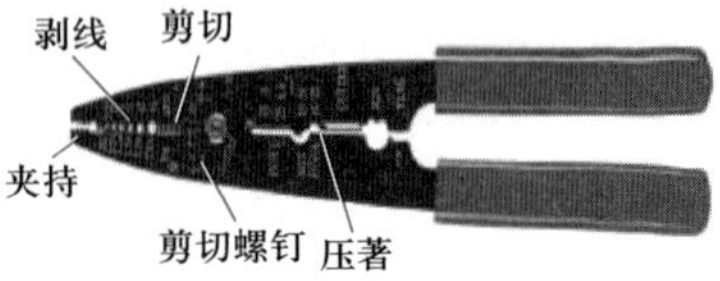 ____________ (B) 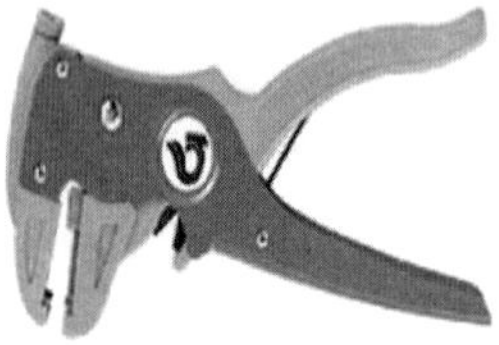 ____________ (C) ____________

5. 屏蔽导线屏蔽层接地端的处理有哪些方式?

6. 请总结电烙铁的分类及结构，如何合理选用电烙铁? 如何选择烙铁头的形状? 总结使用电烙铁的技巧。

能力拓展

1. RS-232是美国电子工业协会EIA(Electronic Industry Association)制定的一种串行物理接口标准,如图3-1所示。RS是英文"__________"的缩写,232为__________。通常RS-232接口以9个引脚(DB-9)或是25个引脚(DB-25)的形态出现,一般个人计算机上会有两组RS-232接口,分别称为__________和__________。

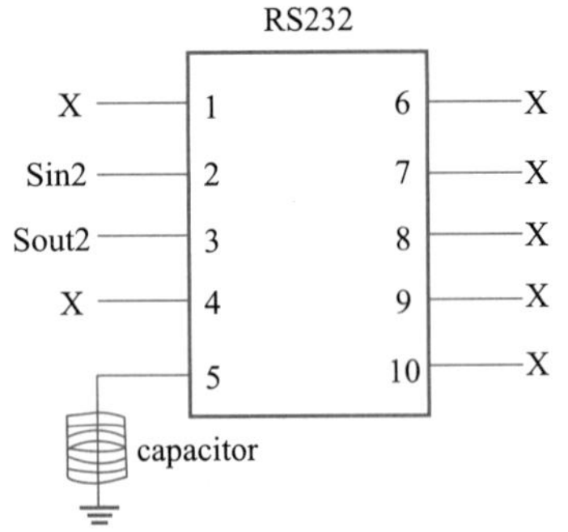

RS232

X 1 6 X
Sin2 2 7 X
Sout2 3 8 X
X 4 9 X
5 10 X
capacitor

图3-1

2. 试判别表3-5中插装工艺属于哪种性质:优选、可接受、拒收,并在对应的空打√。

表3-5

序号	图片	优选	可接受	拒收
1	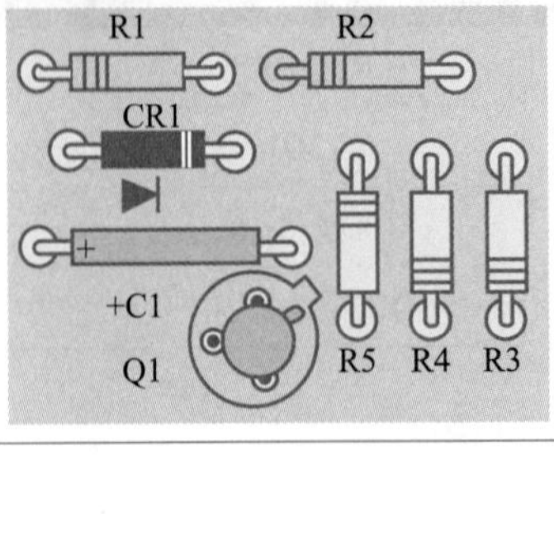 R1 R2 CR1 +C1 Q1 R5 R4 R3			

续表

序号	图片	优选	可接受	拒收
2	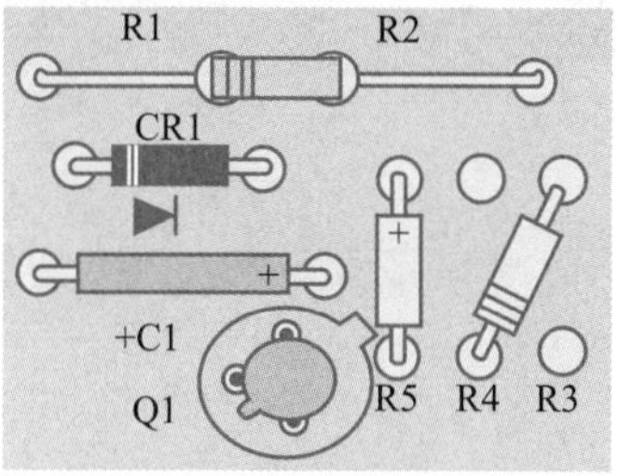			
3				
4	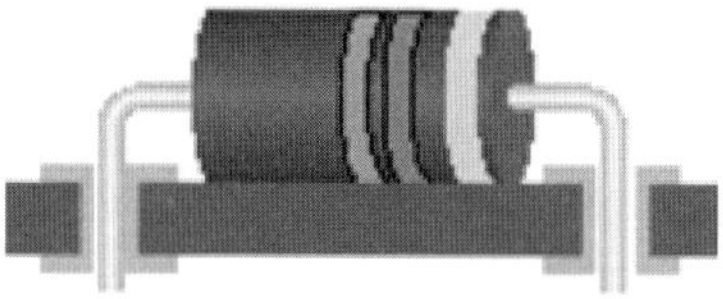			
5	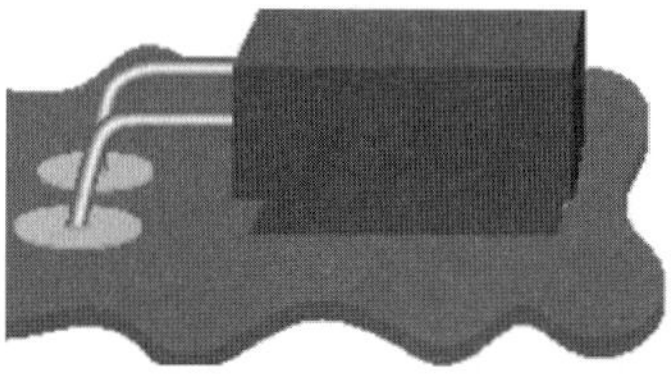			
6				

项目 4

通孔插装工艺电子产品的自动化生产

【引言】

通孔插装自动化生产工艺是指根据设计好的工艺文件和工艺规程的要求，将电子元器件按一定的规律、秩序自动或半自动插装到印制电路板（PCB）上，并用波峰焊或浸焊等方式将其固定的装配过程。

学习通孔插装工艺电子产品自动或半自动化的装联工艺是工程技术员必备的，其中，应该重点了解电子工艺文件编制的基本方法，会操作波峰焊接机等自动化设备，能判别装接后的焊点质量等知识和技能。

任务 4.1　电子产品工艺文件的编制

任务引入

按照一定的条件选择产品最合理的工艺过程（即生产过程），将实现这个工艺过程的程序、内容、方法、工具、设备、材料以及每一个环节应该遵守的技术规程，用文字和图表的形式表示出来，称为工艺文件。企业是否具备先进、科学、合理、齐全的工艺文件是企业能否安全、优质、高产低消耗地制造产品的决定条件。

凡是工艺部门编制的工艺计划、工艺标准、工艺方案、质量控制规程都属于工艺文件的范畴。工艺文件是带强制性的纪律性文件。不允许用口头的形式来表达，必须采用规范的书面形式，而且任何人不得随意修改，违反工艺文件属违纪行为。

4.1.1　工艺文件基础

演示文稿

电子产品工艺文件的编制

1. 工艺文件的作用

在产品的不同阶段，工艺文件的作用有所不同，试制试产阶段，主要是验证产品的设计（结构、功能）和关键工艺。批量生产阶段主要是验证工艺流程、生产设备和工艺装备是否满足批量生产的要求。工艺文件的主要作用如下：

① 为生产部门提供规定的流程和工序，便于组织产品有序的生产。

② 提出各工序和岗位的技术要求和操作方法，保证操作员工生产出符合质量要求的产品。

③ 为生产计划部门和核算部门确定工时定额和材料定额，控制产品的制造成本和生产效率。

④ 按照文件要求组织生产部门的工艺纪律管理和员工的管理。

2. 工艺文件的分类

工艺文件的分类方法多种多样，按照企业生产规定工艺文件可以分为基本工艺文件、指导技术的工艺文件、统计汇编资料和管理用工艺文件。

（1）基本工艺文件

基本工艺文件是指供企业组织生产、进行生产技术准备工作的最基本的技术文件，它规定了产品的生产条件、工艺路线、工艺流程、工具设备、调试及检验仪器工艺装置、工时定额。包括：零件工艺过程、装配工艺过程、元器件工艺表、导线及加工表等。

（2）指导技术的工艺文件

指导技术的工艺文件是指不同专业工艺的经验总结，或者是通过试生产实践编写出来的用来指导技术和保证产品质量的技术条件，主要包括：专业工艺规程、工艺说明及简图、检验说明（方式、步骤、程序）等。

（3）统计汇编资料

统计汇编资料是指为企业管理部门提供的各种明细表，作为管理部门规划生产组织、编制生产计划、安排物资供应、进行经济核算的技术依据。主要包括：专用工装、标准工具、材料消耗定额、工时消耗定额。

（4）管理用工艺文件

管理用工艺文件主要包括：工艺文件封面、工艺文件目录、元器件工艺表、导线及扎线加工表、工艺说明及简图、装配工艺过程卡、工艺文件更改通知单、工艺文件明细表等。

3. 工艺文件的成套性要求

电子工艺文件的编制是根据生产产品的性质、类型、产品复杂程度及生产组织方式等具体情况，按照一定的规范和格式完成的。为保证产品生产的顺利进行，应该保证工艺文件的完整齐全（成套性）。中华人民共和国电子行业标准（SJ/T 10324）对工艺文件的成套性提出了明确的要求，分别规定了电子产品在设计定型、生产定型、样机试制或一次性生产时，工艺文件的成套性标准。工艺文件的成套性要求主要是指对某项产品成套性工艺文件的装订成册要求。一般生产过程中工艺文件按工艺类型为单元进行成册，成册后的工艺文件应有利于查阅、检查、更改、归档。通常，整机类电子产品在生产过程中，工艺文件应包含的主要项目内容如下。

（1）工艺文件封面类

包括工艺文件封面、工艺文件明细表。

（2）各种汇总的图表类

这些汇总的图表主要是作为材料供应、工装配置、成本核算、劳动力安排、组织生产的依据。主要包括：工装明细表、消耗定额表、配套明细表、工艺流程图、工艺过程表。

（3）各种作业指导书类

这些作业指导书主要是组装操作的作业指导，一切生产人员必须严格遵照执行。主要包括：装联准备（元器件预成形、导线预加工等）、装配工艺规程（插件、焊接、总装等）、调试工艺规程、检验工艺规程。

（4）工艺更改单

工艺更改单是实施工艺更改的依据，它包括临时性更改及永久性更改两种。

演示文稿

工艺文件的编制方法

4.1.2 工艺文件的编制方法

1. 工艺文件的内容

电子产品生产过程中所讲的工艺文件主要内容一般包含准备工序、流水线工序和调试检验工序工艺文件，工艺文件也应按照工序进行编制具体的内容。

（1）准备工序工艺文件内容

准备工序工艺文件内容主要包括：元器件的筛选、元器件引脚的成形和搪锡、线圈和变压器的绕制、导线的加工、线把的捆扎、地线成形、电缆制作、剪切套管、打印标记等。

（2）流水线工序工艺文件内容

流水线工序工艺文件内容主要包括：

① 确定流水线上需要的工序数目。

② 确定每个工序的工时。

③ 工序顺序应合理，省时、省力、方便。

④ 安装和焊接工序应分开。

（3）调试检验工序工艺文件内容

调试检验工序工艺文件内容主要包括：

① 标明测试仪器、仪表的种类、等级标准及连接方法。

② 标明各项技术指标的规定值及其测试条件和方法，明确规定该工序的检验项目和检验方法。

2. 工艺文件的编制

（1）工艺文件的编制原则

根据产品的批量和复杂程度及生产的实际情况，按照一定的规范和格式编写，配齐成套，装订成册。

① 工艺规程编制的技术依据是全套设计文件、样机及各种工艺标准。

② 工艺规程编制的工作量依据是计划日（月）产量及标准工时定额。

③ 工艺规程编制的适用性依据是现有的生产条件及经过努力可能达到的条件。

（2）工艺文件的编制要求

① 既要具有经济上的合理性和技术上的先进性，又要考虑企业的实际情况，具有适用性。

② 必须严格与设计文件的内容相符合，应尽量体现设计的意图，最大限度地保证设计质量的实现。

③ 要严肃认真，一丝不苟，力求文件内容完整正确，表达简洁明了，条理清楚，用词规范严谨。并尽量采用视图加以表达。要做到不用口头解释，根据工艺规程，就可正常地进行一切工艺活动。

④ 要体现质量第一的思想，对质量的关键部位及薄弱环节应重点加以说明。

⑤ 尽量提高工艺规程的通用性，对一些通用的工艺要求应上升为通用工艺。

⑥ 表达形式应具有较大的灵活性及适用性，做到当产量发生变化时，文件需要重新编制的比例压缩到最低程度。

（3）工艺文件的编制方法

① 仔细分析电子产品的技术条件、技术说明、原理图、安装图、接线图、线扎图及有关零部件图，并参照样机，将这些图中的焊接要求与装配关系逐一分析清楚。

② 根据实际情况，确定生产方案，明确工艺流程、工艺路线。

③ 编制准备工序的工艺文件。凡不适合在流水线上安装的元器件、零部件都应安排到准备工序完成。

④ 编制总装流水线的工艺文件。先根据日产量确定每道工序的工时，然后由产品的复杂程度确定所需的工序数。应当充分考虑各工序工作量的均衡性、操作的顺序

性，避免上下翻动产品、前后焊接安装等操作。还应尽量将安装与焊接工序分开，以简化工人的操作。

3. 工艺文件格式及填写方法

以某电子企业整机生产数字实验板的工艺文件为例，可以作为初学者编制和填写工艺文件的范例。列举如下：

① 表 4-1-1 所示为工艺文件封面。

② 表 4-1-2 所示为工艺流程图。

③ 表 4-1-3 所示为元器件清单。

④ 表 4-1-4 所示为仪器仪表明细表。

⑤ 表 4-1-5 所示为工艺过程表。

⑥ 表 4-1-6 所示为工时消耗定额表。

表 4-1-1 工艺文件封面

<table>
<tr><td>文件编号</td><td></td><td rowspan="4">作业指导书</td><td rowspan="4">改订日期</td><td>1</td><td></td><td rowspan="4">裁决</td><td>起案</td><td>审议</td></tr>
<tr><td>制品名</td><td>数字实验板</td><td>2</td><td></td><td></td><td></td></tr>
<tr><td>机种名/版本</td><td></td><td>3</td><td></td><td></td><td></td></tr>
<tr><td>制定日期</td><td>2020/6/28</td><td>4</td><td></td><td></td><td></td></tr>
<tr><td>工程名</td><td colspan="8">工艺文件封面</td></tr>
<tr><td colspan="9">工艺文件
第 1 册
共 1 册
共 35 页
文件类别：电子专业工艺文件
文件名称：数字实验板工艺文件
产品名称：数字实验板
产品图号：AAA
本册内容：产品工艺文件</td></tr>
</table>

表 4-1-2　工艺流程图

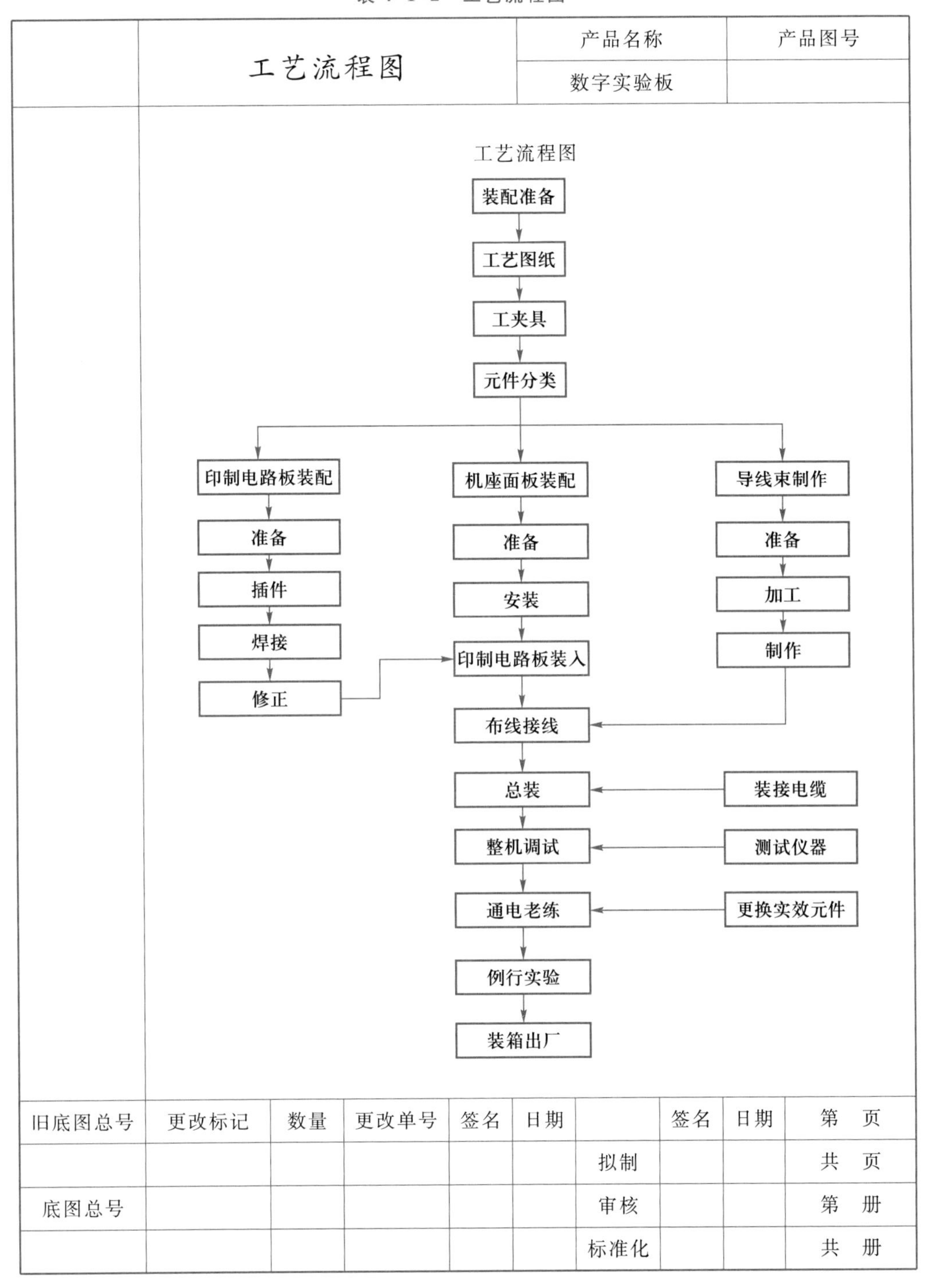

	工艺流程图	产品名称	产品图号
		数字实验板	

旧底图总号	更改标记	数量	更改单号	签名	日期		签名	日期	第　页
						拟制			共　页
底图总号						审核			第　册
						标准化			共　册

表 4-1-3 元器件清单

元器件清单		产品名称		产品图号
		数字实验板		
序号	元器件类型	元器件参数	数量	备注
1	NE555 芯片		2	
2	SN74LS04 芯片		1	
3	CD4511BE 芯片		2	
4	轻触开关	6 mm×6 mm×4.3 mm	5	
5	IC 座	DIP14	1	
6	电源座	ϕ6	1	
7	三端稳压器	L7805CV	1	
8	六角铜柱	10 mm+6 mm	4	
9	测试座	40PIN	1	
10	贴片电容	0805	15	
11	贴片电阻	0603	60	
12	散热片	15 mm×10 mm×20 mm		
13	2 位共阴数码管		1	
14	红色发光二极管		9	
15	绿色发光二极管		8	
16	拨动开关		13	

旧底图总号	更改标记	数量	更改单号	签名	日期		签名	日期	第 页
						拟制			共 页
底图总号						审核			第 册
						标准化			共 册

表 4-1-4 仪器仪表明细表

仪器仪表明细表		产品名称		产品图号
		数字实验板		
序号	型号	名称	数量	备注
1		高频信号发生器		
2		示波器		
3		3 V 稳压电源		
4		毫伏表		
5		指针式万用表		
6		数字式万用表		

旧底图总号	更改标记	数量	更改单号	签名	日期		签名	日期	第 页
						拟制			共 页
底图总号						审核			第 册
						标准化			共 册

表 4-1-5 工艺过程表

工艺过程表		产品名称	产品图号
		数字实验板	
序号	工位顺序号	作业内容摘要	备注
1	插件 1	插入数码管,拨动开关,4511 芯片	
2	插件 2	插入发光二极管	
3	插件 3	插入轻触开关,圆角形排座	
4	插件 4	插入 40PIN 测试座	
5	插件 5	插入波动开关	
6	插件 6	插入电容、LED、电源座、三端稳压管、散热片	
7	插件 7	插入 555 芯片、电容、电阻、74SL04 芯片	
8	插件检验	检验整个印制电路板	
9	浸焊	印制电路板焊接	
10	补焊 1	修补焊点	
11	补焊 2	修补焊点	
12	装硬件 1	装入电位器	
13	装硬件 2	装入 4 个固定管柱	
14	装硬件 3	装入螺帽	
15	开口	量工作点、整机电流	
16	基板调试	调试各个模块	

旧底图总号	更改标记	数量	更改单号	签名	日期		签名	日期	第 页
						拟制			共 页
底图总号						审核			第 册
						标准化			共 册

表 4-1-6　工时消耗定额表

工时消耗定额表			产品名称	产品图号
			数字实验板	
序号	工序名称	工时数/s	数量	备注
1	插件 1	5	2	
2	插件 2	5	3	
3	插件 3	6	4	
4	插件 4	7	6	
5	插件 5	5	4	
6	插件 6	6	5	
7	插件 7	4	3	
8	插件检验	6	1	
9	浸焊	8	1	
10	补焊 1	7	1	
11	补焊 2	6	1	
12	装硬件 1	5	1	
13	装硬件 2	5	1	

旧底图总号	更改标记	数量	更改单号	签名	日期		签名	日期	第　页
						拟制			共　页
底图总号						审核			第　册
						标准化			共　册

图文文档

MF47 万用表装配工艺文件案例

4.1.3　工艺文件的编制案例

下面以插件工艺文件编制为例,用学习情境的表述方式来描述工艺文件编制的过程。

情境:某电子企业生产车间接到生产计划部下达日生产量为 1 200 台的心脏测频仪的生产任务,要求工艺员编制插件工艺文件。心脏测频仪电路布局图和丝印图如图 4-1-1 所示。

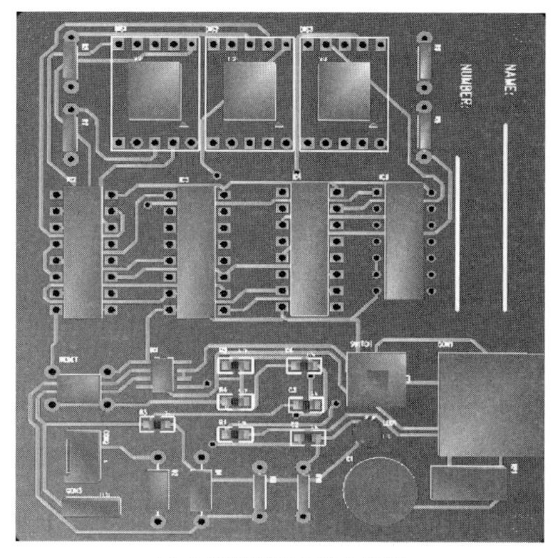

(a) 心脏测频仪电路布局图

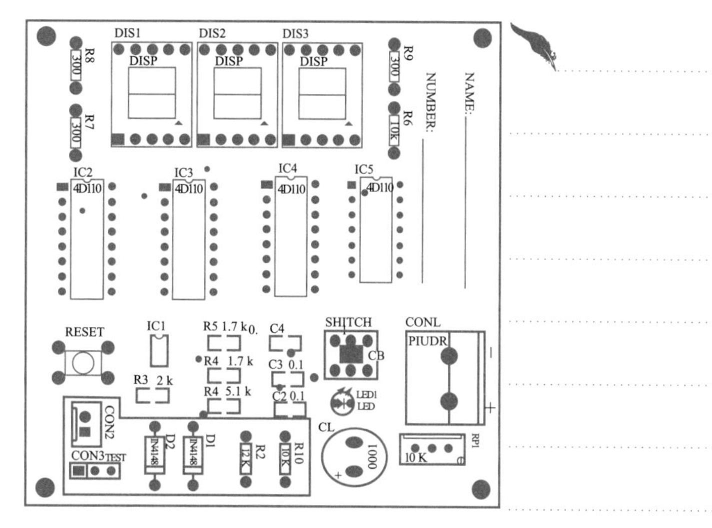

(b) 心脏测频仪电路丝印图

图 4-1-1　心脏测频仪电路布局图和丝印图

现要求工艺员根据如表 4-1-7 所示的心脏测频仪电路的工时消耗定额表,来完成插件工艺文件编制。

表 4-1-7　工时消耗定额表

序号	元件名称	型号规格	数量	定额时间/s	累计时间/s
1	电阻 R_1	10 kΩ	1	3	3
2	电阻 R_2	300 Ω	3	3	9
3	电阻 R_3	4.7 kΩ	1	3	3
4	电阻 R_4	2 kΩ	1	3	3
5	精密电位器 R_{10}	10 kΩ	1	3.5	3.5
6	电解电容	有极性	1	3	3
7	二极管 D1、D2	1N4148	2	3	6
8	高亮红发光二极管	$\phi 3$	1	3	3
9	排针与帽子 CON3	3 脚	1	3	3
10	信号输入接插件	2 个端子	1	3	3
11	电源接线柱 CON2	2 个端子	1	3	3
12	电源自锁开关		1	3	3
13	按键		1	4	4
14	数码管/共阴极	SM420561K	3	4.5	13.5
15	与非门	CD4011	1	5.5	5.5
16	计数译码芯片	CD40110/DIP 封装	3	5.5	16.5
17	贴片电阻		4	0	0
18	贴片电容		3	0	0
19	贴片芯片	555	1	0	0

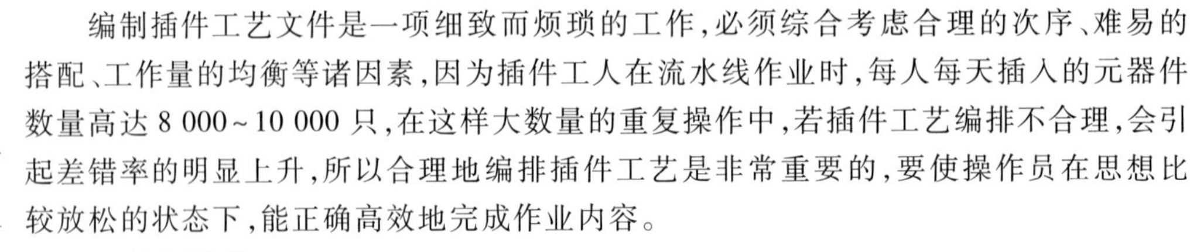

编制插件工艺文件是一项细致而烦琐的工作，必须综合考虑合理的次序、难易的搭配、工作量的均衡等诸因素，因为插件工人在流水线作业时，每人每天插入的元器件数量高达 8 000~10 000 只，在这样大数量的重复操作中，若插件工艺编排不合理，会引起差错率的明显上升，所以合理地编排插件工艺是非常重要的，要使操作员在思想比较放松的状态下，能正确高效地完成作业内容。

1. 编制要领

① 各道插件工位的工作量安排要均衡，工位间工作量（按标准工时定额计算）差别≤3 s。

② 电阻器避免集中在某几个工位安装，应尽量平均分配给各道工位。

③ 外形完全相同而型号规格不同的元件器，绝对不能分配给同一工位安装。

④ 型号、规格完全相同的元件应尽量安排给同一工位。

⑤ 需识别极性的元器件应平均分配给各道工位。

⑥ 安装难度高的元器件，也要平均分配。

⑦ 前道工位插入的元器件不能造成后道工位安装的困难。

⑧ 插件工位的顺序应掌握先上后下、先左后右，这样可减少前后工位的影响。

⑨ 在满足上述各项要求的情况下，每个工位的插件区域应相对集中，可有利于提高插件速度。

2. 编制步骤及方法

（1）计算生产节拍时间

假如你是插装岗位的一名工艺技术员，请根据提供的素材计算插装岗位的生产节拍时间：

企业生产现状与要求	每天工作时间：8 h 上班准备时间：15 min 上、下午休息时间：各 15 min 计划日产量为 1 200 台

① 每天实际作业时间＝每天工作时间－（准备＋休息时间）

$$=8\times60-(15+15+15)\ \text{min}=435\ \text{min}$$

② 节拍时间＝实际作业时间÷计划日产量＝435×60÷1 200 s＝21.75 s

（2）计算印制电路板插件总工时

根据“心脏测频仪电路元器件工时消耗定额表”，计算总工时＝85 s

（3）计算插件工位数

$$\text{插件工位数}=\frac{\text{插件总工时}}{\text{节拍时间}}=3.9\ \text{人}$$

插件工位的工作量安排一般应考虑适当的余量，当计算值出现小数时一般总是采取进位的方式，所以根据上式得出，日产 1 200 台测频仪的插件工位人数应确定为 4 人。

（4）确定工位工作量时间

根据上面计算的结果，计算每个工位的工作量时间。

$$\text{工位工作量时间}=\frac{\text{插件总工时}}{\text{人数}}=21.25\ \text{s}$$

$$工作量允许误差=节拍时间\times10\%\approx\underline{2.2\ s}$$

所以每个工位的工作量时间为 $\underline{21.25\pm2.2\ s}$

(5) 划分插件区域

根据实际印制电路板元件分布情况，以元件手工插装的基本原则为依据，划分出插件区域。

要求：工艺员用画笔划分出如图 4-1-2 所示的四个区域，并标出工位 1~4。

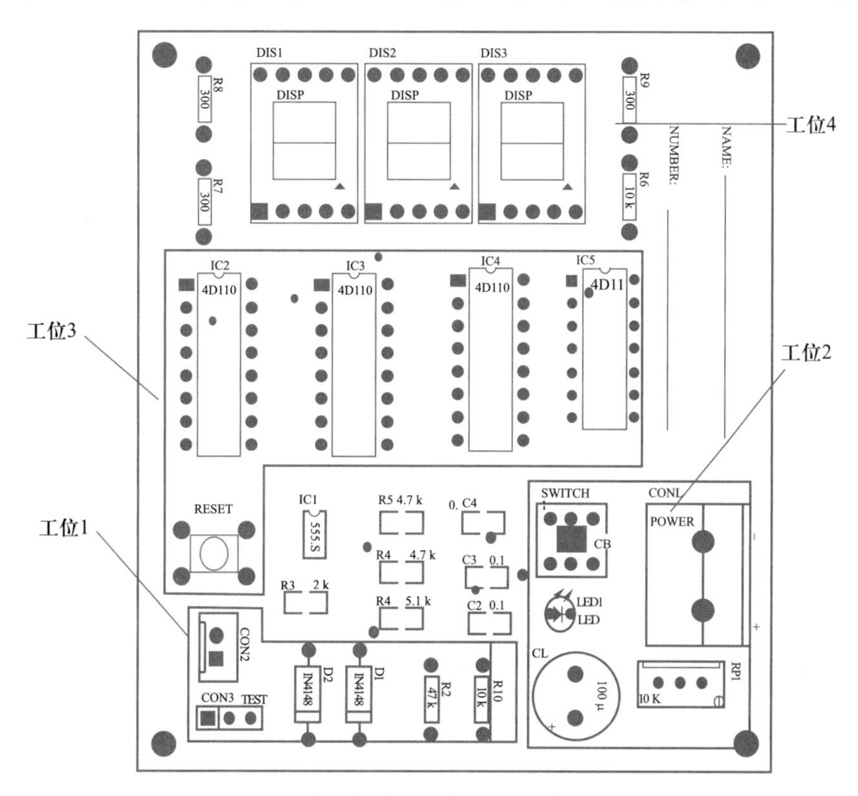

图 4-1-2 划分插件区域

(6) 验证划分是否合理，即对工作量进行统计分析

根据划分情况，要求对每个工位的工作量进行统计分析，验证是否合理，见表 4-1-8。

表 4-1-8 工位工作量统计表

主题	工位 1	工位 2	工位 3	工位 4
电阻数/只	2			4
二极管数/只	2	1		
接插件数/只	2	1		
电容数/只		1		
电位器数/只		1		
开关数/只		1	1	
芯片			4	3

续表

主题	工位1	工位2	工位3	工位4
有极性元器件数/只	2	3	5	3
元器件品种数/种	3	5	2	2
元器件个数/只	6	5	5	7
工时数/s	18	16	25.5	25.5

经过统计分析：区域划分是否合理：比较合理

(7) 编写插装工艺卡片（以工位1为例）

<table>
<tr><td colspan="4">插装工艺卡片</td><td colspan="3">第1页　共4页</td></tr>
<tr><td>客型号</td><td>型号</td><td>类别</td><td>插件</td><td rowspan="2"></td><td>文件编号</td><td>A001</td></tr>
<tr><td>标准时间</td><td>标准</td><td>板号</td><td>2019.12.10.2A</td><td>工位号</td><td>1</td></tr>
<tr><td colspan="4" rowspan="13">
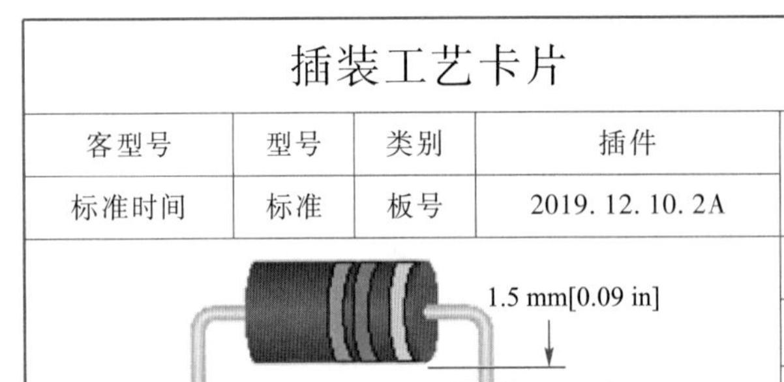

1. 元器件距离PCB板面最少为1.5 mm
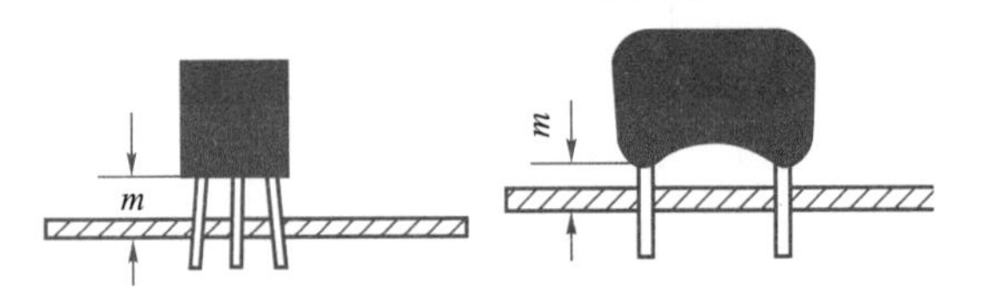

2. 立式元件要求插正，不允许明显歪斜，左图中的m=5~7 mm，右图中的m=2~5 mm
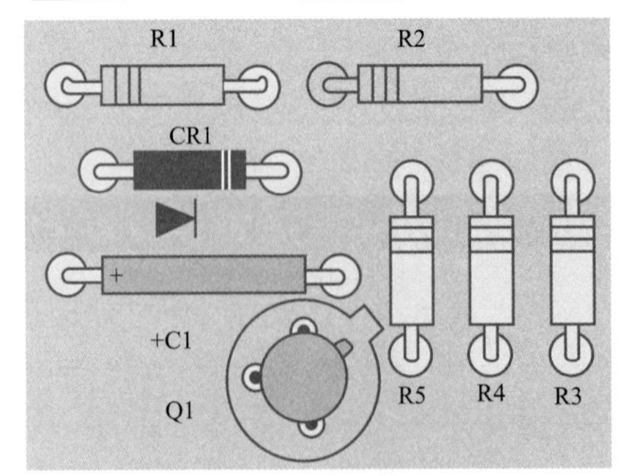

3. 无极性元器件要尽可能依识别标记的读取方向（从左至右、从上至下）放置，并尽可能保持一致
</td><td>No.</td><td>元件位置</td><td>名称/规格</td></tr>
<tr><td>1</td><td>D1，D2</td><td>1N4148</td></tr>
<tr><td>2</td><td>R_{10}</td><td>10 kΩ</td></tr>
<tr><td>3</td><td>R_2</td><td>47 kΩ</td></tr>
<tr><td>4</td><td>CON2</td><td>接插件/2P</td></tr>
<tr><td>5</td><td>CON3</td><td>接插件/3P</td></tr>
<tr><td>No.</td><td colspan="2">操作步骤</td></tr>
<tr><td>1</td><td colspan="2">检查上一工位所插的位置是否正确</td></tr>
<tr><td rowspan="2">2</td><td colspan="2">按照左侧图纸所示，找出各元器件的位置</td></tr>
<tr><td colspan="2">按元器件外观极性插好，所有元件必须插至贴板（特别要求除外）</td></tr>
<tr><td>3</td><td colspan="2">自检一遍OQ后，再流入下一位</td></tr>
<tr><td colspan="3">注意事项</td></tr>
<tr><td colspan="3" rowspan="2">有极性的元器件，按PCB丝印标示插件，PCB无丝印按图纸标示插件</td></tr>
<tr><td colspan="2">制作：刘红兵</td><td>审核</td><td>批准</td></tr>
</table>

任务4.2 通孔插装元器件的自动焊接工艺

任务引入

随着电子技术的发展,电子整机产品日趋小型化、微型化,而其功能越来越强,电路越来越复杂,印制电路板上的元器件排列越来越密集,因而手工焊接已难以满足对焊接高效率和高可靠性的要求。所以,自动化焊接势在必行,它大大地提高了焊接速度,满足焊接的质量要求。目前,在工业化大批量生产电子产品的企业里,THT工艺常用的自动焊接设备有浸焊机、波峰焊机以及清洗设备、助焊剂自动涂敷设备等其他辅助装置。本任务通过学习浸锡、选择性焊接、波峰焊技术等内容,使学生掌握自动焊接工艺及方法。

4.2.1 浸焊工艺

演示文稿

通孔插装元器件的自动焊接工艺

1. 自动化焊接工艺流程

在自动化焊接过程中,除了有预热的工序以外,基本上同手工焊接过程类似,它的工艺流程如图4-2-1所示。且自动焊接生产线上的整个生产过程,都是通过传送装置来实现连续工作的。

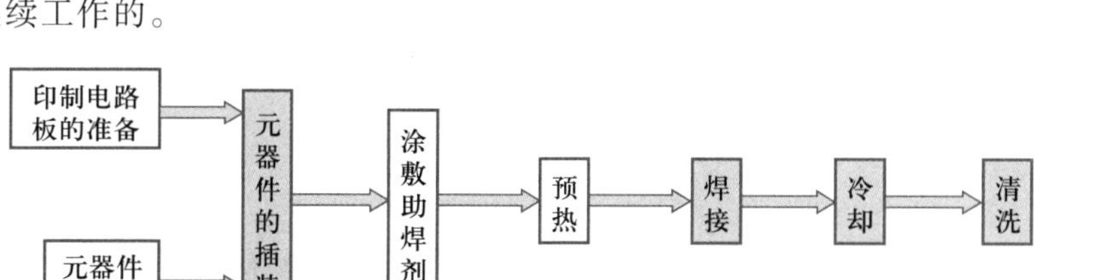

图4-2-1 THT工艺自动焊接的一般流程

其中,浸焊和波峰焊工艺中,涂敷助焊剂一般采用喷涂法或发泡法,即用气泵将助焊剂溶液雾化或泡沫化后均匀地喷涂或蘸敷在印制电路板上;预热是指在印制电路板进入焊锡槽前的加热工序,可以使助焊剂达到活化点,可以是热风加热,也可以用红外线加热;冷却一般采用风扇强迫降温;清洗是指利用清洗设备对残存在印制电路板上的污物进行清洗,清洗设备一般有机械式及超声波式两类。

小提示

超声波清洗机及清洗工艺

超声波清洗机由超声波发生器、换能器及清洗槽三部分组成,主要适合于使用一般方法难于清洗干净或形状复杂、清洗不便的元器件清除油类等污物。其主要效应是利用了超声波复变压力的峰值大于大气压力时产生的空化现象,这是超声波用于清洗的工作原理。由于压力的迅速变化,在液体中产生了许多充满气体或蒸汽的空穴,空穴最终崩溃,能产生出强烈的冲击波,作用于被清洗的零件。渗透在污垢膜与零件基体表面之间的这一强烈冲击,足以削弱污垢或油类与基体金属的附着力，从零件表面上清除掉油类或其他污物，达到清洗的目的。但近年来清洗设备和清洗工艺有淡出电子制造企业的趋势，这不仅是因为排放清洗剂废液涉及环保问题，还由于成本竞争要求减少清洗环节的能源消耗和加工时间。在大多数电子产品制造企业中，采用免清洗助焊剂进行焊接已经成为主流工艺。

演示文稿

浸焊工艺

2. 浸焊工作原理及设备

浸焊是指将插装好元器件的印制电路板浸入有熔融状焊料的锡锅内，一次完成印制电路板上所有焊点的自动焊接过程。浸焊也是最早应用在电子产品批量生产中的焊接方法，浸焊设备的外形图如图 4-2-2 所示，其原理示意图如图4-2-3所示。

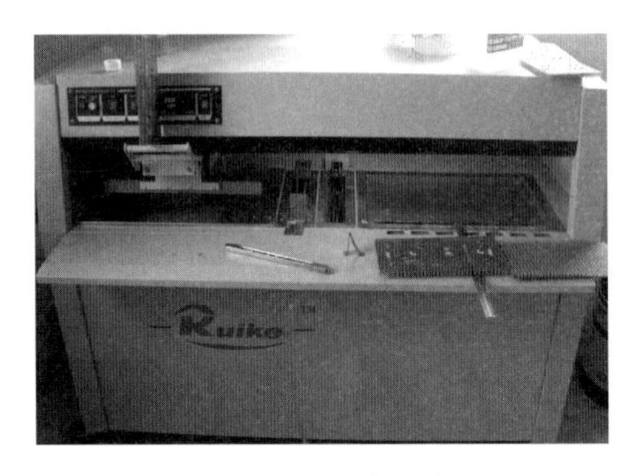

图 4-2-2 浸焊设备的外形图

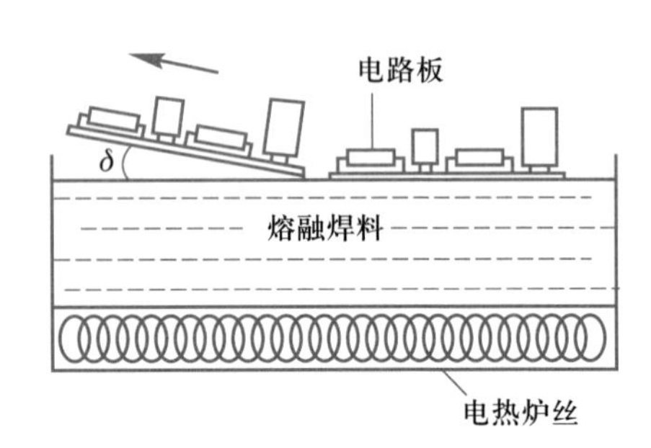

图 4-2-3 浸焊原理示意图

(1) 浸焊的工作原理

浸焊的工作过程是将插好元器件的印制电路板水平接触熔融的焊料，使整块电路板上的全部元器件同时完成焊接。印制电路板上的导线被阻焊层阻隔，不需要焊接的焊点和部位，要用特制的阻焊膜(或胶布)贴住，防止焊锡不必要的堆积。

(2) 浸焊的特点

浸焊的特点是生产效率较高，操作简单，适应批量生产，可消除漏焊现象，且浸焊设备价格低廉，但浸焊的焊接质量不高需要补焊修正；焊槽温度掌握不当时，会导致印制电路板起翘、变形，元器件损坏。目前只在一些小型企业中使用，有经验的操作者同样可以保证焊接的质量。

(3) 浸焊设备的类别

常用的浸焊设备有两种，一种是普通浸焊机，另一种是超声波浸焊机。其中，普通浸焊机是在锡锅的基础上增加滚动装置和温度调节装置构成的。先将待焊工件浸蘸助焊剂，再浸入浸焊机的锡槽，由于槽内焊料在持续加热的作用下不停滚动，改善了焊接效果。而超声波浸焊机是通过向锡锅内辐射超声波来增强浸锡效果的，适用于一般浸锡较困难的元器件焊接。

(4) 浸焊设备的操作要点

① 焊料温度控制。开始时要选择快速加热，当焊料熔化后，改用保温挡进行小功率加热，既能防止由于温度过高加速焊料氧化，保证浸焊质量，也能减少能耗。

② 焊接前，让电路板浸蘸助焊剂，且保证助焊剂均匀涂敷到焊接面的各处。有条件的，最好使用发泡装置，有利于助焊剂涂敷。

③ 在焊接时，要特别注意电路板面与锡液完全接触，保证板上各部分同时完成焊接，焊接的时间应该控制在 3 s 左右。电路板浸入锡液的时候，应该使板面水平地接触锡液平面，让板上的全部焊点同时进行焊接；离开锡液的时候，最好让板面与锡液平面保持向上倾斜的夹角，在图 4-2-3 中，$\delta \approx 10^\circ \sim 20^\circ$，这样不仅有利于焊点内的助焊剂挥发，避免形成夹气焊点，还能让多余的焊锡流下来。

④ 在浸锡过程中，为保证焊接质量，要随时清理刮除漂浮在熔融锡液表面的氧化物、杂质和焊料废渣，避免废渣进入焊点造成夹渣焊。

⑤ 根据焊料使用消耗的情况，及时补充焊料。

4.2.2　波峰焊原理及选择性波峰焊

1. 波峰焊原理

波峰焊工作原理

波峰焊是指将熔化的软钎焊料（铅锡合金或无铅焊料），经电动泵或电磁泵喷流成设计要求的焊料波峰，亦可通过向焊料池注入氮气来形成，使预先装有元器件的印制电路板通过焊料波峰，实现元器件焊端或引脚与印制电路板焊盘之间机械与电气连接的软钎焊，图 4-2-4 所示为一般波峰焊机的内部结构及工作原理示意图。

在图 4-2-4 中，已完成插件工序的印制电路板在具有一定倾斜角度的导轨上匀速前行，导轨下面是装有机械泵和喷口的熔锡槽，机械泵根据焊接要求，连续不断地泵出平稳的液态锡波，焊锡熔液通过喷口，以波峰形式溢出至焊接板面进行焊接。为了获得良好的焊接质量，在焊接前经由中央处理控制的助焊剂涂敷设备先对电路板进行助焊剂涂敷，然后经由红外线热管方式加热的预热区预热，焊接后还要采用强迫风冷方式进行冷却。

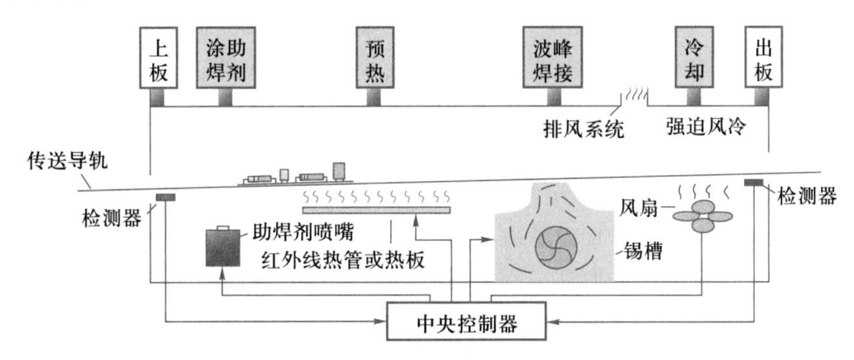

图 4-2-4　波峰焊机内部结构及工作原理示意图

2. 波峰焊的工艺过程

波峰焊虚拟实操

波峰焊的工艺过程如图 4-2-4 所示，共分为涂助焊剂、预热、波峰焊接和冷却四个工艺过程。印制电路板通过传送带进入波峰焊机以后，会经过某个形式的助焊剂涂敷装置，在这里助焊剂利用发泡或喷射的方式涂敷到线路板上。由于大多数助焊剂在焊接时必须要达到并保持一个活化温度来保证焊点的完全浸润，因此印制电路板在进入波峰槽前要先经过一个预热区。助焊剂涂敷之后的预热可以逐渐提升PCB的温度(一般调整到100 ℃左右),并使助焊剂活化,这个过程还能减小组装件进入波峰时产生的热冲击。其次,它还可以用来蒸发掉所有可能吸收的潮气或稀释助焊剂的载体溶剂,如果这些东西不能被去除的话,它们会在过波峰时沸腾并造成焊锡溅射,或者产生蒸气留在焊锡里面形成中空的焊点或砂眼。波峰焊机预热段的长度由产量和传送带速度来决定,产量越高,为使板子达到所需的浸润温度就需要更长的预热区。另外,由于双面板和多层板的热容量较大,因此它们比单面板需要更高的预热温度。

目前,波峰焊机基本上采用热辐射方式进行预热,最常用的波峰焊预热方法有强制热风对流、电热板对流、电热棒加热及红外加热等。在这些方法中,强制热风对流通常被认为是大多数工艺里波峰焊机最有效的热量传递方法。在预热之后,印制电路板用单波(λ波)或双波(扰流波和λ波)方式进行焊接。对穿孔式元件来讲单波就足够了,印制电路板进入波峰时,焊锡流动的方向和板子的行进方向相反,可在元件引脚周围产生涡流。这就像是一种洗刷,将上面所有助焊剂和氧化膜的残余物去除,在焊点到达浸润温度时形成浸润。

3. 波峰焊特点

从图4-2-4中可以看出,波峰焊机的焊料液在锡槽内始终处于流动状态,使工作区域内的焊料表面无氧化层,避免了因氧化物的存在而产生的“夹渣”虚焊现象;又由于印制电路板与波峰之间始终处在相对运动状态,所以焊剂蒸气易于挥发,焊接点上不会出现气泡,提高了焊点的质量。其次,波峰焊的生产效率高,最适应单面印制电路板大批量的焊接,并且,焊接的温度、时间、焊料及焊剂的用量等,在波峰焊接中均能得到较完善的控制。但波峰焊容易造成焊点桥接的现象,需要补焊中修正。

4. 选择性波峰焊(又称机器人焊接)

近年来,SMT元器件的使用率不断上升,在某些混合装配的电子产品里甚至已经占到95%左右,按照以往的思路,对电路板A面进行再流焊、B面进行波峰焊的方案已经面临挑战。在以集成电路为主的产品中,很难保证在B面上只贴装耐受温度的SMC元件、不贴装SMD元件,集成电路承受高温的能力较差,可能因波峰焊导致损坏;假如用手工焊接的办法对少量THT元件实施焊接,又感觉一致性难以保证。因此,选择性焊接的工艺方法和选择性焊接设备应运而生。

(1) 选择性焊接的基本原理

选择性焊接是为了满足通孔元器件焊接发展要求而发明的一种特殊形式的波峰焊。选择性焊接一般由助焊剂喷涂、预热和焊接三个模块构成。根据印制电路板设计文件转换或编制控制程序,实现助焊剂喷涂模块可对每个焊点依次完成助焊剂选择性喷涂,经预热模块预热后,再由焊接模块对每个焊点逐点完成焊接,如图4-2-5(a)所示。

(2) 选择性焊接的优势

① 选择性焊接只针对所需要焊接的点喷涂助焊剂,印制电路板的清洁度因此大大提高,离子污染量大大降低。

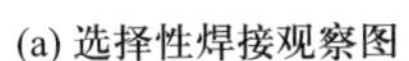

(a) 选择性焊接观察图

(b) 焊点的形状控制

图 4-2-5 选择性焊接

② 选择性焊接只针对特定点的焊接，无论是在点焊和拖焊时都不会对整块印制电路板造成热冲击，从而避免了热冲击所带来的各类缺陷。

③ 选择性焊接对每一个焊点的焊接参数都可以“度身定制”，工程师有足够的工艺调整空间把每个焊点的焊接参数（助焊剂的喷涂量、焊接时间、焊接波峰高度等）调至最佳，从而使每个焊点的焊接效果达到最佳，甚至可以通过控制焊点的形状来达到避免桥接的效果，如图 4-2-5(b)所示。

4.2.3 波峰焊接设备及工艺技术

波峰焊设备是在浸焊设备的基础上发展起来的自动焊接设备，在通孔元器件电路板的制造中具有生产效率高和产量大等优点，因此是电子产品自动化大批量生产中最主要的焊接设备。

1. 波峰焊接机的部件及作用

波峰焊接机就是用来实现装载组件的基板浸过流动的焊锡槽完成焊接的一种自动化焊接设备。实际中因厂商和机种不同，外观和构造也各不相同，基本部件如图 4-2-6所示，包括传送装置、助焊剂喷涂装置、预热装置、焊锡槽、冷却系统和锡爪清洁器。波峰焊接机部分部件的作用及外形见表 4-2-1。

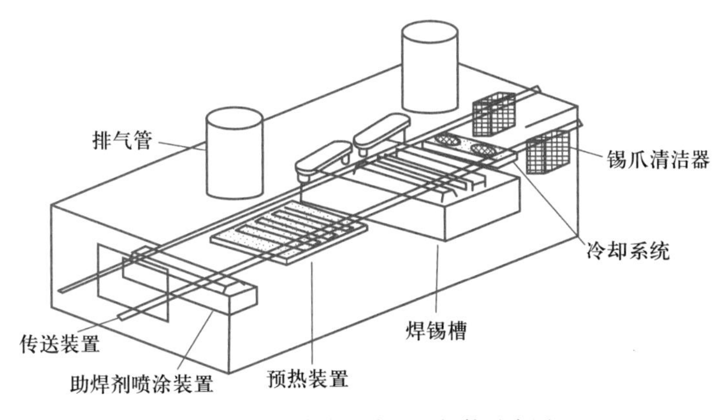

图 4-2-6 波峰焊接机的部件示意图

表 4-2-1 波峰焊接机部件的作用及外形

序号	结构名称	作用	图片
1	助焊剂喷涂装置	使适量的助焊剂均匀地涂覆在 PCB 上	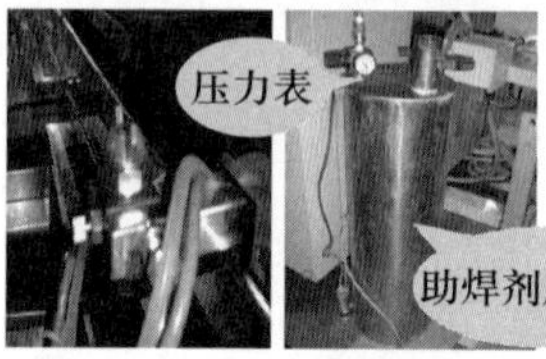
2	预热装置	减少基板在与高温锡波接触时的热冲击，减少元器件在与高温锡波接触时的热冲击，烘干涂布于基板上助焊剂中的溶剂成分，活化涂布于基板上的助焊剂中的活化剂	
3	焊锡槽	焊锡槽是整部焊锡机的心脏，整个锡槽加满了高温的锡液，再经过驱动装置，把锡液抽入锡泵再经过导流槽送到喷嘴，达到焊接作用。为使基板和组件更好的焊接，要适当调整焊锡流量、流速	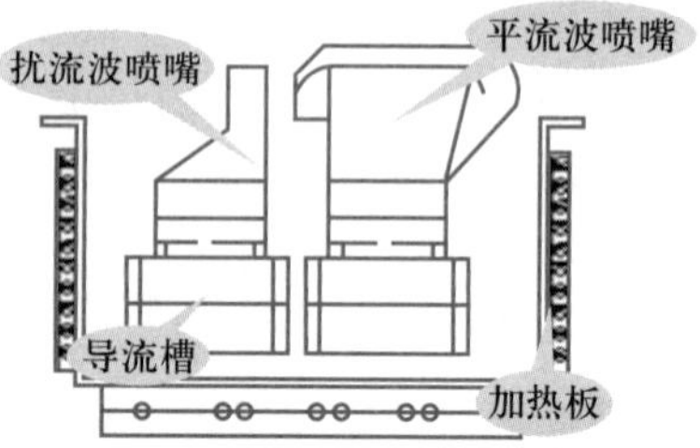
4	冷却系统	冷却焊接部位及组件，减少基板弯曲	

2. 波峰焊机的类型

波峰焊机的种类很多，目前应用最多的是双波峰焊机。

(1) 按照泵的形式分

可分为机械泵和电磁泵波峰焊机，如图 4-2-7 所示。机械泵波峰焊机又分为单波峰焊机和双波峰焊机。单波峰焊机适用于纯通孔插装元件的组装板焊接，双波峰焊机和电磁泵波峰焊机适用于通孔插装元件与贴片元件混装的组装板焊接。

(2) 按照锡锅的尺寸大小与组装板的尺寸大小分

可分为小(微)型机、中型机和大型机。

① 微型机一般是台式机型，只适合于用在研究开发或制作样机的场合。

② 小型机一般属于入门级、低或中等产量的立式机器。典型的小型机传送带速度约为 0.8~1 m/min，采用发泡式或喷雾式助焊剂涂敷装置，可选择单波或双波。

③ 中型机预热区长度约为 1.2~1.83 m 左右，传送带速度约为 1.2~1.5 m/min，

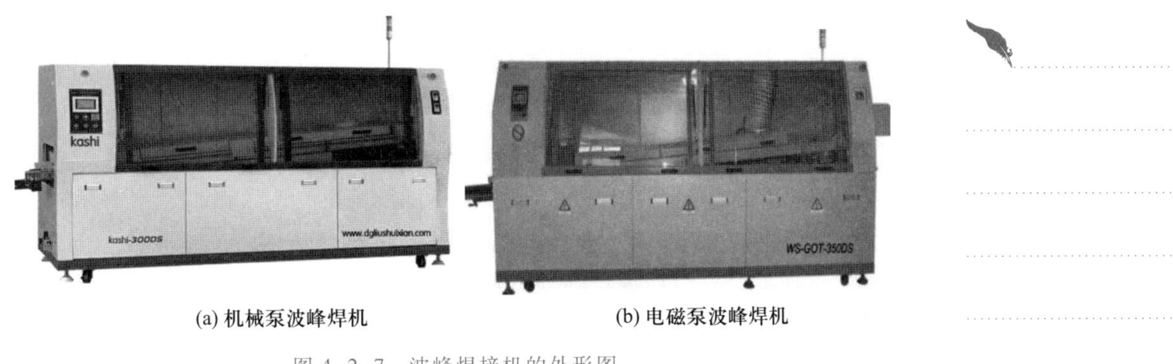

(a) 机械泵波峰焊机　　(b) 电磁泵波峰焊机

图 4-2-7　波峰焊接机的外形图

用于中等产量的生产规模。一般以双波峰作为标准配置,同时还选择更多先进的配置,如氮气保护等。

④ 大型机预热区长度一般为 1.83~2.44 m,传送带速度可以达到 2 m/min 以上,适用于大批量 24 h 连续生产。大型机的标准配置比中型机更多,如在同一机器内既有发泡式又有喷雾式助焊剂涂敷系统,也有双波峰、氮气保护,还有更多的先进性,如统计过程控制和远距离监测装置等。这种高产量、高质量的机器一般用于高端市场,但价格很昂贵。

(3) 按照焊接工艺方式分

可分为一次焊接系统和二次焊接系统。

① 一次焊接系统适用于短插工艺,插装前需要将元件成形、剪脚。

② 二次焊接系统适用于长插工艺,插装前一般不需要剪脚。第一次是高波波峰焊机,相当于浸焊,将元件固定在印制电路板上,然后通过在线的切脚机剪腿,最后进行第二次波峰焊。第一次波峰焊可根据组装板是否有贴片元件来选择单波峰或双波峰焊机。如果有贴片元件需要波峰焊时,应选择双波峰焊机。

3. 提高波峰焊接机焊接质量的方法

(1) 设计 PCB

如果没有适当的 PCB 设计,只通过控制波峰焊接过程变量是不可能减少缺陷率的。为波峰焊接设计 PCB,应该包括适合于波峰焊接的 PCB 布局和焊盘设计。其中,手工插件板的孔径与引线线径的差值,应在 0.2~0.3 mm;机器插件板的孔径与引线线径的差值,应在 0.4~0.55 mm。如果差值过小,则影响插件;如果差值过大,就有一定概率的“虚焊”风险。如果焊盘偏小,则锡量不足;如果焊盘偏大,则焊点扁平。这些都会造成焊接面小,导电性能差,只有合适的焊盘才会得到质量好的焊点。

(2) 控制 PCB 的平整度

波峰焊接对印制的平整度要求很高,一般要求翘曲度小于 0.5 mm,尤其是某些 PCB 印制电路板厚度只有 1.5 mm 左右,其翘曲度要求更高,否则无法保证焊接质量。

在波峰焊接中,要求 PCB 无尘埃、油脂,氧化物的铜箔及组件引线有利于形成合格的焊点,因此印制电路板及组件应保存在干燥、清洁的环境下,并且尽量缩短储存周期。对于放置时间较长的印制电路板,其表面一般要做清洁处理,这样可提高可焊性,减少虚焊和桥接,对表面有一定程度氧化的组件引脚,应先除去其表面氧化层。

(3) 控制助焊剂质量

目前,波峰焊接所采用的助焊剂多为免清洗助焊剂,选择助焊剂时要满足要求:① 熔点比焊料低;② 浸润扩散速度比熔化焊料快;③ 黏度和比重比焊料低;④ 在常温下储存稳定。

(4) 控制焊料质量

锡铅焊料在高温下不断氧化,使锡锅中锡铅焊料含量不断下降,偏离共晶点,导致流动性差,出现连焊、虚焊、焊点强度不够等质量问题。为提高波峰焊接机焊接质量可采用:① 添加氧化还原剂,使已氧化的 SnO 还原为 Sn;② 不断除去浮渣;③ 每次焊接前添加一定量的锡;④ 采用氮气保护,让氮气把焊料与空气隔绝开,取代普通气体,这样就避免浮渣的产生。

(5) 控制预热温度

波峰焊预热的作用:一是使助焊剂中的溶剂充分发挥,以免印制电路板通过焊锡时,影响印制电路板的润湿和焊点的形成;二是使印制电路板在焊接前达到一定温度,以免受到热冲击产生翘曲变形。根据实际生产的经验,一般预热温度控制在 180~210 ℃,预热时间 1~3 min。

(6) 控制焊接轨道的角度

波峰焊接机轨道倾角对焊接效果影响较为明显,特别是在焊接高密度 SMT 器件时更是如此。当倾角太小时,较易出现桥接,特别是焊接中,SMT 器件的“遮蔽区”更易出现桥接;而倾角过大,虽然有利于消除桥接,但焊点吃锡量太小,容易产生虚焊。轨道角应控制在 5°~70°之间。

(7) 控制波峰高度

波峰焊接机的波峰高度会因焊接工作时间的推移而有一些变化,应在焊接过程中进行适当的修正,以保证理想高度进行焊接,波峰高度以压锡深度为 PCB 厚度 1/2~1/3为准。

(8) 控制焊接温度

波峰焊接机的焊接温度是影响焊接质量的一个重要的工艺参数,焊接温度过低,焊料的扩展率、润湿性变差,使焊盘或元器件焊端由于不能充分的润湿,从而产生虚焊、拉尖、桥接等缺陷;焊接温度过高时,则加速了焊盘、元器件引脚及焊料的氧化,易产生虚焊。焊接温度应控制在 250±50 ℃。

演示文稿

波峰焊工艺及温度曲线设定

4. 波峰焊工艺分析

(1) 波峰焊工艺时间分析

波峰焊工艺时间是指从预热开始到凝固结束这段时间,包括预热时间、润湿时间、停留/焊接时间、冷却时间,如图 4-2-8 所示。

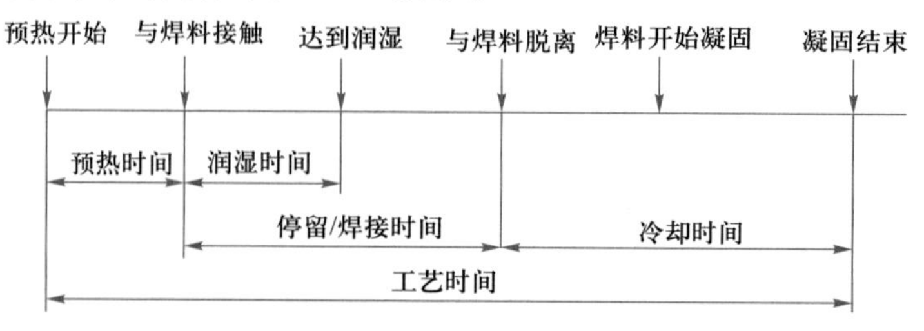

图 4-2-8 波峰焊工艺时间示意图

其中,需要说明,润湿时间指焊点与焊料相接触后润湿开始的时间;停留时间是指PCB 上某一个焊点从接触波峰面到离开波峰面的时间。而停留/焊接时间的计算方式是:停留/焊接时间=波峰宽度/速度。

(2) 波峰焊工艺曲线分析

波峰焊工艺曲线如图 4-2-9 所示,包括预热温度、焊接温度等内容。

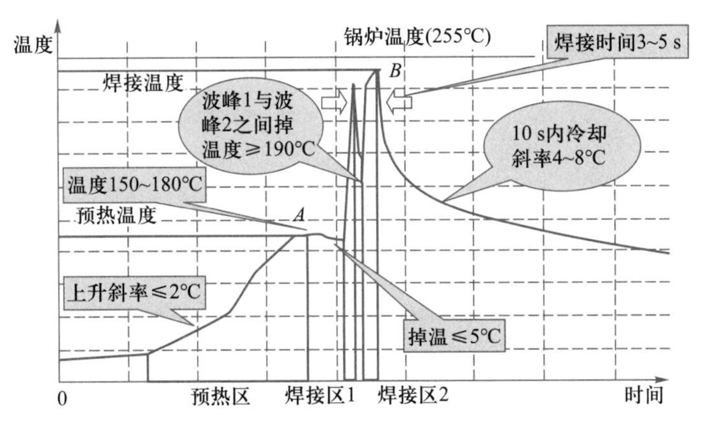

图 4-2-9 波峰焊工艺曲线图

从图 4-2-9 波峰焊工艺曲线图中可以看出,预热温度是指单板经过波峰预热区末端时焊接面达到的最高温度,即炉温曲线图中 A 点处的温度。焊接温度是指单板经过锡炉焊接区末端时熔融焊料的温度,即炉温曲线图中 B 点处的温度。焊接温度是非常重要的焊接参数,通常高于焊料熔点 50~60 ℃,大多数情况是指焊锡炉的温度实际运行时,所焊接的 PCB 焊点温度要低于炉温,这是因为 PCB 吸热的结果。焊接时间是指单板经过锡炉时焊接面与波峰的接触时间,即炉温曲线图中焊接区 1 和焊接区 2 的时间之和(单波峰只有一个焊接区)。

无铅波峰焊接要求更严格的温度曲线,焊接温度需要更高,峰值温度为 242~282 ℃,比有铅焊高出 20~50 ℃,在炉时间更长,工艺窗口小,控制温度精度要求更高。

5. 波峰焊工艺温度曲线的测试

波峰焊工艺温度曲线的测试步骤和方法见表 4-2-2。

表 4-2-2 波峰焊工艺温度曲线的测试步骤和方法

步骤	备注
1. 开始	
2. 确认与分析印制电路板	确认印制电路板的尺寸、表面安装元器件分布、穿孔插装元器件分布等
3. 挑选测量点	从 BGA、QFP、SQIC、…、大型元器件、高温元器件区、半导体管、无元器件印制电路板区选取测量点
4. 将热电偶固定在印制电路板上	元器件面与焊接面尽量各取 3 个点测量 (1) 利用胶带、胶水或高温焊锡固定热电偶 (2) 并将其与测量器连接,连接时要注意极性不可反接

续表

步骤	备注
5. 设定温度参数	初始焊接温度曲线参数参照锡棒供应商参数建议、类似值、特别元器件建议值、锡炉机器规格、客户要求
6. 将测量器放置于传送带上开始测量	输送带速度参照锡棒供应商参数建议、类似产品参数值、特别零件建议值、锡炉机器规格、客户要求
7. 将测量数据输入计算机，并打印出焊接温度曲线	锡炉测量： （1）与标准焊接曲线比较，确认机器是否正常 （2）同实际的温度变化≤30 ℃ （3）浸焊时间为3~5 s/每块板子，锡槽温度为245±5 ℃
8. 查验焊接温度曲线	印制电路板温度测量： （1）温升率为$\Delta T \leq 4$ ℃/s（室温上升到150 ℃） （2）最高温度≤160 ℃（预热区后印制电路板的温度为80~110 ℃）
9. 试验与分析	
10. 保存焊接温度曲线参数并使其文件化	

演示文稿

焊点质量的检验与处理

任务4.3 焊点质量的检验与处理

任务引入

对焊点的质量要求，应该包括电气接触良好、机械结合牢固和美观三个方面。保证焊点质量最重要的一点，就是必须避免虚焊。虚焊主要是由待焊金属表面的氧化物和污垢造成的，它使焊点成为有接触电阻的连接状态，导致电路工作不正常，出现连接时好时坏的不稳定现象，噪声增加而没有规律性，给电路的调试、使用和维护带来重大隐患。

据统计数字表明，在电子整机产品的故障中，有将近一半是由于焊接不良引起的。然而，要从一台有成千上万个焊点的电子设备里，找出引起故障的虚焊点来，实在不是容易的事。所以，虚焊是电路可靠性的重大隐患，必须严格避免。本任务的目标就是通过学习IPC标准中对焊点质量的评定原则、检测方法、检测标准，让学生学会从热力学角度分析焊点缺陷形成的原理及处理方法，为后继提高电子产品调试、维修操作技能奠定基础。

动画视频

焊点质量分析与标准

4.3.1 焊点质量的评定

焊接在电子产品装配过程中是一项很重要的技术，也是制造电子产品的重要环节之一。电子产品中焊点质量的好坏，将直接影响到产品的质量。电子产品的故障除元器件的原因外，大多数是由于焊点质量不佳而造成的。

1. 焊点的质量要求

对焊点总的质量要求是：焊接点润湿性好，表面应完整、连续平滑、焊料量适中，无大气孔、砂眼，焊点位置应在规定范围内，不能有脱焊、吊桥、拉尖、虚焊、桥接、漏焊等不良焊点。

（1）插件元件焊接可接受性要求

① 引脚凸出。单面板引脚伸出焊盘最大不超过 2.3 mm，最小不低于 0.5 mm；对于厚度超过 2.3 mm 的通孔板（双面板），引脚长度已确定的元件（如 IC、插座），引脚凸出是允许不可辨识的。

② 通孔的垂直填充。焊锡的垂直填充须达孔深度的 75%，即板厚的 3/4；焊接面引脚和孔壁润湿角度≥270°。

③ 焊锡对通孔和非支撑孔焊盘的覆盖面积需≥75%。

④ 插件元件焊点的特点是外形以焊接导线为中心，匀称、成裙形拉开；焊料的连接呈半弓形凹面，焊料与焊件交界处平滑，接触角尽可能小；表面有光泽且平滑，无裂纹、针孔、夹渣，如图 4-3-1 所示。

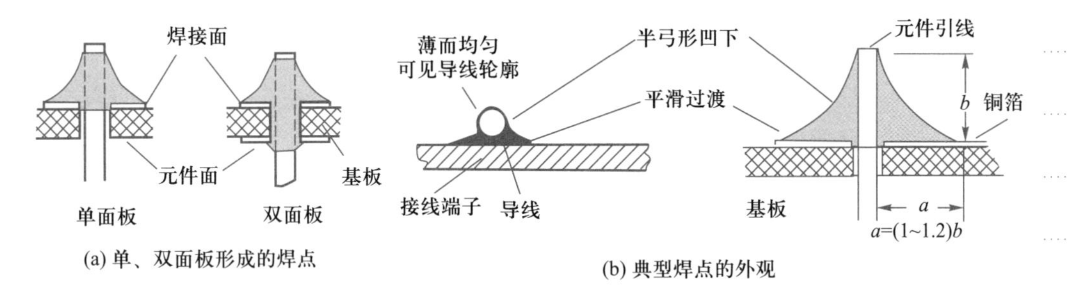

图 4-3-1　插件元件焊点示意图

⑤ 焊点允许有孔洞缺陷，但其孔洞直径不得大于焊点尺寸的 1/5，且一个焊点上不能超过两个孔洞（肉眼观察）。

⑥ 元器件的安装位置、型号、标称值和特征标记等应与装配图相符，且焊接后不允许损坏焊盘和印制电路板。

（2）扁平焊片引脚焊接可接受性要求

① 扁平焊片引脚偏移的可接受性标准是：不超过其元件或焊盘宽度（其中较小者）的 25%，不违反最小电气间隙。

② 末端焊点宽度最小为元件引脚可焊端宽度的 75%。

③ 最小焊点高度为正常润湿。

小提示

虚　　焊

虚焊主要是由待焊金属表面的氧化物和污垢造成的，它的焊点成为有接触电阻的连接状态，导致电路工作不正常，出现时好时坏的不稳定现象，使噪声增加而没有规律性，给电路的调试、使用和维护带来重大隐患。此外，也有一部分虚焊点在电路开始工作的一段较长时间内，保持接触尚好，因此不容易被发现。但在温度、湿度和振动等环境条件使用下，接触表面逐步被氧化，接触慢慢地变得不完全起来。虚焊点的接触电阻会引起局部发热，局部温度升高又促使不完全接触的焊点情况进一步恶化，最终甚至使焊点脱落，电路完全不能正常工作。这一过程有时可长达一两年。

2. 焊点质量评定的原则和标准

焊点质量评定的原则包括:100%全检原则、非破坏性原则、低成本原则、高效原则。目前,IPC-A-610是国际电子制造业界普遍公认的可作为国际通行的质量检验标准。

小提示

IPC-A-610简介

IPC-A-610是美国电子装联业协会制定的《电子组装件外观质量验收条件的标准》,1994年1月制定,1996年1月修订为B版,2000年1月修订为C版。IPC-A-610是国际电子制造业界普遍公认的可作为国际通行的质量检验标准。IPC确立A-610标准的目的,是帮助制造商实现最高的SMT生产质量。2001年春天提出修订D版IPC-A-610标准。由于D版是在无铅数据不完备的情况下进行修订的,同时要将新技术体现在修订版中,因此修订过程非常困难,经历了长达4年的努力。2004年11月推出草案。这些组装件验收标准是在“最佳的制造实践”的基础上建立起来的。

(1) IPC标准将电子产品划分为三个级别

① 通用类电子产品(Ⅰ级)。包括消费类电子产品、部分计算机及其外围设备,对外观要求不高而以其使用功能要求为主的产品:如:VCD/DVD等。

② 专用服务类电子产品(Ⅱ级)。包括通信设备,复杂商业机器,高性能、长使用寿命要求的仪器。这类产品需要持久的寿命,但要求必须保持不间断工作,外观上也允许有缺陷。

③ 高性能电子产品(Ⅲ级)。包括持续运行或严格按指令运行的设备和产品。这类产品在使用中不能出现中断,例如救生设备或飞行控制系统。符合该级别要求的组件产品适用于高保证要求、高服务要求,或者最终产品使用环境条件异常苛刻。

(2) IPC标准将各级产品均分成四级验收条件,每一级又分为三个等级(1、2、3级)

① 目标条件(1级)——是指近乎完美的或称“优选”。这是希望达到但不一定总能达到的条件。

② 可接受条件(2级)——是指组装件在使用环境下运行能保证完整、可靠,但不完美。可接受条件稍高于最终产品的最低要求条件。

③ 缺陷条件(3级)——是指组装件在完整、安装或功能上可能无法满足要求。这类产品可根据设计、服务和用户要求进行返工、修理、报废或“照章处理”,其中“照章处理”须取得用户认可。

④ 过程警示条件(4级)——是指虽没有影响到产品的完整、安装和功能,但存在不符合要求条件(非拒收)的一种情况。这些是由于材料、设计、操作、设备、工艺参数等造成的,需要制造者掌握对现有过程控制要求,采取有效改进措施。

(3) 接收或拒收的判定

接收或拒收的判定以合同、图纸、技术规范、标准和参考文件为依据。当文件发生冲突时,按以下优先次序执行:

① 用户与制造商达成的协议文件。

② 反映用户具体要求的总图和总装配图。

③ 在用户或合同认可情况下,采用 IPC-A-610 标准。

④ 用户的其他附加文件。

3. 焊接质量的检验方法

(1) 目视检查

目视检查就是从外观上检查焊接质量是否合格,也就是从外观上评价焊点有什么缺陷。目视检查的主要内容有:是否有漏焊,即应该焊接的焊点没有焊上;焊点的光泽好不好;焊点的焊料足不足;焊点的周围是否有残留的焊剂;有没有连焊、焊盘有无脱落;焊点有没有裂纹;焊点是不是凹凸不平;焊点是否有拉尖现象。合格和不合格焊点的外观如图 4-3-2 所示。

演示文稿

IPC-A-610 电子产品外观检验标准

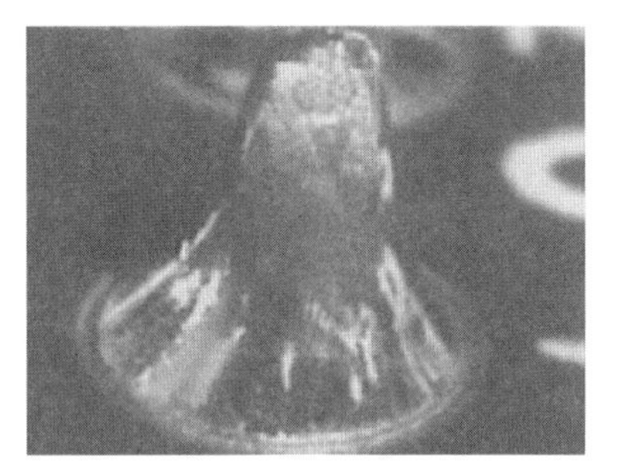

(a) 合格焊点形状

(b) 不合格焊点形状

图 4-3-2　焊点的外观

(2) 手触检查

手触检查主要是指触摸元器件时,有无松动、焊接不牢的现象。用镊子夹住元器件引线,轻轻拉动时,有无松动现象。焊点在摇动时,上面的焊锡有无脱落现象。

(3) 通电检查

在外观检查结束以后诊断连线无误,才可进行通电检查,这是检验电路性能的关键。如果不经过严格的外观检查,通电检查不仅困难较多,而且有可能损坏设备仪器,造成安全事故。例如电源连线虚焊,那么通电时就会发现设备加不上电,当然无法检查。通电检查可以发现许多微小的缺陷,例如用目测观察不到的电路桥接,但对于内部虚焊的隐患就不容易觉察。所以根本的问题还是要提高焊接操作的技艺水平,不能把问题留给检验工作去完成。

4.3.2　PCBA 常见焊点的缺陷及分析

造成焊接缺陷的原因很多,在材料(焊料与焊剂)与工具(烙铁、夹具)一定的情况下,操作者是否有责任心以及采用什么样的方式方法,就是决定焊接质量的重要因素了。常见焊点缺陷及分析见表 4-3-1,表中列出了常见焊点缺陷的外观、特点及危害,并分析了产生的原因。

表 4-3-1 常见焊点缺陷及分析

焊点缺陷	外观特点	危害	原因分析
虚焊	焊锡与元器件引线或与铜箔之间有明显黑色界线，焊锡向界线凹陷	不能正常工作	1. 元器件引线未清洁好，未镀好锡或锡被氧化 2. 印制电路板未清洁好，喷涂的助焊剂质量不好
焊锡短路	焊锡过多，与相邻焊点连锡短路	电气短路	1. 焊接方法不正确 2. 焊锡过多
桥接	相邻导线连接	电气短路	1. 元件切脚留脚过长 2. 残余元件脚未清除
挠动焊	有裂痕，如面包碎片粗糙，接处有空隙	强度低，不通或时通时断	焊锡未干时被移动
焊料过少	焊接面积小于焊盘的75%，焊料未形成平滑的过镀面	机械强度不足	1. 焊锡流动性差或焊丝撤离过早 2. 助焊剂不足 3. 焊接时间太短
焊料过多	焊料面呈凸形	浪费焊料，且可能包藏缺陷	焊丝撤离过迟
过热	焊点发白，无金属光泽，表面较粗糙	焊盘容易剥落，强度降低	电烙铁功率过大，加热时间过长
冷焊	表面呈豆腐渣状颗粒，有时可能有裂纹	强度低，导电性不好	焊料未凝固前焊件被搬动

续表

焊点缺陷	外观特点	危害	原因分析
无蔓延 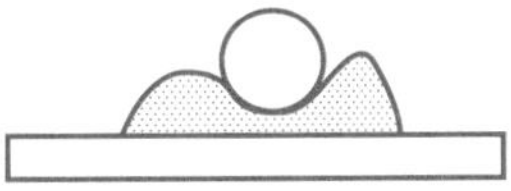	接触角超过 90°，焊锡不能蔓延及包掩，呈球状如油沾在有水分的面上	强度低，导电性不好	焊锡金属面不相称，另外就是热源本身不相称
拉尖 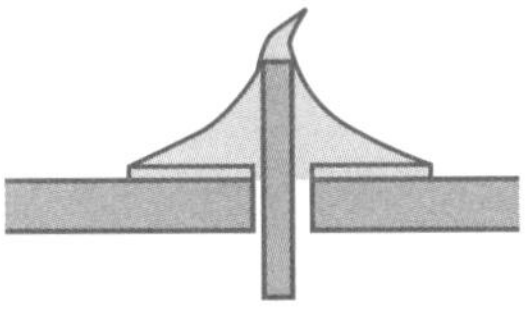	出现尖端	外观不佳，容易造成桥接现象	电烙铁不洁，或电烙铁移开过快使焊处未达焊锡温度，移出时焊锡沾上跟着而形成
针孔 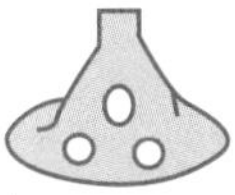	目测或低倍放大镜可见铜箔有孔	强度不足，焊点容易腐蚀	焊锡料的污染不洁、元器件材料及环境
铜箔剥离 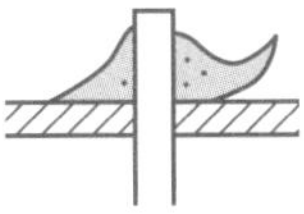	铜箔从印制电路板上剥离	印制电路板已损坏	焊接时间太长

波峰焊设备焊接过程中造成的焊接质量缺陷见表 4-3-2，表中列出了常见波峰焊接缺陷的名称、外观图片，并分析了产生的原因及对策。

表 4-3-2 波峰焊接缺陷及分析

名称	外观图片	原因及对策
浸润不良		原因：预热温度过低 对策：适当提高预热或焊接温度（一般±5%），保证焊接时间
桥连	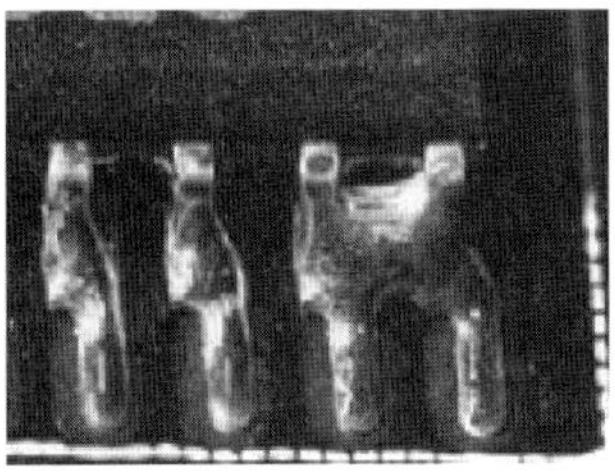	1. 原因：PCB 浸入钎料太深造成板面沾锡太多 对策：适当降低（一般±5%）倾斜角度（3°~7°） 2. 原因：焊接温度不够 对策：适当提高焊接预热温度（一般±5%）

续表

名称	外观图片	原因及对策
焊锡网	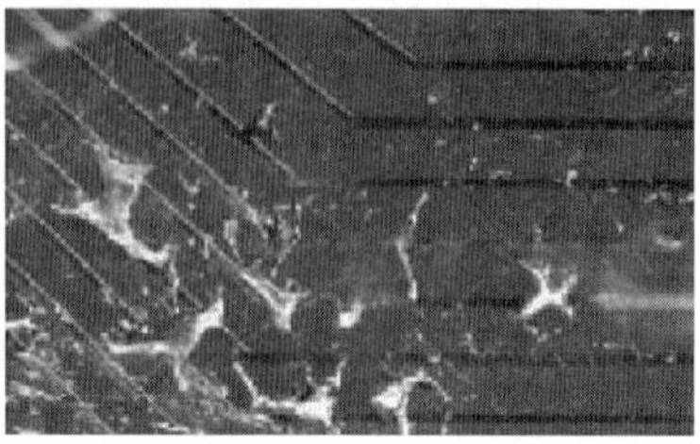	1. 原因:焊接温度过高,助焊剂挥发过快,钎料氧化严重 对策:适当降低(一般±5%)焊接温度(预热和锡焊温度) 2. 原因:助焊剂涂敷量过低 对策:适当提高(一般±5%)助焊剂的喷涂速度
焊点空洞	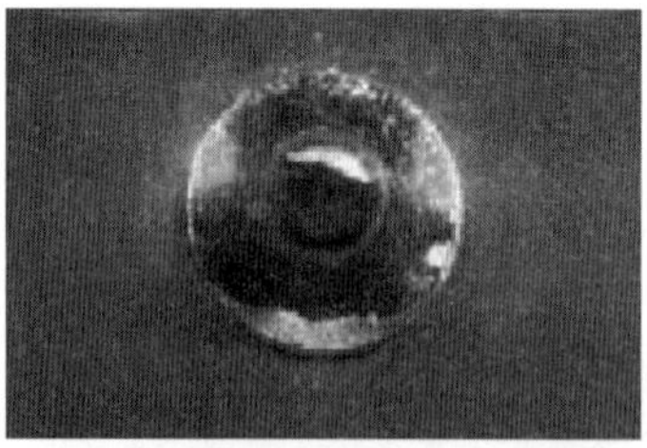	1. 原因:导轨传输速度过大 对策:适当降低导轨传输速度(一般±5%) 2. 原因:预热温度偏低 对策:适当提高预热温度(一般±5%)
锡球	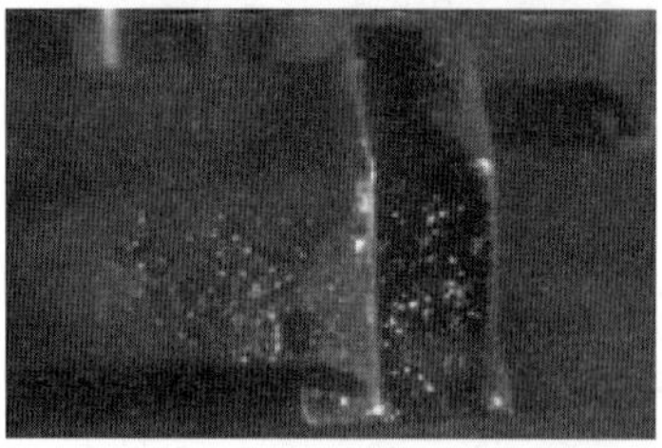	原因:预热温度不够,助焊剂未能有效挥发 对策:适当提高预热温度(一般±5%)
拉尖		原因:焊接温度过低 对策:适当提高预热以及焊接温度(一般±5%)

4.3.3 手工拆焊

手工拆焊又称手工解焊,即在电路调试、电路维修的情况下,常常需要将已焊接的连线或元器件拆卸下来,这个过程就是拆焊。它是手工焊接技术的重要组成部分,在实际操作上,拆焊要比焊接更困难,更需要使用恰当的方法和工具。如果拆焊不当,便很容易损坏元器件,或使铜箔脱落而破坏印制电路板。因此,拆焊技术也是应熟练掌握的一项操作基本功。

1. 手工拆焊工具

除普通电烙铁外,常用的拆焊工具还有表4-3-3所示几种。

表 4-3-3　常用的拆焊工具

拆焊工具名称	拆焊工具外形	拆焊工具的使用
空心针管	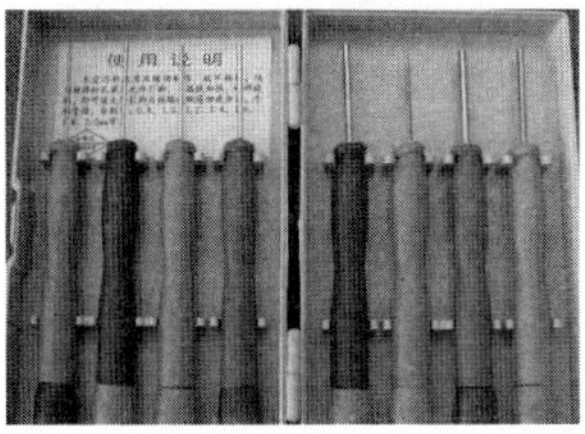	可用医用针管改装,要选取不同直径的空心针管若干只,市场上也有出售维修专用的空心针管
吸锡器		用来吸取印制电路板焊盘的焊锡,它一般与电烙铁配合使用
镊子		拆焊以选用端头较尖的不锈钢镊子为佳,它可以用来夹住元器件引线,挑起元器件引脚或线头
吸锡带	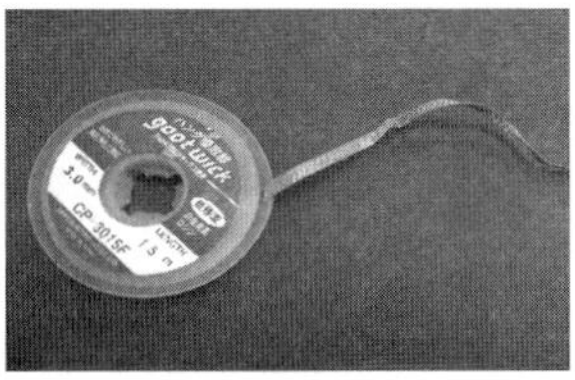	一般是利用铜丝的屏蔽线电缆或较粗的多股导线制成
吸锡电烙铁		主要用于拆换元器件,它是手工拆焊操作中的重要工件,用以加温拆焊点,同时吸去熔化的焊料。它与普通电烙铁不同的是其烙铁头是空心的,而且多了一个吸锡装置

演示文稿

手工拆焊

2. 用镊子进行拆焊

在没有专用拆焊工具的情况下,用镊子进行拆焊因其方法简单,是印制电路板上元器件拆焊常采用的拆焊方法。由于焊点的形式不同,其拆焊的方法也不同。

(1) 拆焊焊点距离较大的元器件

对于印制电路板中引线之间焊点距离较大的元器件,拆焊时相对容易,一般采用分点拆焊的方法,如图 4-3-3 所示。操作过程如下。

① 首先固定印制电路板,同时用镊子从元器件面夹住被拆元器件的一根引线。

② 用电烙铁对被夹引线上的焊点进行加热,以熔化该焊点的焊锡。

③ 待焊点上焊锡全部熔化,将被夹的元器件引线轻轻从焊盘孔中拉出。

④ 然后用同样的方法拆焊被拆元器件的另一根引线。

⑤ 用烙铁头清除焊盘上多余焊料。

(2) 拆焊焊点距离较小的元器件

对于拆焊印制电路板中引线之间焊点距离较小的元器件,如晶体管等,拆焊时具有一定的难度,多采用集中拆焊的方法,如图 4-3-4 所示。操作过程如下。

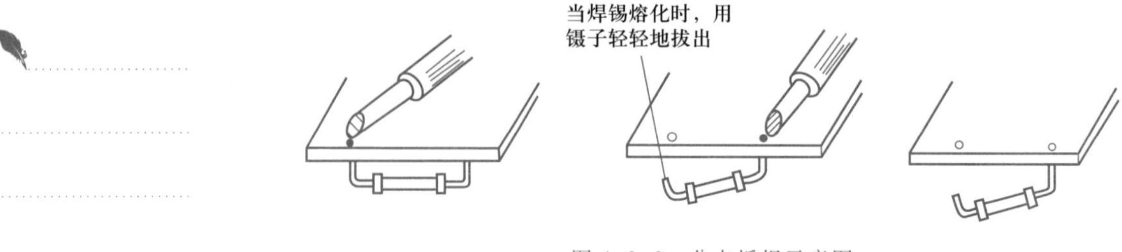

图 4-3-3 分点拆焊示意图

① 首先固定印制电路板，同时用镊子从元器件一侧夹住被拆焊元器件。

② 用电烙铁对被拆元器件的各个焊点快速交替加热，以同时熔化各焊点的焊锡。

③ 待焊点上的焊锡全部熔化，将被夹的元器件引线轻轻从焊盘孔中拉出。

④ 用烙铁头清除焊盘上多余焊料。

但要注意，此办法加热要迅速，注意力要集中，动作要快。如果焊接点引线是弯曲的，要逐点间断加温，先吸取焊件上的焊锡，露出引脚轮廓，并将引线拉直后再拆除元器件。

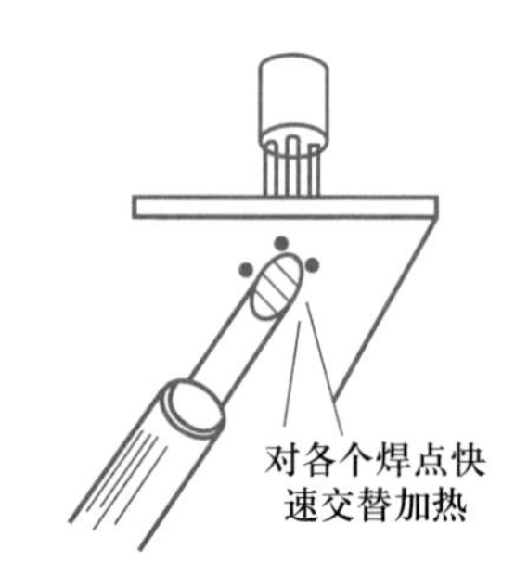

图 4-3-4 集中拆焊示意图

(3) 拆焊引脚较多、较集中的元器件

大拆卸引脚较多、较集中的元器件时（如天线圈、振荡线圈等），采用同时加热方法比较有效。

① 用较多的焊锡将被拆元器件的所有焊点连在一起。

② 用镊子夹住被拆元器件。

③ 用内热式电烙铁头，对被拆焊点连续加热，使被拆焊点同时熔化。

④ 待焊锡全部熔化后，将元器件从焊盘孔中轻轻拉出。

⑤ 清理焊盘，用一根不沾锡的 $\phi3$ mm 的钢针从焊盘面插入孔中，如焊锡封住焊孔，则需用电烙铁熔化焊点。

3. 用吸锡工具进行拆焊

(1) 用专用吸锡电烙铁进行拆焊

对焊锡较多的焊点，可采用吸锡电烙铁去锡脱焊。拆焊时，吸锡电烙铁加热和吸锡同时进行，其操作如下：

① 吸锡时，根据元器件引线的粗细选用锡嘴的大小。

② 吸锡电烙铁通电加热后，将活塞柄推下卡住。

③ 锡嘴垂直对准吸焊点，待焊点焊锡熔化后，再按下吸锡电烙铁的控制按钮，焊锡即被吸进吸锡电烙铁中。反复几次，直至元器件从焊点中脱离。

(2) 用普通吸锡器进行拆焊

普通吸锡器就是专门用于拆焊的工具，装有一种小型手动空气泵，如图 4-3-5 所示。其拆焊过程如下：

① 将普通吸锡器的吸锡压杆压下。

② 用电烙铁将需要拆焊的焊点熔融。

③ 将普通吸锡器吸锡嘴套入需拆焊的元件引脚，并没入熔融焊锡。

④ 按下吸锡按钮，吸锡压杆在弹簧的作用下迅速复原，完成吸锡动作。如果一次吸不干净，可多吸几次，直到焊盘上的锡吸净，而使元器件引脚与铜箔脱离。

(3) 用吸锡带进行拆焊

吸锡带是一种通过毛细吸收作用吸取焊料的细铜丝编织带，使用吸锡带去锡，操作简单，效果较佳，如图 4-3-6 所示。其拆焊操作方法如下：

① 将铜编织带(专用吸锡带)放在被拆焊的焊点上。

② 用电烙铁对吸锡带和被焊点进行加热。

③ 一旦焊料熔化时，焊点上的焊锡逐渐熔化并被吸锡带吸去。

④ 如被拆焊点没完全吸除，可重复进行。每次拆焊时间约 2～3 s。

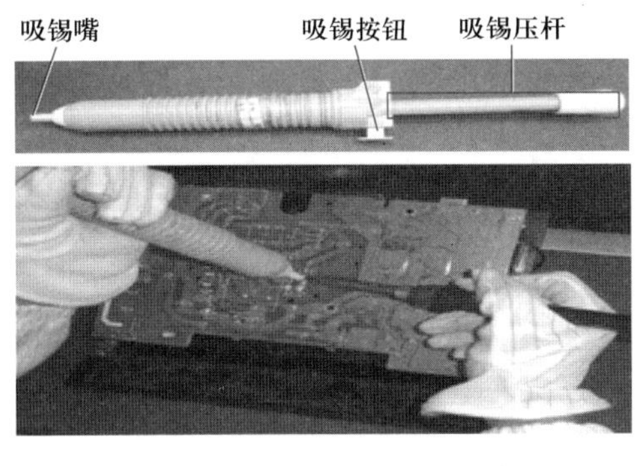

图 4-3-5 普通吸锡枪拆焊示意图

图 4-3-6 吸锡带拆焊示意图

小提示

拆焊技术的操作要领

1. 严格控制加热的时间与温度。一般元器件及导线绝缘层的耐热较差，受热易损元器件对温度更是十分敏感。在拆焊时，如果时间过长，温度过高会烫坏元器件，甚至会使印制电路板焊盘翘起或脱落，进而给继续装配造成很多麻烦。因此，一定要严格控制加热的时间与温度。

2. 拆焊时不要用力过猛。塑料密封器件、瓷器件和玻璃端子等在加温情况下，强度都有所降低，拆焊时用力过猛会引起器件和引线脱离或铜箔与印制电路板脱离。

3. 不要强行拆焊。不要用电烙铁去撬或晃动接点，不允许用拉动、摇动或扭动等办法去强行拆除焊接点。

知识链接

1. 专业术语及词汇

NG(No Good)不合格(产品)

EDA(Electronic Design Automation)电路设计自动化

EMC(Electro Magnetic Compatibility)电磁兼容性

EMI(Electro Magnetic Interference)电磁干扰

EMS(Electro Magnetic Susceptibility/Environmental Management System)抗电磁干扰能力/环境管理体系

GB(汉语拼音缩写)中国国家标准

2. 所涉及的专业标准及法规

SJ/T 10324—1992 中华人民共和国电子行业标准(工艺文件的成套性)

IPC-A-610D 电子组装件外观质量验收条件的标准

问题与思考

1. 请补充完整图4-1所示电子产品生产的主要工艺流程。

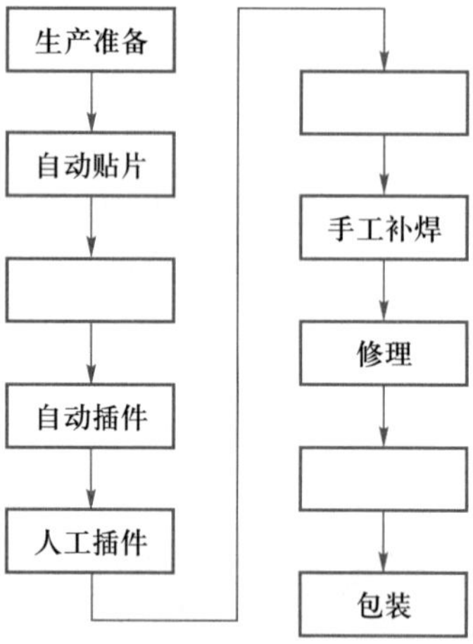

生产准备

自动贴片

自动插件

人工插件

手工补焊

修理

包装

图 4-1

2. 波峰焊是将熔融的液态焊料，借助于泵的作用，在焊料槽液面形成特定形状的焊料波；插装了元器件的PCB置于传送链上，经过某一特定的角度以及一定的浸入深度穿过焊料波峰而实现焊点焊接的过程。请你在图4-2中填入相应的内容：A：____________、B：____________、C：____________。

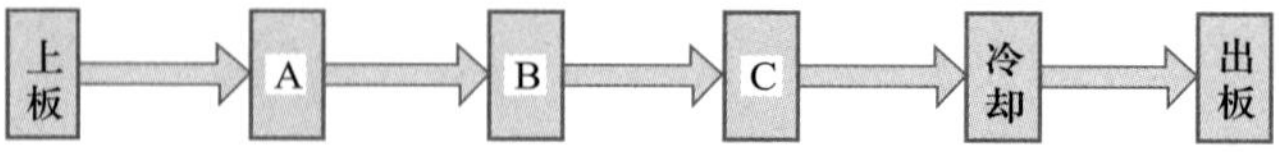

上板 A B C 冷却 出板

图 4-2

3. 波峰焊机因厂商和机种不同，外观和构造会有所不相同，但基本构造和作用会差不多。下面请你在图4-3中填写部件的名称或作用：A：____________、B：____________、C：____________、D：____________，其中A具有____________作用。

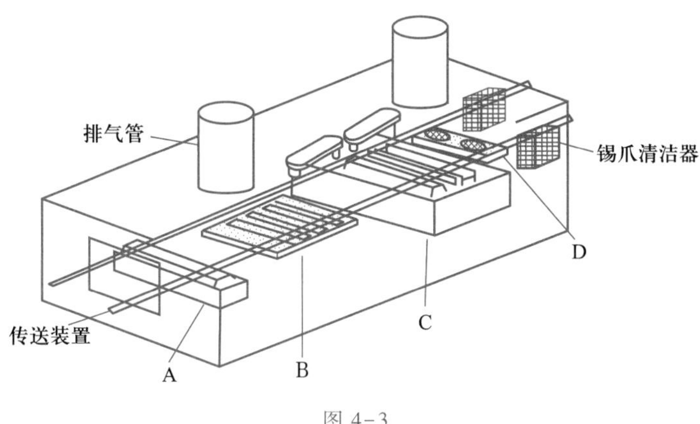

图 4-3

4. 波峰高度是指波峰焊接中的 PCB 吃锡高度。其数值通常控制在 PCB 厚度的____________，过大会导致熔融的焊料流到 PCB 的表面，形成“____________”，过小则会导致 PCB 上锡不良。

5. 波峰焊机在安装时除了使机器水平外，还应调节传送装置的倾角，通过倾角的调节，可以调控 PCB 与波峰面的____________，适当的倾角，会有助于焊料液与 PCB 更快的剥离，使之返回锡锅内，一般倾角设置为____________。

6. PCB 上某一个焊点从接触波峰面到离开波峰面的时间称为焊接时间，它的计算方式是：焊接时间 =____________。

7. 预热温度是指 PCB 与波峰面接触前达到的温度，预热时间为 PCB 经过预热段所用的时间，此参数通过链速调节，预热时间过短____________。

8. 焊接温度是非常重要的焊接参数，通常高于焊料熔点（183 ℃）____________，大多数情况下焊锡炉的温度在实际运行时，所焊接的 PCB 焊点温度要低于炉温，这是因为 PCB 吸热的结果。

9. 请你写出在放长假时的正确关机程序：____________，退出程序，关闭计算机，关灯，关闭总电源。

能力拓展

焊点质量的分析对一名波峰焊岗位的技术员非常重要，下面请你对表 4-1 所示焊点的质量进行分析：

表 4-1

焊点图片	质量判别	原因分析

续表

焊点图片	质量判别	原因分析
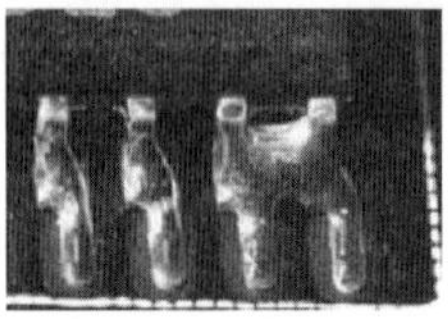		
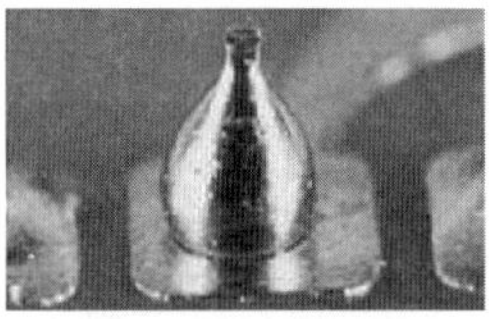		
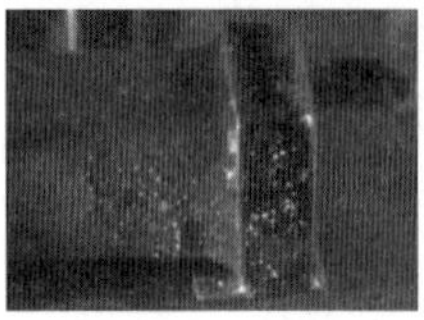		

模块三

表面贴装工艺电子产品的生产与检验

项目 5

表面贴装工艺电子产品的手工装配

【引言】

动画视频

SMT 智能制造

SMT（Surface Mounted Technology，表面贴装技术）是电子组装行业里最流行的一种技术和工艺。表面手工贴装是指将无引脚或短引线表面组装元器件（简称 SMC/SMD，中文称片状 Chip 元器件）手工安装在印制电路板的表面或其他基板的表面上，通过手工焊接实现电路装连技术。

本项目主要介绍表面贴装技术、SMT 元器件、SMT 工艺材料、SMT 手工装配。掌握表面贴装技术及其 SMT 手工装配是电工电子类行业专业工程技术人员所必备的知识和技能。

任务5.1 表面贴装技术

任务引入

表面贴装技术是一门包括电子元器件、装配设备、焊接方法和装配辅助材料等内容的系统性综合技术。它突破了传统的印制电路板通孔插装元器件方式,是在其基础之上发展起来的第三代组装方法,也是目前主流的电子组装技术。SMT是真正有效实现电子产品"轻、薄、短、小"、多功能、高可靠、低成本的主要手段之一。

本任务的目标就是学习SMT技术及其工艺流程,掌握SMT生产中的静电防护等相关知识,为确保今后SMT生产中电子产品质量和可靠性奠定了基础。

演示文稿

表面贴装技术

5.1.1 SMT及其工艺流程

SMT从狭义上讲就是将表面组装元件(Surface Mount Component,SMC)和表面组装器件(Surface Mount Device,SMD)贴、焊到以PCB为组装基板的表面规定位置上的电子装联技术。从工艺角度细化来看,SMT就是指无须在PCB上钻插装孔,而是在PCB的焊盘上涂敷焊膏,再将表面组装元器件准确地放到涂有焊膏的焊盘上,通过加热PCB直至焊膏熔化,冷却后便实现了元器件与印制电路之间的互连。

从广义上讲,SMT涉及化工与材料技术(如各种焊膏、助焊剂、清洗剂、各种元器件等)、涂敷技术(如涂敷焊膏或贴片胶)、精密机械加工技术(如涂敷模板制作,工装夹具制作等)、自动控制技术(如生产设备及生产线控制)、焊接技术和测试、检验技术、各种管理技术等诸多技术,是一项复杂的、综合的系统工程技术。

1. SMT装配技术的特点

(1) 表面组装技术(SMT)和通孔插装技术(THT)工艺的比较

从组装工艺角度上看,表面组装技术(SMT)和通孔插装技术(THT)的主要区别是所用元器件的外形结构不同,组装工艺不同。前者是"贴装",即将元器件直接贴在PCB焊盘表面,而后者则是"插装",即将"有引脚"元器件插入PCB的上引线孔内。前者是采用再流焊工艺完成焊接,而后者是利用波峰焊进行焊接。

总之,SMT和THT工艺的差别主要体现在基板的加工方法、元器件的类型、组件形态、焊点形态、组装方式和工艺方法等各个方面,深入了解它们之间的异同点对掌握SMT工艺大有益处。图5-1-1是通孔插装示意图,图5-1-2是表面贴装示意图。它们之间的比较见表5-1-1。

(2) SMT装配技术的优越性

① 实现了微型化。SMT电子元器件的几何尺寸和占用空间的体积比通孔插装元器件可减少60%~70%,甚至可以减少90%,重量减轻了60%~90%。

② 有利于自动化生产,提高成品率和生产效率。由于片状元器件外形尺寸标准化、系列化及焊接条件的一致性,使SMT的自动化程度很高。还有焊接过程造成的元器件失效将大大减少,提高了可靠性。

图 5-1-1 通孔插装示意图

图 5-1-2 表面贴装示意图

表 5-1-1 通孔插装与表面组装工艺的比较

类型	THT	SMT
元器件	双列直插或 DIP 针阵列 PGA、有引线电阻、电容	SOIC、SOT、SSOIC、LCCC、PLCC、QFP、PQFP 等，尺寸比 DIP 要小许多倍，片式电阻、电容
基板（PCB）	印制电路板采用 2.54 mm 网格设计，通孔直径 ϕ0.8～ϕ0.9mm	印制电路板采用 1.27 mm 网格或更细的布局设计，导通孔直径为 ϕ0.3～ϕ0.5 mm，布线密度要比 THT 高 2 倍以上
焊接方法	手工浸焊、波峰焊接	再流焊，即预先将焊锡膏印在焊盘上
面积	大	小，缩小比约（1∶3）～（1∶10）
组装方法	穿孔插入	表面贴装
自动化程度	手工插装、自动插装机	自动贴片机，生产效率高

③ 高频特性好。由于元器件无引线或短引线，自然减少了电路的分布参数，降低了射频干扰。

④ 生产材料的成本降低了。随着 SMT 生产设备效率的提高以及 SMT 元器件封装材料消耗的减少，与同样功能的 THT 元器件比，销售价格明显降低。

⑤ 可靠性和信号的传输速度提高了。因 SMT 产品结构紧凑、安装密度高，在电路板上双面贴装时，线装密度可以达到 5.5～20 个焊点/cm^2，由于连线短、延迟小，可实现高速信号传输；同时更加耐震动、抗冲击，可靠性明显提高。

⑥ SMT 技术简化了电子产品生产工序，降低了生产成本。在电路板上安装时，元器件无须引线成形处理，因而使整个生产过程缩短，生产效率得到提高，同样功能的电路 SMT 的加工成本低于通孔插装方式。

小提示

SMT 的发展动态

随着电子产品向短、小、轻、薄和多功能方向不断发展，促使半导体集成电路的集成度越来越高，SMC 越来越小，SMD 的引脚间距也越来越窄，从而使得 SMT 电子产品的组装密度越来越高、组装难度越来越大。具体表现在：

(1) 电子产品功能越来越强、体积越来越小、造价越来越低、更新换代的速度也越来越快。

(2) 元器件越来越小,0201、01005 等高密度、高难度组装技术在不断的开发研究中。

(3) 无铅焊接技术的研究与推广应用。

(4) 电子设备和工艺向半导体和 SMT 两类发展,半导体和 SMT 的界线逐步模糊,尤其封装技术。

(5) 我国 SMT 发展前景是广阔的,目前设备已经与国际接轨,但设计 / 制造 / 工艺/管理技术与国际有差距。应加强基础工艺研究,努力使我国真正成为 SMT 制造大国 / 制造强国。

图文文档

SMT 及工艺流程

2. SMT 工艺流程

工艺流程是指导操作人员操作和用于生产、工艺管理等的规范,是制造产品的技术依据。表面组装工艺流程设计合理与否,直接影响组装质量、生产效率和制造成本。在实际生产中,工艺人员应根据所用元器件和生产设备的类型以及产品的需求,设计合适的工艺流程,以满足不同产品生产的需要。

(1) SMT 组装类型

SMT 组装类型按焊接方式可分为再流焊和波峰焊两种类型。由于再流焊工艺比波峰焊工艺具有工序简单、使用的工艺材料少、生产效率高、劳动强度低、焊接质量好、可靠性高、焊接缺陷少、修板量小等优点,这样在节省人力、电力、材料、降低组装成本等方面也具有非常明显的优越性,因此,目前 SMT 组装以再流焊工艺为主。

① 再流焊工艺。再流焊工艺是指先将微量的铅锡焊膏印刷或滴涂到印制电路板的焊盘上,再将片式元器件贴放在印制电路板表面规定的位置上,最后将贴装好元器件的印制电路板放在再流焊设备的传送带上,从炉子入口到出口大约需要 5~6 min,就完成了干燥、预热、熔化、冷却全部焊接过程。再流焊工艺过程示意图如图 5-1-3 所示。

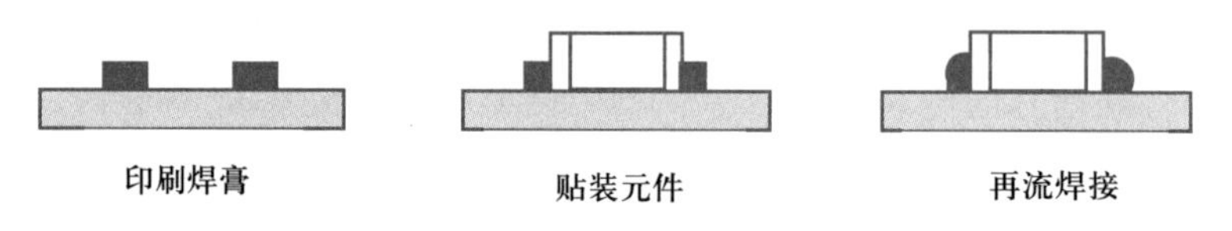

图 5-1-3 再流焊工艺过程示意图

② 波峰焊工艺。波峰焊工艺是指先将微量的贴片胶(绝缘黏结胶)印刷或滴涂到印制电路板的元器件底部或边缘位置上(贴片胶不能污染印制电路板焊盘和元器件端头),再将片式元器件贴放在印制电路板表面规定的位置上,然后将贴装好元器件的印制电路板放在再流焊设备的传送带上,进行胶固化。固化后的元器件被牢固地黏结在印制电路板上。然后进行插装分立元器件,最后与插装元器件同时进行波峰焊接。通常,表面贴装元器件(SMC/SMD)与通孔插装元器件(THT)混合组装的形式比较多,常采用波峰焊工艺。表面贴装元器件的波峰焊工艺过程示意图如图5-1-4 所示。

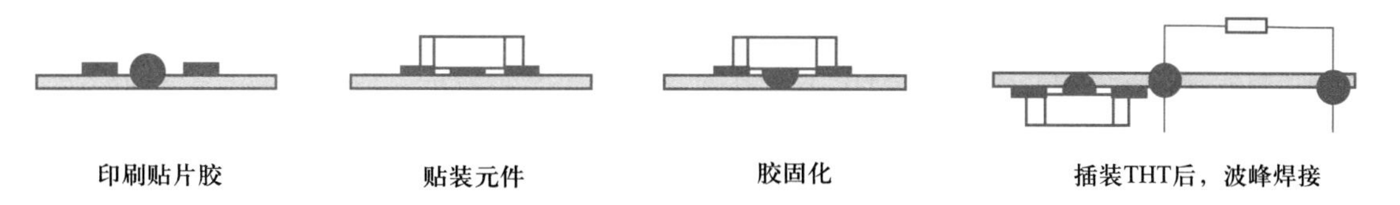

图 5-1-4 波峰焊工艺过程示意图

(2) SMT 组装方式

SMT 组装方式可分为全表面组装、单面混装、双面混装。其中,全表面组装是指 PCB 双面全部都是表面贴装元器件(SMC/SMD);单面混装是指 PCB 上既有 SMC/SMD,又有通孔插装元器件(THT),THT 元器件在主面,SMC/SMD 元器件可能在主面,也可能在辅面;双面混装是指双面都有 SMC/SMD,THT 元器件在主面,也可能双面都有 THT 元器件。各种典型表面组装方式的示意图、所用电路基板的类型和材料、焊接方式及工艺特征见表 5-1-2。

表 5-1-2 表面组装方式

组装方式		示意图	电路基板	焊接方式	工艺特征
全表面组装	单面表面组装	A B	单面 PCB 陶瓷基板	单面再流焊	工艺简单,适用于小型、薄型简单电路
	双面表面组装	A B	双面 PCB 陶瓷基板	双面再流焊	高密度组装、薄型化
单面混装	SMD 和 THT 都在 A 面	A B	双面 PCB	先 A 面再流焊,后 B 面波峰焊	一般采用先贴后插,工艺简单
	THT 在 A 面,SMD 在 B 面	A B	单面 PCB	B 面波峰焊	PCB 成本低,工艺简单,先贴后插
双面混装	THT 在 A 面,A、B 两面都有 SMD	A B	双面 PCB	先 A 面再流焊,后 B 面波峰焊	适合高密度组装
	A、B 两面都有 SMD 和 THT	A B	双面 PCB	先 A 面再流焊,后 B 面波峰焊,B 面插装件后附	工艺复杂,很少采用

注:A 面—主面,又称元件面(传统):B 面—辅面,又称焊接面(传统)。

(3) 典型SMT工艺流程

在实际生产中,典型SMT工艺流程多以双面混装为主。因为双面混装可以充分利用PCB的双面空间,实现组装面积的最小化,而且仍可以保留通孔元器件优良的散热性能。双面混装有两种情况:一种方式是先A、B两面都再流焊,然后在B面采用选择性波峰焊;另一种方式是先A面再流焊,然后B面波峰焊。后一种工艺方式要求印制电路板B面不允许存在细间距表面组装元器件和球栅阵列封装等大型IC器件。

下面以混合安装工艺中,A面布有大型IC器件,B面以片式元器件为主的PCB的工艺流程为例,说明SMT工艺流程。这种PCB布局可以充分利用PCB的空间,实现安装面积最小化,但工艺控制复杂、要求严格,常用于密集型或超小型电子产品,多用于消费类电子产品的组装,如手机等电子产品。典型SMT工艺流程如图5-1-5所示。

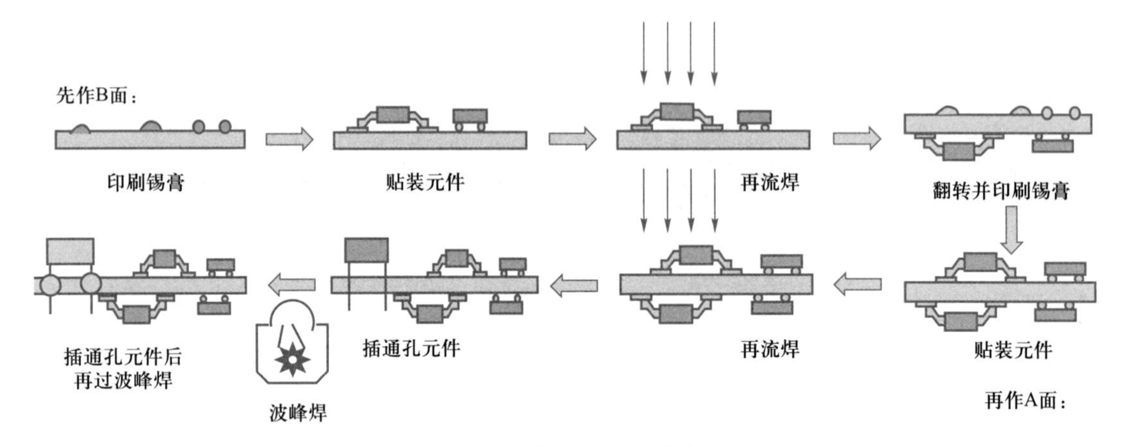

图5-1-5 典型SMT工艺流程

做一做

如何确定SMT的工艺流程

确定工艺流程是工艺员的首要任务。工艺流程设计合理与否,直接影响组装质量、生产效率和制造成本。选择工艺流程主要根据印制电路板的组装密度和SMT生产线设备条件来决定。工艺流程的设计原则如下:

(1) 选择最简单、质量最优秀的工艺。

(2) 选择自动化程度最高、劳动强度最小的工艺。

(3) 工艺流程路线最短。

(4) 工艺材料的种类最少。

(5) 选择加工成本最低的工艺。

演示文稿

5.1.2 SMT生产中的静电防护

SMT生产中的静电防护

在电子产品制造中,静电放电往往会损伤元器件,甚至使元器件失效,造成严重损失。随着IC集成度的不断提高,元器件越来越小,使得SMT组装密度也不断升级,静电

的影响比以往任何时候更严重。据有关统计,在导致电子产品失效的因素中,静电占 8%~33%,每年静电的损失高达 10 亿美元。因此,SMT 生产中的静电防护非常重要。

1. 静电和静电对电子产品产生的危害

(1) 静电

静电即静止不动的电荷,也就是当电荷积聚不动时,这种电荷称为静电。静电是一种电能,它存在于物体表面,是正负电荷在局部失衡时产生的一种现象。静电现象是指电荷在产生与消失过程中所表现出的现象的总称,如摩擦起电就是一种静电现象。

当物体表面质子(正电荷)数与电子(负电荷)数相等时,物体是中性的。当物体表面质子(+)数少于电子(-)数时,带负电荷;当物体表面质子(+)数多于电子(-)数时,带正电荷。静电产生的方式有接触、摩擦、感应、冲流、冷冻、电解、压电、温差等。其中最主要的方式是摩擦与感应。

(2) 静电对电子产品产生危害的原因

① 体积小、集成度高的器件得到大规模生产,从而导致导线间距越来越小,绝缘膜越来越薄,致使耐击穿电压也越来越低(最低的击穿电压为 20 V)。

② 电子产品在生产、运输、存储和转运等过程中所产生的静电电压远远超过其击穿电压阈值,这就可能造成器件的击穿或失效,影响产品的技术指标。

(3) 静电对电子产品的损害形式

静电的基本物理特性为吸引或排斥、与大地有电位差、会产生放电电流。这三种特性对电子元器件的影响表现如下:

① 静电吸附灰尘,降低元器件的绝缘电阻——缩短电子产品的寿命。

② 静电放电破坏,使元器件受损不能工作——完全破坏电子产品的功能。

③ 静电放电的电场或电流产生的热量,使元器件受伤——使电子产品存在潜在的损伤,最终影响产品的声誉。

④ 静电放电产生的电磁场幅度很大(达几百 V/m),频谱极宽(从几十 MHz 到几千 MHz),对电子产品造成电磁干扰甚至损坏。

2. 电子产品制造中的静电源

(1) 人体静电

人体的活动,人与衣服、鞋、袜等物体之间的摩擦、接触和分离等产生的静电是电子产品制造中主要静电源之一。人体静电是导致器件产生硬(软)击穿的主要原因。人体活动产生的静电电压约为 0.5~2 kV。另外,空气湿度对静电电压的影响很大,因此在干燥环境中还要上升 1 个数量级。

(2) 工作服

化纤或棉制工作服与工作台面、座椅摩擦时,可在服装表面产生 6 000 V 以上的静电电压,并使人体带电,此时与元器件接触时,会导致放电,容易损坏元器件。

(3) 工作鞋

橡胶或塑料鞋底的绝缘电阻高达 10^{13} Ω,当与地面摩擦时产生静电,并使人体带电,此时与器件接触时,会导致放电,容易损坏器件。

(4) 包装和运输过程中

树脂、漆膜、塑料膜封装的元器件放入包装中运输时,元器件表面与包装材料摩擦能产生几百伏的静电电压,对敏感元器件放电。

(5) 塑料、树脂等高分子材料的各种包装和器具

用 PP(聚丙烯)、PE(聚乙烯)、PS(聚丙乙烯)、PVR(聚氨酯)、PVC 和聚酯、树脂等高分子材料制作的各种包装、料盒、周转箱、PCB 架等都可能因摩擦、冲击产生 1~3.5 kV 静电电压,对敏感元器件放电。

(6) 工作台面

普通工作台面受到摩擦时,会产生静电。

(7) 绝缘地面

混凝土、打蜡抛光地板、橡胶板等绝缘地面的绝缘电阻大,人体上的静电荷不易泄漏。

(8) 电子生产设备和工具

电烙铁、波峰焊机、再流焊炉、贴装机、调试和检测等设备内的高压变压器、交、直流电路都会在设备上感应出静电。如果设备静电泄漏措施不好,会引起敏感元器件在制造过程中失效。烘箱内热空气循环流动与箱体摩擦、CO_2 低温冷却箱内的 CO_2 蒸气均会产生大量的静电荷。

从以上数据可以看出人体在活动、工作服、工作鞋、包装、料盒、周转箱、PCB 架、工作台面、地面、电烙铁、波峰焊机、再流焊炉、贴装机、调试和检测设备等上都有可能产生 100~35 000 V 静电。但大多数情况下人体毫无感觉。达到 25 000 V 以上人体才能有电击感,静电敏感元器件(SSD)在运输、存储、使用过程中有可能不知不觉地产生硬击穿或软击穿。因此,有人称静电为“无形杀手”并不过分。

小提示

ESD、EOS、SSD 的含义

1. 静电释放

静电释放(Electrostatic Discharge,ESD)是一种由静电源产生的电进入电子组装件后迅速放电的现象。当电能与静电敏感元器件接触或接近时会对元器件造成损伤。当两个带有不同极性电荷的导体接近或接触时,电荷会迅速从一个导体移到另一个导体,静电荷的快速移动将静电转化为静电释放,即 ESD。

2. 电气过载

电气过载(Electrical Overstress,EOS)是一些额外出现的电能导致元器件损害的结果。这种损害的来源很多,如电力生产设备、工具操作过程中产生的 ESD。

3. 静电敏感元器件

对静电反应敏感的元器件称为静电敏感元器件(Electrostatic Sensitive Device,SSD)。静电敏感元器件主要是指超大规模集成电路,特别是金属化膜半导体(MOS 电路)。例如:MOSFET 静电敏感范围为 100~200 V、场效应管为 140~10 000 V、CMOS 电路为 250~20 000 V。

3. 静电防护原理

电子产品制造中,不产生静电是不可能的。产生静电不是危害所在,其危害在于静电积聚以及由此产生的静电放电。静电防护的原理不外乎是“避免静电的产生”和

“创造条件放电”这两种方式。

(1) 避免静电的产生

对有可能产生静电的地方要防止静电荷的聚集,即采取一定的措施避免或减少静电放电的产生。可采用边产生、边泄漏的办法达到消除电荷聚集的目的。

(2) 创造条件放电

对已经存在的静电积聚迅速消除掉,即时释放。静电防护的核心是“静电消除”,当绝缘物体带电时,电荷不能流动,无法进行泄漏,可利用静电消除器产生异性离子来中和静电荷。当带电的物体是导体时,则采用简单的接地泄漏办法,使其所带电荷完全消除。

4. 静电防护方法

要做好静电防护工作,首先要了解在电子产品生产过程中所使用的材料对静电荷所表现的特性,这对控制 ESD 是很重要的。

(1) 使用防静电材料防护静电

金属是导体,因导体的漏放电流大,会损坏器件。另外由于绝缘材料容易产生摩擦起电,因此不能采用金属和绝缘材料作防静电材料。而是采用表面电阻 1×10^5 Ω · cm 以下的所谓静电导体,以及表面电阻 $1\times10^5\sim1\times10^8$ Ω · cm 的静电亚导体作为防静电材料。例如常用的静电防护材料是在橡胶中混入导电炭黑来实现的,将表面电阻控制在 1×10^6 Ω · cm以下。

(2) 用泄漏与接地的方式防护静电

对可能产生或已经产生静电的部位进行接地,提供静电释放通道。采用埋大地线的方法建立“独立”地线。使地线与大地之间的电阻<10 Ω。接地的方法是将工作台面垫、地垫、防静电腕带等静电防护材料通过 1 MΩ 的电阻接到通向独立大地线的导体上。其中,串接 1 MΩ 电阻是为了确保对地泄放电流<5 mA,这种接地方法常称为软接地。设备外壳和静电屏蔽罩通常是直接接地,称为硬接地。

(3) 通过控制静电的生成环境来防护静电

控制静电的生成环境主要通过湿度、温度、尘埃以及地板、桌椅等方面的适当控制来实现。比如,在不导致器材或产品腐蚀生锈或其他危害前提下,尽量加大湿度;在条件允许情况下,尽量降低温度,包括环境温度和物体接触温度;为防止附着或吸附带电尘埃要尽量无尘作业;地板、桌椅、工作台等的面料应由防静电材料制成,并正确接地;静电敏感产品的运送、传递和存储、包装与拆包装应采取静电防护措施。

(4) 通过工艺管理与控制的方法来防护静电

工艺管理与控制的方法主要是指制订防静电操作程序和规程,并严格实施静电安全作业操作规范等措施和手段。比如:① 使用警示、标识及符号来规范静电防护:在静电敏感产品上和内外包装件上做出标识或符号;对装置、设备中的静电敏感元器件、部位,按照标准的要求做出标记或警示符号;对防静电作业场所(工作区)做出规定的特别标记等。② 按标准规定检验和审计:定期检测有防静电性能要求的工具、器具、服装、鞋袜、地面、桌椅和工作台等,使之保持合格状态;按规定检测、监察有明确指标要求的环境参数(如湿度、温度、浓度、静电位等);按规定检测人体和设备、装置、系统的接地状况；按标准的规定对产品的静电敏感度进行试验，并建立质量分析和反馈制度等。常见的防静电符号、器材、测试工具见表5-1-3。

表5-1-3 常见的防静电符号、器材、测试工具

图识	含义	图识	含义
	ESD敏感符号		ESD防护符号
	静电敏感 工作区标记		静电衣帽
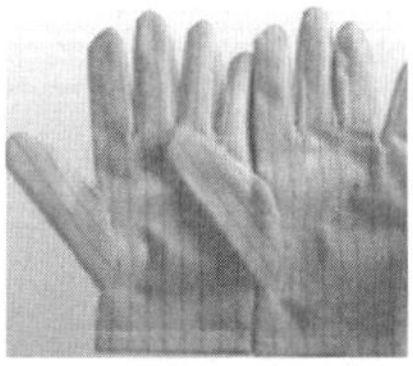	静电手套	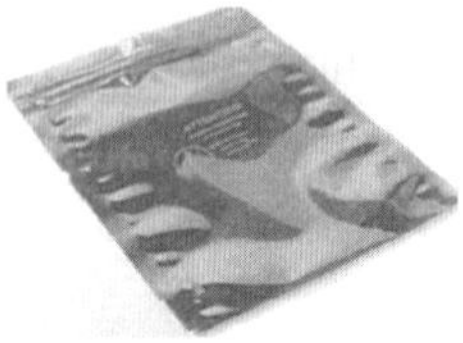	静电袋
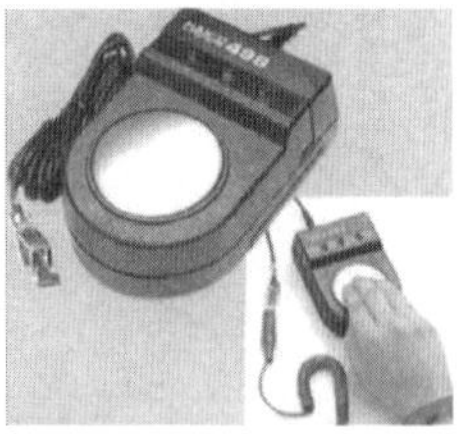	静电手腕带测试仪		表面阻抗测试器
	离子静电消除器		防静电周转箱

知识点扩展

SMT工厂防静电体系

SMT生产中的静电防护是一项系统工程，不仅需要建立健全防静电的基础工程及特殊要求的防静电装置，比如地线、地垫及台垫、环境的抗静电工程等硬件条件，而且还要完善防静电体系的制度建设等软件条件，即对SMT工厂防静电体系进行严格管理。

1. SMT生产线内的防静电设施

SMT生产线内的防静电设施要求如下：

① 生产线内的防静电设施应有独立地线，与防雷线分开，且地线可靠，并有完整的静电泄漏系统。

② 车间内保持恒温、恒湿的环境，一般温度控制在 230 ℃±20 ℃，湿度为 65%±5%RH。

③ 入口处要配有离子风机，并设有明显的防静电警示标志。

2. SMT 生产线内的静电安全工作区

在 SMT 生产线内必须建立静电安全工作区，即采用各种控制方法，将区域内可能产生的静电电压保持在对最敏感的元器件而言都是安全的值下。一般来说，构成一个完整的静电安全工作区，至少应包括有效的导电桌垫、专用接地线、防静电腕带、地垫，以便对导体(如金属件、导电的带子、导电容器和人体等)上的静电进行泄放。同时，配以静电消除器，用于中和绝缘体上积累的电荷，这些电荷在绝缘体上不能流动，无法用泄漏接地的方法释放掉。

3. SMT 生产线内的静电防护措施

① 定期检查车间内外的接地系统。

② 每天测量车间内温度湿度两次，并做好有效记录，以确保生产区恒温、恒湿。

③ 任何人员进入车间之前必须做好防静电措施。

④ 生产过程中手拿 PCB 时，仅能拿 PCB 边缘无电子元器件处。

⑤ 返工操作时，必须将要修理的 PCB 放在防静电盒中，再拿到返修工位。

⑥ 需要提醒的是没有贴标记的器件，不一定说明它对静电不敏感。

⑦ 在对组件的静电放电敏感性存在疑问时，必须将其当作静电放电敏感元器件处理，直到能够确定其属性为止。

总之，静电防护工程在 SMT 行业中越来越重要，它涉及面广，是一项系统工程，某一个环节的失误都会导致不可挽救的损失。因此首先要抓好人的教育，使各级人员认识到它的重要性，培训合格后方能上岗操作，同时要有严格防静电的工艺纪律和管理，完善防静电设施，把握好每个环节，切实做好防静电工作。

演示文稿

SMT 元器件

任务 5.2 SMT 元器件

任务引入

SMT(表面贴装)元器件俗称无引脚元器件，又称为片式元器件，也称贴片元器件。通常，按照结构形状，表面组装元器件可分为矩形片式、圆柱形、扁平异形等。按功能，表面组装元器件可分为无源元件(SMC)、有源器件(SMD)和机电元件三大类。根据元器件对电路的功能，通常也可将机电元件归为 SMC。其中，无源元件是指片式电阻、电容、电感等，有源器件是指小外形封装的晶体管、四方扁平封装的集成电路等。

本任务是通过学习 SMT 元器件的特点和分类、SMC 无源元件、SMD 有源器件、SMT 元器件的包装及温湿敏元器件管控等基本知识，为全面掌握 SMT 工艺奠定基础。

5.2.1 SMT 元器件特点

SMT 元器件早已广泛应用于计算机类电子、通信类电子和消费类电子、医疗类电子、汽车类电子等产品中。电子产品的功能越来越强大，体积越来越小，SMT元器件的采用起着决定性作用。反过来，微型电子产品的广泛使用也促进了SMC和SMD向微型化发展，同时，一些机电元件，如开关、继电器、滤波器、延迟线、热敏和压敏电阻等，也都实现了片式化。总之，SMT元器件与THT元器件比较具有几个显著的特点。

① 在SMT元器件的电极上，有些焊端完全没有引线，有些只有非常小的引线；相邻电极之间的间距比传统的双列直插式集成电路的引线间距（2.54 mm）小很多，IC的引脚中心距已由1.27 mm减小到0.3 mm；在集成度相同的情况下，SMT元器件的体积比传统的元器件小很多，片式电阻、电容已经由早期的3.2 mm×1.6 mm缩小到0.4 mm×0.2 mm；且随着裸芯片技术的发展，BGA和CSP类高引脚数器件早已广泛应用到生产中。

② SMT元器件直接贴装在印制电路板表面，将引脚焊接在元器件同一面的焊盘上。这样，印制电路板上的通孔通常仅作为多层电路板的电气连接，其直径由制作印制电路板时的金属化孔的工艺水平决定。使印制电路板的布线密度大大提高。

③ SMT元器件的表面贴装方式不仅影响印制电路板上所占的面积，而且也影响器件和组件的电学特性。无引线或短引线，减少了寄生电容和寄生电感，从而改善了高频特性，有利于提高使用频率和电路速度。

④ SMT元器件的形状简单、结构牢固，紧贴在印制电路板的表面上，提高了可靠性和抗震性；组装时没有引线打弯、剪线，在制造印制电路板时，减少了插装元器件的通孔；尺寸和形状标准化，能够采取自动贴片机进行自动贴装，效率高、可靠性高，便于大批量生产，而且综合成本较低。

⑤ 由于SMT元器件紧紧贴在印制电路板表面上，印制电路板上的空隙就相当小，给清洗造成困难，要达到清洁的目的，必须要有非常良好的工艺控制。

⑥ 有些SMT元器件的密封芯片载体很贵，一般只能用于高可靠性产品，它要求与PCB基板的热膨胀系数匹配，即使这样，焊点仍然容易在热循环过程中失效。

⑦ SMT元器件体积小，电阻、电容一般不设标记，一旦弄乱就不容易搞清楚。

⑧ SMT元器件与PCB基板之间的热膨胀系数存在差异，在SMT产品中必须注意到此类问题的影响。

5.2.2 SMC无源元件

SMC无源元件包括各种电阻器、电容器、电感器、磁珠、电阻网络、电位器、开关、继电器、连接器等。封装形状有矩形、圆柱形、复合形和异形。SMC特性参数的数值系列与传统元件的差别不大。长方体SMC是根据其外形尺寸的大小划分成几个系列型号的，现有两大类表示方法，欧美产品大多采用英制系列，日本产品采用公制系列，我国两种系列都在使用。例如，公制系列的3216（英制1206）的矩形贴片元件，长 L=3.2 mm（0.12 inch），宽 W=1.6 mm（0.06 inch）。表5-2-1所示为典型SMC系列的公制、英制对照表及外形尺寸，从表中可以看出系列型号的发展变化反映了SMC元件的小型化进程。

表 5-2-1 典型 SMC 系列的公制、英制对照表

英制(inch)系列	公制(mm)系列	长、宽公制尺寸
1206	3216	3.2 mm×1.6 mm
0805	2012	2.0 mm×1.2 mm
0603	1608	1.6 mm×0.8 mm
0402	1005	1.0 mm×0.5 mm
0201	0603	0.6 mm×0.3 mm
01005	0402	0.4 mm×0.2 mm

注:公制/英制转换,1 inch = 1 000 mil;1 inch = 25.4 mm,1 mm ≈ 40 mil。

小提示

电子组件标准

国际上电子组件标准有 JIS、EIA、TIA 三类。

1. JIS(Japanese Industrial Standard)是指日本工业标准,由日本工业标准调查会组织制定和审议。日本工业标准调查会成立于 1946 年 2 月,隶属于通产省工业技术院。它由总会、标准会议、部会和专门委员会组成;采用 mm 为计量单位。

2. EIA(Electronic Industries Alliance)是指美国电子工业协会。它采用 inch 为计量单位。

3. TIA(Telecommunications Industry Association)是指美国通信工业协会。它也采用 inch 为计量单位。

1. 贴片电阻

SM 无源器件(电阻)

贴片电阻是金属玻璃铀电阻器中的一种,是将金属粉和玻璃铀粉混合,采用丝网印刷法印在基板上制成的电阻器。贴片电阻最初为矩形片状,20 世纪 80 年代初出现了圆柱形。随着 SMD(表面贴装器件)向集成化、多功能化方向发展,又出现了电阻网络、阻容混合网络、混合集成电路等短小、扁平引脚的复合元器件。

(1) 贴片电阻的结构类型

① 矩形片式电阻器。片式电阻器根据制造工艺不同可分为两种类型,一类是厚膜型(RN 型),另一类是薄膜型(RK 型)。

② 圆柱形片式电阻器。圆柱形片式电阻器的结构形状和制造方法基本上与带引脚电阻器相同,只是去掉了原来电阻器的轴向引脚,做成无引脚形式,因而也称为 MELF(Metal Electrode Leadless Face,金属电极无引脚端面型)电阻器。

(2) 贴片电阻的识别

外观特性及规格说明

一、外观特性

1. 贴片电阻生产厂家不同，则外表的颜色会有所不同，常见电阻颜色为黑色及蓝色

2. 0402 系列以上的贴片电阻正面有标示阻值，无极性，但分正反面

3. 在 PCB 上一般会用 R 及其下标来表示，如：R34

二、规格说明

1. 一般电阻（误差±5%或±10%）

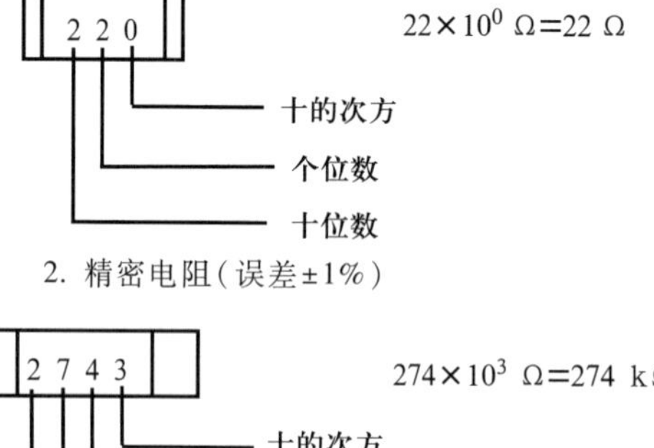

2. 精密电阻（误差±1%）

元件包装方式及公司料号说明

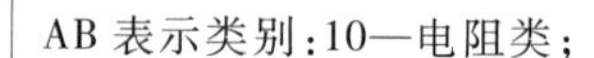

1. 包装方式：编带方式

2. 公司料号规格说明：

料号：10-003302200

AB-CDEFGHIJK

料号说明：

AB 表示类别：10—电阻类；

CD 表示电阻类别：00—电阻，01—排阻，02—4R8 排阻，03—8R10P 排阻，04—可调电阻，05—锰芯电阻；

E 表示包装代号：0—DIP，1—1206，2—0805，3—0603，4—0402；

F 表示电阻功率：0—1/2W，1—1/4W，2—1/8，3—1/10W；

G 表示精密度：0—±5%，1—±1%，2—±0.1%；

H、I、J、K 表示阻值代码：

如：2 2 0 0 表示 $220\times10^0\ \Omega=220\ \Omega$

实物、元件尺寸、Feeder 规格

实物		
元件尺寸	英制 公制 0603（1608）	英制 公制 1206（3216）
实物说明	英制 长：06 宽：03	英制 长：12 宽：06
Feeder	W8D7P4 1.0	W8D7P4 1.3

附注：

W8：纸带的宽度为 8 mm　P4：纸带两孔距离

D7：纸带卷装的尺寸　1.0：TAPE 盖孔 1 mm

小提示

E96 系列的标示方法

精密电阻通常用四位数字表示，前三位为有效数字，第四位表示十的次方，例如：147 Ω 的精密电阻，其字迹为 1470，但在 0603 型以下的电阻器上再打印四位数字，不但印刷成本高，而且肉眼难于辨别，故出现了 E96 系列的标示方法。

0603 型以下的电阻器，目前多采用两位数字和一位字母来表示。即使用 01~96 这 96 个二位数依次代表 E96 系列中 1.0 ~9.76 这 96 个基本数值，见表 5-2-2。而第三位英文字母 A、B、C、D 则表示该基本数值乘以 10 的 2、3、4、5 次方。例如："65A"表示：$4.64\times10^2\ \Omega=464\ \Omega$，"15B"表示：$1.40\times10^3\ \Omega=1\ 400\ \Omega$，"66B"表示：$4.75\times10^3\ \Omega=4\ 750\ \Omega=4.75\ \mathrm{k}\Omega$，"09C"表示：$1.21\times10^4\ \Omega=12\ 100\ \Omega=12.1\ \mathrm{k}\Omega$。

表 5-2-2 E96 系列基本数值对照表

十位＼个位	0	1	2	3	4	5	6	7	8	9
0	0	1	1.02	1.05	1.07	1.1	1.13	1.15	1.18	1.21
1	1.24	1.27	1.3	1.33	1.37	1.4	1.43	1.47	1.5	1.54
2	1.58	1.62	1.65	1.69	1.74	1.78	1.82	1.87	1.91	1.96
3	2.00	2.05	2.1	2.15	2.21	2.26	2.32	2.37	2.43	2.49
4	2.55	2.61	2.67	2.74	2.8	2.87	2.94	3.01	3.09	3.16
5	3.24	3.32	3.4	3.48	3.57	3.65	3.74	3.83	3.92	4.02
6	4.12	4.22	4.32	4.42	4.53	4.64	4.75	4.87	4.99	5.11
7	5.23	5.36	5.49	5.62	5.76	5.9	6.04	6.19	6.34	6.49
8	6.65	6.81	6.98	7.15	7.32	7.5	7.68	7.87	8.06	8.25
9	8.45	8.66	8.87	9.09	9.31	9.53	9.76			

(3) 小型固定电阻网络

小型固定电阻网络是指在一块基片上，将多个参数和性能一致的电阻，按预定的配置要求连接后置于一个组装体内形成的电阻网络，也称集成电阻或电阻排，如图 5-2-1(a)所示。小型固定电阻网络结构可分为 SOP 型、芯片功率型、芯片载体型和芯片阵列型 4 种。其体型一般采用标准矩形件，主要有 0603、0805、1206 等尺寸。其跨接电阻网络为 0 Ω，记为 000。

(4) 表面贴装电位器

表面贴装电位器又称为片式电位器，是一种可以人为地将阻值连续可调变化的电阻器，用以调节分电路的电阻和电压，如图 5-2-1(b)所示。片式电位器一般适用于 -20～85 ℃的温度下，阻值允许偏差一般为±25%。

2. 贴片电容器

贴片电容器已发展为多品种、多系列，按外形、结构、用途来分类，可达数百种。目前，贴片电容器主要有片状瓷介电容器、钽电解电容器、铝电解电容器和有机薄膜、云母电容器。在实际应用中，表面贴装电容器中大约有 80% 是多层片状瓷介电容器，剩余是表面贴装钽和铝电解电容器，表面贴装有机薄膜和云母电容器很少，常见的贴片

演示文稿

SMT 无源器件（电容）

电容器实物如图 5-2-2 所示。

(a) 小型固定电阻网络

(b) 表面贴装电位器

图 5-2-1 小型固定电阻网络与表面贴装电位器

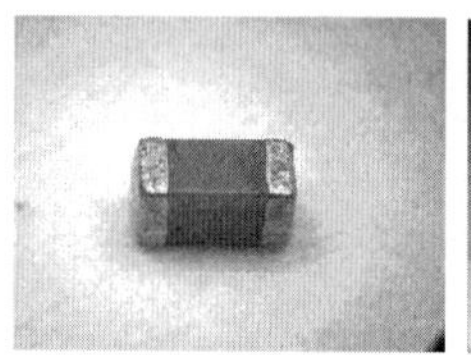

(a) 瓷介电容器

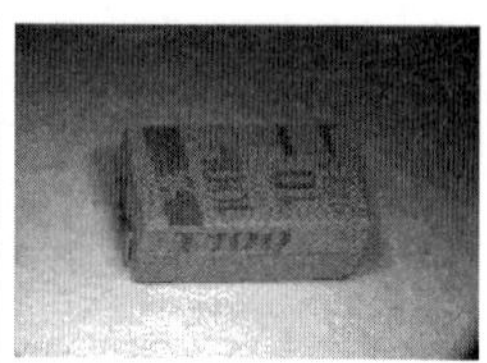

(b) 钽电解电容器

(c) 铝电解电容器

(d) 电容排

图 5-2-2 常见的贴片电容器实物

(1) 片状瓷介电容器

片状瓷介电容器根据其结构和外形可以分为圆柱形瓷介电容器和矩形瓷介电容器。

(2) 片式钽电解电容器

片式钽电解电容器以金属钽作为电容器介质,它的正极制造过程是先将非常细的钽金属粉压制成块,在高温及真空条件下烧结成多孔形基体,然后再对烧结好的基体进行阳极氧化,在其表面生成一层 TaO_5膜,构成以 TaO_5膜为绝缘介质的钽粉烧结块正极基体。

(3) 片式铝电解电容器

片式铝电解电容器制作方法是将高纯度的铝箔(含铝 99.9%~99.99%)电解腐蚀成高倍率的附着面,然后在硼酸、磷酸等弱酸性的溶液中进行阳极氧化,形成电介质薄膜,作为阳极箔;将低纯度的铝箔(含铝 99.5%~99.8%)电解腐蚀成高倍率的附着面,作为阴极箔。铝电解电容器实物如图 5-2-2(c)所示,在铝电解电容器外壳上的深色标记代表负极,容量值及耐压值在外壳上也有标注。

(4) 贴片电容器的识别

外观特性及规格说明

一、外观特性

1. 贴片电容依外观而言，形状呈长方体，颜色通常为棕色或灰色

2. 无极性，也无正反面

3. 在 PCB 上一般会用 C 及其下标来表示，如：C35

二、规格说明

电容的计算：电容的计算单位为法拉

$1\ F=10^6\ \mu F=10^9\ nF=10^{12}\ pF$

电容的允许误差规格：

J = ± 5%；K = ±10%；

M = ±20%；Z = −20% ~ +8%

元件包装方式及公司料号说明

1. 包装方式：编带方式

2. 公司料号规格说明：

料号：11-033051000

AB-CDEFGHIJK

料号说明：

AB 表示类别：11—电容类；

CD 表示电容类别：01—钽质，02—陶瓷，03—积层，04—电解，05—排容；

E 表示包装代号：0—DIP，1—1206，2—0805，3—0603，4—0402；

F 表示精密度；

G H、I、J 表示容值代码：

如：5 1 0 0 表示 510×10^0 pF = 510 pF。

K 表示功率（弹性）

实物、元件尺寸、Feeder 规格

实物		
元件尺寸	英制 公制 0603(1608)	英制 公制 1206(3216)
实物说明	英制 长：06 宽：03	英制 长：12 宽：06
Feeder	W8D7P4 1.0	W8D7P4 1.3

附注：

W8：纸带的宽度为 8 mm　P4：纸带两孔距离

D7：纸带卷装的尺寸　1.0：TAPE 盖孔 1 mm

（5）片式微调电容器

片式微调电容器按所用介质来分，有薄膜和陶瓷微调电容器两类。陶瓷微调电容器在各类电子产品中已经得到了广泛的应用。与普通微调电容器相比，片式陶瓷微调电容器主要有以下特点：制作片式陶瓷微调电容器的材料具有很高的耐热性，其配件具有优异的耐焊接热特性；小型化，使用中不产生金属渣，安装方便。片式微调电容器适合于高频应用，如通信和视频产品。典型的产品系列所包括的范围大约从 1.5 ~ 50 pF 几个等级。

3. 其他片式元件

（1）贴片电感器

演示文稿

SM 无源器件（电感）

贴片电感器除了与传统的插装电感器一样，有相同的扼流、退耦、滤波、调谐、延迟、补偿等功能外，还特别在 *LC* 调谐器、*LC* 滤波器、*LC* 延迟线等多功能器件中体现了独到的优越性。由于电感器受线圈制约，片式化比较困难。

小提示

片式电感器类型及其应用

从制造工艺来分,片式电感器主要有 4 种类型,即绕线型、叠层型、编织型和薄膜片式。常用的是绕线型和叠层型两种。前者是传统绕线电感器小型化的产物;后者则采用多层印刷技术和叠层生产工艺制作,体积比绕线型片式电感器还要小,是电感元件领域重点开发的产品。其中:① 绕线型。它的特点是电感量范围广、精度高、损耗小、允许电流大、制作工艺继承性强、简单、成本低,但不足之处是在进一步小型化方面受到限制。以陶瓷为芯的绕线型电感器在高频率下能够保持稳定的电感量和相当低的损耗值,因而在高频回路中占据一席之地。② 叠层型。它具有良好的磁屏蔽性、烧结密度高、机械强度好。不足之处是合格率低、成本高、电感量较小、损耗大。它与绕线片式电感器相比有许多优点:尺寸小,有利于电路的小型化;磁路封闭,不会干扰周围的元器件,也不会受临近元器件的干扰,有利于元器件的高密度安装;一体化结构、可靠性高;耐热性、可焊性好;形状规整,适合于自动化表面安装生产。

(2) 片式接插件、继电器、插座和开关等

① 片式接插件。目前市场上已有多种表面贴装的接插件,这些通用的接插件系列包括垂直放置和水平边缘放置等多种类型。其外形如图 5-2-3 所示,其中图 5-2-3(a)为立式接插件,图 5-2-3(b)为侧卧式接插件。

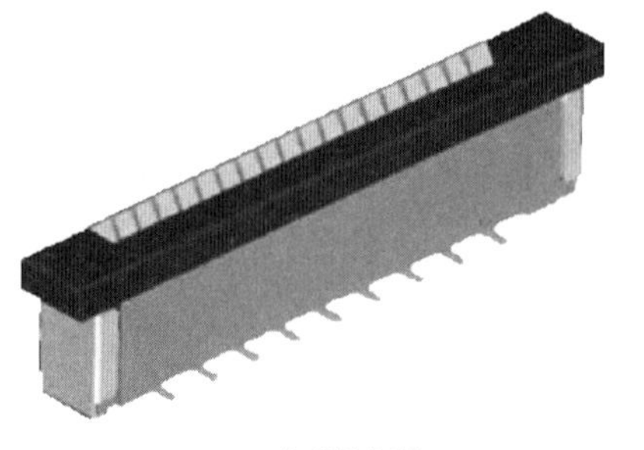

(a) 立式接插件

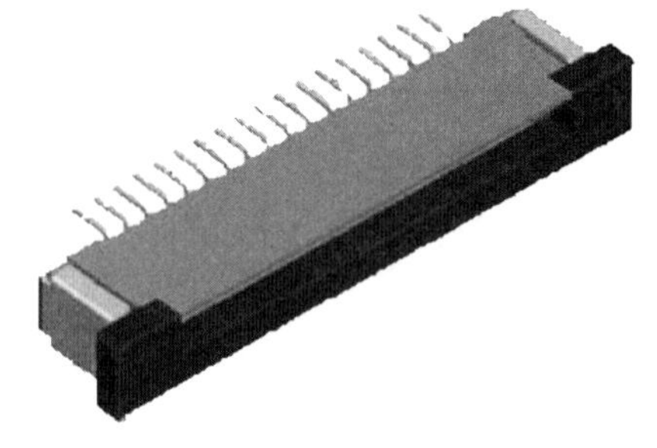

(b) 侧卧式接插件

图 5-2-3 表面贴装接插件

② IC 插座。表面贴装插座通常有两种形式,一种是为插装而设计的,它可以把表面组装 IC 转变成插孔安装。当希望在全插装板上使用表面贴装封装时,转接插座是很好的选择。这样,现有的插装线就可以用来组装整块电路板,而不需要开发一个全新的只安装表面贴装器件的组装板。这样的插座如 PLCC 插座和各种 CPU 插座,如图 5-2-4 所示。

③ 连接器。连接器 SMT 化后,不仅消除了 PCB 上连接器引线的焊接通孔,使 PCB 线路设计的自由度加大,而且电路设计更加合理。表面贴装连接器如图 5-2-5(a)所示。

④ 开关、继电器。许多 SMT 开关和继电器实际上还是采用插装的设计方式,只不过将其引线做成表面贴装形式而已。所以,SMT 开关和继电器与插装形式的开关和继电器相比,并没有提供多少特有的优越性。表面贴装开关、继电器分别如图 5-2-5(b)、(c)所示。

(a) PLCC插座

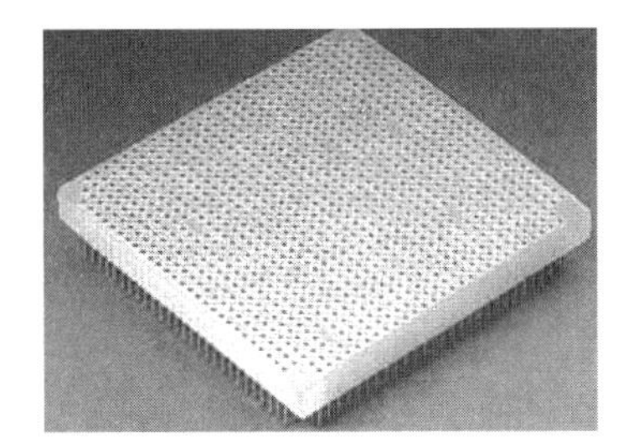
(b) CPU插座

图 5-2-4 IC 插座

(a) 表面贴装连接器

(b) 表面贴装开关

(c) 表面贴装继电器

图 5-2-5 表面贴装连接器

5.2.3 SMD 有源器件

SMD 有源器件是在双列直插(DIP)器件的基础上发展而来的,是通孔插装技术(THT)向 SMT 发展的重要标志。SMD 与传统的 SIP 及 DIP 器件的功能相同,但封装结构不同。分立器件封装包括小外形封装二极管(Small Outline Diode,SOD)和小外形封装晶体管(Small Crutline Transistor,SOT)。集成电路封装包括小外形集成电路(Small Qutline Integrated Circuit,SOIC)、无引脚陶瓷芯片载体(Leadless Ceramic Chip Carrier,LCCC)、塑封有引脚芯片载体(Plastic Leadled Chip Carrier,PLCC)、方形扁平封装(Quad Flat Package,QFP)、球栅阵列封装器件(Sall Grid Array,BGA),以及后来演变而来的芯片尺寸级封装(Chip Scale Package,CSP)和裸芯片(Chip on Board,COB),FC(FIip Chip)等。

演示文稿

SMD 贴片二极管、三极管

1. 分立器件封装

(1) 小外形封装二极管

小外形封装二极管有圆柱形和矩形两种封装形式。

小提示

SMD 分立元器件

典型的 SMD 分立元器件的引脚外形示意图如图 5-2-6 所示。

两端 SMD 有二极管和少数晶体管器件,三端 SMD 一般为晶体管类器件,四端至六端 SMD 大多封装了两只晶体管或场效应管。

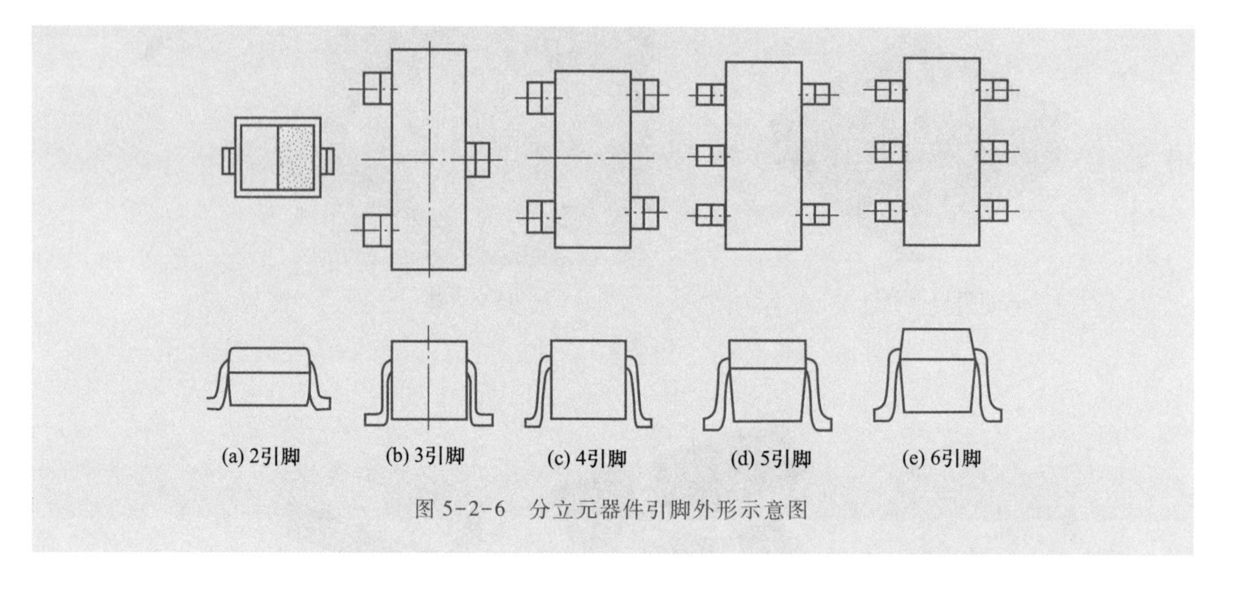

图 5-2-6 分立元器件引脚外形示意图

① 圆柱形无引脚二极管。圆柱形无引脚二极管的型号有 LL34、LL41、DL41。其封装结构是将二极管芯片装在具有内部电极的细玻璃管中,玻璃管两端装上金属帽作为正负电极,通常有黑道的一侧为负极,如图 5-2-7(a)所示。

② 矩形二极管。矩形二极管通常采用塑料封装的翼形和 J 形两种引脚形式,可用于 VHF(甚高频率)频段到 S 频段,采用塑料编带包装,如图 5-2-7(b)所示。

(a) 圆柱形无引脚　(b) 矩形二极管　(c) SOT-23

图 5-2-7 二极管的封装外形

小提示

SOT-23 封装的二极管

SOT-23 封装形式的片状二极管的含义请参考小外形封装晶体管(SOT)中的有关说明,其外形如图 5-2-7(c)所示,多用于封装复合二极管,也用于封装高速开关二极管和高压二极管。

(2) 小外形封装晶体管

小外形封装晶体管又称做微型片式晶体管,它作为最先问世的表面组装有源器件之一,通常是一种三端或四端器件。小外形封装晶体管主要包括 SOT-23、SOT-89、SOT-143、SOT-252 等。

小提示

SOT-23/89/143 中数字的含义

SOT-23/89/143 中数字的含义是指根据小外形封装晶体管各引脚的排列顺序和间距的不同来命名的。

① SOT-23。SOT-23 具有 3 条翼形引脚，分别为集电极、发射极和基极，分列于元件长边两侧，其中，发射极和基极在同一侧。SOT-23 的工作功率为 150～300 mW，常见于小功率晶体管、场效应管和带电阻网络的复合晶体管。SOT-23 采用模压塑料空腔带包装。其外形和内部封装结构如图 5-2-8 所示。

② SOT-89。SOT-89 具有 3 条薄的短引脚，分布在晶体管的一侧，另外一侧为金属散热片，与基极相连以增加散热能力。SOT-89 适用于较大功率的场合，功耗为 300 mW～2 W。这类封装常见于硅功率表面贴装晶体管，其外形如图 5-2-8 所示。

③ SOT-143。SOT-143 具有 4 条翼形短引脚，从两侧引出，引脚中宽度偏大的一端为集电极。它的散热性能与 SOT-23 基本相同，这类封装常见于双栅场效应管及高频晶体管，其外形如图 5-2-8 所示。

④ SOT-252。SOT-252 的功耗在 2～50 W 之间，属大功率晶体管。引脚分布形式与 SOT-89 相似，3 条引脚从一侧引出，中间一条引脚较短，呈短平形，为集电极，另一面为散热片。其外形如图 5-2-8 所示。

SOT-23

SOT-89

SOT-143

SOT-252

图 5-2-8 小外形封装晶体管的封装类型

2. 集成电路的封装

(1) 小外形集成电路

小外形集成电路，又称小外形封装集成电路 SOP(Small Outline Package)。它由双列直插式封装 DIP 演变而来，是 DIP 集成电路的缩小形式。它的引线对称分布在器件两侧，中心距为 0.05 inch，现已被广泛应用。这类封装一般有两种不同的引脚形式：一种是翼形引脚，其封装结构如图 5-2-9(a)所示；另一种是 J 形引脚，其封装结构如图 5-2-9(b)所示，这类封装又称为 SOJ(Small Outline J-lead)。

小外形集成电路常见于线性电路、逻辑电路、随机存储器等单元电路中。目前常见的翼形引脚 SOP 的型号有 SOP-8、SOP-14、SOP-16、SOP-20、SOP-24、SOP-28、SOP-48、SOP-56、SOP-64 等。SOP 的引脚间距为 1.27 mm、1.0 mm、0.76 mm。

SOIC 中引脚 1 的位置与 DIP 的相同，SOIC 视外形、间距大小采用以下几种不同的包装方式：带宽分别为 16 mm、24 mm 的塑料编带包装，44 mm、32 mm 粘接式编带包装，棒式包装和托盘包装。

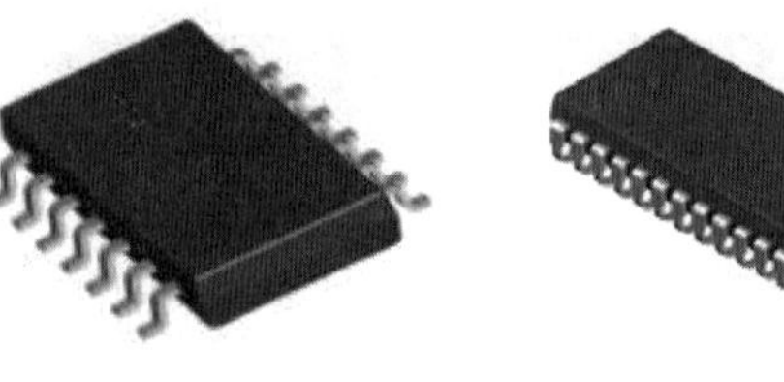

(a) SOP封装

(b) SQJ封装

(c) TSOP封装

图 5-2-9 SOIC 封装

小提示

TSOP 封装

TSOP 封装是"Thin Small Outline Package"的缩写,意思是薄型小尺寸封装。TSOP 常见于内存芯片的封装形式,直接附着在 PCB 的表面。TSOP 封装外形尺寸时,寄生参数(电流大幅度变化时,引起输出电压扰动)减小,适合高频应用,操作比较方便,可靠性也比较高。

因为 SOIC 封装的引脚数一般约在 20~48 脚,含脚在内的宽度为 6~12 mm,脚距为 0.5 mil。若用于 PC 的内存卡或其他优盘等手持型电子产品时,则还要进一步将厚度减薄一半,这种厚度减薄一半的 SOIC 封装称为 TSOP。此种又薄又小的双排脚 IC 可分为两型:Type Ⅰ 是从两短边向外伸脚,Type Ⅱ 是从两长边向外伸脚,其封装结构如图 5-2-9(c)所示。

(2) 无引脚陶瓷芯片载体

无引脚陶瓷芯片载体封装的特点是没有引脚,在封装体的四周有若干个城堡状的镀金凹槽,作为与外电路连接的端点,可直接将它焊到 PCB 的金属电极上。这种封装因为无引脚,故寄生电感和寄生电容都较小。LCCC 的电极中心距主要有 1.0 mm 和 1.27 mm 两种,其外形有矩形和方形。常用的矩形 LCCC 有 18、22、28 和 32 个电极数,方形 LCCC 则有 16、20、24、28、44、52、68、84、109、124 和 156 个电极数。其封装外形及底视图如图 5-2-10 所示。

(a) LCCC封装外形

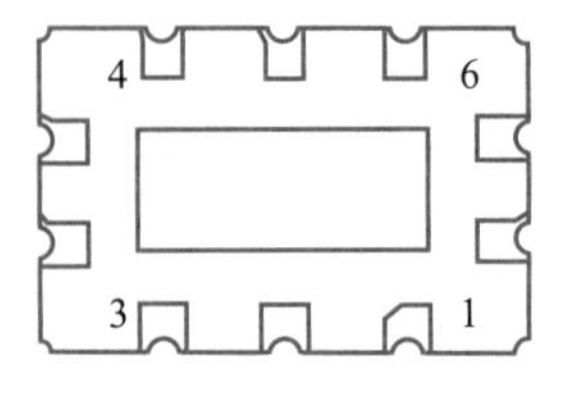

(b) LCCC底视图

图 5-2-10 LCCC 封装

(3) 塑封有引脚芯片载体

塑封有引脚芯片载体封装是指有四边引脚,引脚采用 J 形,常见的引脚间距为 1.27 mm、0.76 mm,极限间距为 0.3 mm,封装结构如图 5-2-11 所示。PLCC 封装主要用于计算机微处理单元、专用集成电路(ASIC)、门阵列电路等。

PLCC 一般采用在封装体四周具有下弯曲的 J 形短引脚，如图 5-2-11(a)所示。PLCC 封装有方形、矩形两种形式。每种 PLCC 表面都有标记点定位，以供贴片时判断方向，使用 PLCC 时要特别注意引脚的排列顺序。与 SOIC 不同，PLCC 在封装体表面并没有引脚标识，它的标识通常为一个斜角，如图 5-2-11(b)所示。一般将此标识放在向上的左手边，若每边的引脚数为奇数，则中心线为 1 号引脚；若每边的引脚数为偶数，则中心的两条引脚中靠左的引脚为 1 号，如图 5-2-11(c)中空心圆点所示，通常从标识处开始计算引脚的起止。

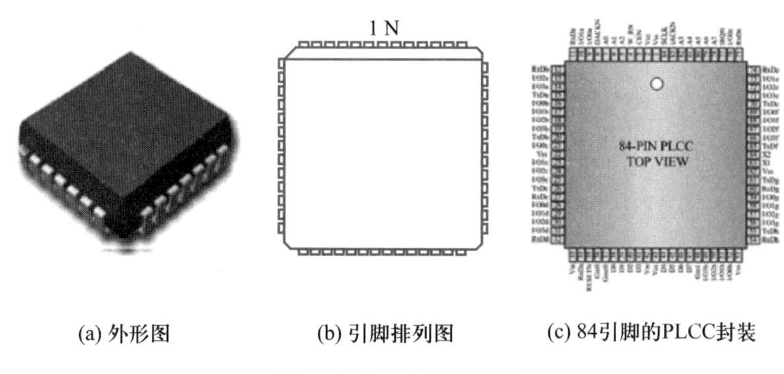

(a) 外形图　(b) 引脚排列图　(c) 84引脚的PLCC封装

图 5-2-11　PLCC 封装

(4) 方形扁平封装

方形扁平封装是专为小引脚间距表面贴装 IC 而研制的新型封装形式。QFP 是适应 IC 容量增加、I/O 数量增多而出现的封装形式，目前已被广泛使用。QFP 器件大多采用翼形引脚，引脚中心距有 1.0 mm、0.8 mm、0.6 mm、0.5 mm 直至 0.3 mm 等多种，引脚数为 28～300 个。其封装结构如图 5-2-12(a)所示。为了适应市场的需要，美国在 QFP 的基础上开发了一种带凸点的方形扁平封装(Bumped Quad Flat Package，BQFP)，在四角各有一个凸出的角，以保护引脚在操作、测试和运输过程中不受损坏。因此，这种封装通常称作"垫状"封装。其结构如图 5-2-12(b)所示。

多引脚、细间距的 QFP 在组装时要求贴片机具有高精度，确保引脚和电路板上焊盘图形对准，同时还应配备图形识别系统，在贴装前对每块 QFP 器件进行外形识别，判断器件引出线的完整性和共面性，以便把不合格器件剔除，确保各引脚的焊点质量。方形扁平封装对许多用户很有吸引力，其引线排列如图 5-2-12(c)所示。

(a) QFP外形　(b) 带脚垫QFP　(c) QFP引线排列

图 5-2-12　QFP 封装

（5）球栅阵列封装

为了适应I/O数的快速增长，新型封装形式——球栅阵列（Ball Grid Array，BGA）于20世纪90年代初投入实际使用。BGA工作时的芯片温度接近环境温度，其散热性良好。但BGA封装也具有一定的局限性，主要表现在：BGA焊后检查和维修比较困难，必须使用X射线透视或X射线分层检测，才能确保焊接连接的可靠性，设备费用大；易吸湿，使用前应先做烘干处理。

BGA通常由芯片、基座、引脚和封壳组成。按芯片的位置方式分类，可分为芯片表面向上和向下两种；按引脚排列分类，可分为球栅阵列均匀分布、球栅阵列交错分布、球栅阵列周边分布、球栅阵列带中心散热和接地点的周边分布等；按密封方式分类，可分为模制密封和浇注密封等；按散热角度分类，可分为热增强型、膜腔向下型和金属球栅阵列；按基座材料不同，可分为塑料球栅阵列（Plastic Ball Grid Array，PBGA）、陶瓷球栅阵列（CeramicBall Grid Array，CBGA）、陶瓷柱栅阵列（Ceramic Columm Grid Array，CCGA）和载带球栅阵列（Tape Ball Grid Array，TBGA）4种，各种BGA封装对照见表5-2-3。

表5-2-3 各种BGA封装对照

封装形式	外形图	结构特点	优缺点
PBGA		PBGA的载体是普通的PCB基材，芯片通过金属丝压焊方式连接到载体的上表面，然后用塑料模压成形，在载体的下表面连接有共晶组分的焊球阵列	优点：封装成本低，引脚不易变形，可靠性高 缺点：易吸湿，拆下后，须重新植球
CBGA		CBGA是为了解决PBGA吸潮性而改进的品种。CBGA的芯片连接在多层陶瓷载体的上面，一种是芯片线路层朝上，采用金属丝压焊的方式实现连接；另一种是芯片的线路层朝下，采用倒装片结构方式实现芯片与载体的连接	优点：电性能、热性能、机械性能高；抗腐蚀、抗湿性能好 缺点：封装尺寸大时，陶瓷与基体之间的热膨胀系数不同，易引起热循环失效
CCGA		CCGA在陶瓷载体的小表面连接的不是焊球，而是焊料柱。焊料柱与陶瓷底部一种采用共晶焊料连接，另一种采用浇注式固定结构	优点：焊料柱可承受元器件、PCB之间热膨胀系数不同而产生的应力 缺点：组装过程中焊料柱比焊球更易受机械损伤
TBGA		TBGA是BGA相对较新的封装类型，它的载体是铜-聚酰亚胺-铜双金属层带，载体的上表面分布着用于信号传输的铜导线，而另一侧作为地层使用。芯片与载体之间的连接采用倒装片技术，以防止受到机械损伤	优点：体积小、轻；电性能优异；易批量组装；与PCB的热膨胀系数匹配性好 缺点：易吸湿；封装费用高

(6) 芯片级封装

CSP 是 BGA 进一步微型化的产物，问世于 20 世纪 90 年代中期，它的含义是封装尺寸与裸芯片相同或封装尺寸比裸芯片稍大（通常封装尺寸与裸芯片之比定义为 1.2 : 1）。CSP 的封装结构如图 5-2-13(a)所示。芯片组装器件的发展近年来相当迅速，已由常规的引脚连接组装器件形成带自动键合（Tape Automated Bonding，TAB）、凸点载带自动键合（Bumped Tape Automated Bonding，BTAB）和微凸点连接（Micro-Bump Bonding，MBB）等多种门类。如图 5-2-13(b)所示为用 CSP 技术封装的内存条，从图中可以看出，采用 CSP 技术后，内存颗粒所占用的 PCB 面积大大减小。

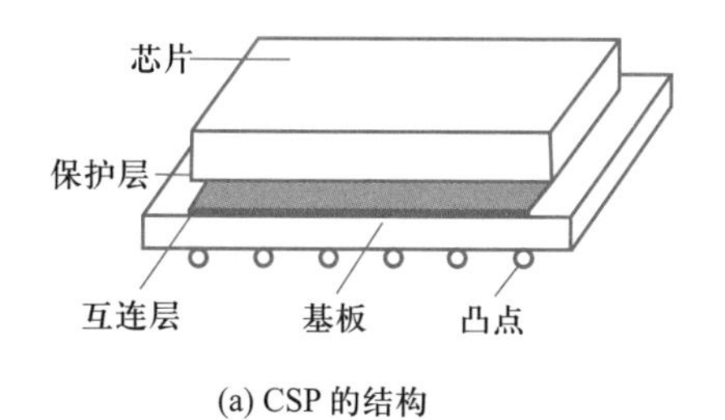

(a) CSP 的结构

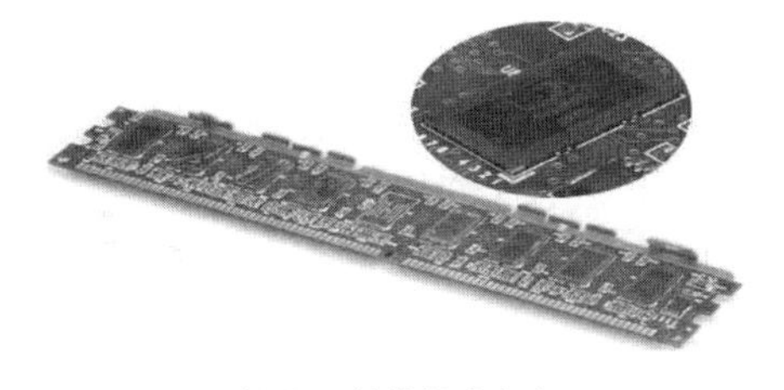

(b) CSP 封装的内存条

图 5-2-13　CSP 封装

(7) 裸芯片

人们试图将芯片直接封装在 PCB 上，通常采用的封装方法有两种：一种是 COB (Chip On Board)法，另一种是倒装焊法。适用 COB 法的裸芯片（Bare Chip）又称为 COB 芯片，适用倒装焊法的裸芯片则称为 Flip Chip，简称 FC，两者的结构有所不同。如图 5-2-14 所示是 COB 封装，从中可以看出，COB 封装比其他封装更节省空间，但是封装的难度更大。

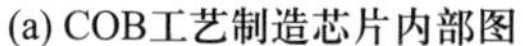

(a) COB工艺制造芯片内部图

(b) COB封装外部图

图 5-2-14　COB 封装

而 FC 倒装片就是指倒装片技术，又称可控塌陷芯片互连（Controlled Collapse Chip Connection，C4）技术。它是将带有凸点电极的电路芯片面朝下（倒装），使凸点成为芯片电极与基板布线层的焊点，经焊接实现牢固的连接，这一组装方式也称为 FC 法。如图 5-2-15 所示为采用 FC 键合技术的芯片上芯片集成。可以看出，这是多芯片技术的应用。

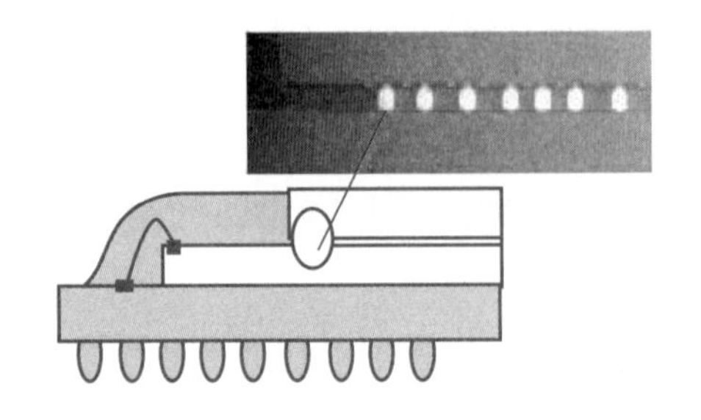

图 5-2-15 采用 FC 键合技术的芯片上芯片集成

5.2.4 SMT 元器件的包装及温湿敏器件

演示文稿

SMT 元器件包装与温湿敏器件

1. SMT 元器件的包装

SMT 技术比 THT 插装能提供更多的包装选择。然而，为了保证 SMT 产品的可靠性，要求所有元件必须兼容。同时，高速度、高密度、自动化的贴装技术要求，又促进了表面贴装设备和表面贴装元器件包装技术的开发。目前，SMT 元器件通用有 4 种包装形式提供给用户：编带包装、棒式包装、托盘包装和散装。4 种包装形式的比较见表 5-2-4。

表 5-2-4 4 种包装形式的比较

包装形式		包装外形	结构与应用
编带包装	纸质编带		纸质编带由底带、载带、盖带及绕纸盘组成，载带上圆形小孔为定位孔，以供供料器上齿轮驱动；矩形孔为承料腔，元件放上后卷绕在料盘上。纸带宽度一般为 8 mm，定位孔的孔距一般为 4 mm，小于 0402 系列的定位孔距为 2 mm。定位孔距和元器件间距视元器件具体情况而定，一般为 4 的倍数。用纸质编带进行元器件包装的时候，要求元件厚度与纸带厚度差不多，纸质编带不可太厚，否则供料器无法驱动，因此，纸质编带主要包装较小型的矩形片式元件，如片式电阻、片式电容、圆柱状二极管等
	塑料编带		塑料编带与纸质编带的结构尺寸大致相同，所不同的是料盒呈凸形。塑料编带可以包装一些比纸质编带包装稍大的元器件，包括矩形、圆柱形、异形 SMC 和小型 SOP。贴片时，供料器上的上剥膜装置除去薄膜盖带后再取料
	黏接式编带		黏接式编带的底面为胶带，IC 贴在胶带上，且为双排孔驱动。贴片时，供料器上有下剥料装置。黏接式编带主要用来包装尺寸较大的片式元器件，如 SOP、片式电阻网络、延迟线等。编带包装是最常见的元器件包装形式，贴片时，编带装在供料器上供料，二者相匹配的是带宽，即按照编带的带宽来选择供料器规格。常见的编带带宽有 8 mm、12 mm、16 mm、24 mm、32 mm、44 mm、56 mm、72 mm 等

续表

包装形式	包装外形	结构与应用
棒式包装		棒式(Stick)包装有时又称为管式(Tube)包装,主要用于包装矩形、片式元件和小型 SMD 以及某些异形元件,如 SOP、SOJ、PLCC 等集成电路。它适用于品种多、批量小的产品。棒式包装形状为一根长管,内腔为矩形的,包装矩形元件;内腔为异形的,用于异形元件的包装
托盘包装		托盘(Tray)又称为华夫盘(Waffle),有单层的,最多可达 100 多层。托盘包装主要用于体形较大或引脚较易损坏的元器件的包装,如 QFP、窄间距 SOP、PLCC、BGA 等集成电路等器件
散装		无引脚、无极性的表面组装元件可以散装(Bulk),如一般矩形、圆柱形电容器和电阻器。散装是将片式元件自由地封入成形的塑料盒或袋内,贴装时把塑料盒插入料架上,利用送料器或送料管使元件逐一送入贴装机的料口。这种包装方式成本低、体积小,但不利于自动化设备的拾取和贴装

2. 温湿敏器件(MSD)

由于塑封元器件能大批量生产。并降低成本,所以绝大多数电子产品中所用 IC 均为塑封器件。但塑封器件具有一定的吸湿性,因此塑封器件 SOP、PLCC、QFP、PBGA 等都属于湿度敏感器件(Moisture Sensitive Devices,MSD)。回流焊和波峰焊都是瞬时对整个 SMD 加热,当焊接过程中的高温施加到已吸湿的塑封器件的壳体上时,所产生的热应力会使封装外壳与引脚连接处发生裂纹。裂纹会引起壳体渗漏并使芯片受潮慢慢地失效,还会使引脚松动而造成早期失效。

(1) MSD 器件的储存

① MSD 器件储存的库存温度<40 ℃。

② MSD 器件生产场地温度<30 ℃。

③ MSD 器件环境相对湿度 RH<60%。

④ MSD 器件库存及使用环境中不得有影响焊接性能的硫、磷、酸等有毒气体。

⑤ MSD 器件防静电措施要满足表面贴装元器件对防静电的要求。

⑥ MSD 器件的存放周期从元器件厂家的生产日期算起,库存时间不超过 2 年;整机厂用户购买后的库存时间一般不超过 1 年;假如自然环境比较潮湿的整机厂,购入表面贴装元器件以后应在 3 个月内使用,并在存放地及元器件包装中应采取适当的防潮措施。

塑封 SMT 出厂时,都被封装在带湿度指示卡(Humidity Indicator Card,HIC)和干燥剂的防潮湿包装袋(Moisture Barrier Bag,MBB)内,并注明其防潮有效期为 1 年,不用时不开封。不要因为清点数量或其他一些原因将 SMD 零星存放在一般管子或口袋内,以免造成 SMD 塑封壳大量吸湿。

(2) MSD 器件的开封使用

① 开封时先观察包装袋内附带的湿度指示卡。湿度指示卡有许多品种。最常见的是三圈式和六圈式。六圈式的可显示的湿度为 10%、20%、30%、40%、50% 和 60%,三圈式的只有 30%、40% 和 50%。未吸湿时,所有的圈均为蓝色,吸湿了就会变成粉红色,其所指示的相对湿度是介于粉红色圈与蓝色圈之间的淡紫色圈所对应的百分比。例如:三圈式的 30% 的圈变成粉红色,50% 的圈仍显示蓝色,则蓝色与粉红色之间显示淡紫色圈旁的 40% 即为相对湿度值。湿度指示卡的显示过程如图 5-2-16所示。

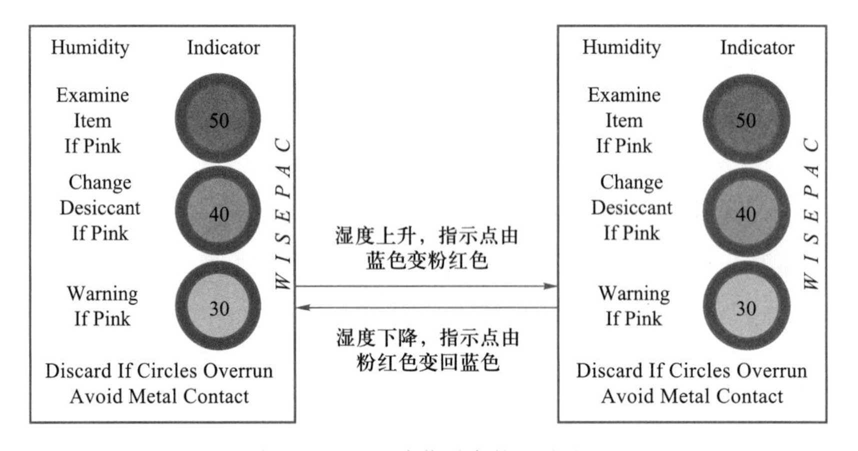

图 5-2-16 湿度指示卡的显示过程

在三圈式的湿度指示卡中,当所有黑圈都显示蓝色时,说明所有 SMD 都是干燥的,可放心使用;当 30% 的圈变成粉红色时,即表示 SMT 有吸湿的危险,并表示干燥剂已变质;当所有的圈都变成粉红色时,即表示所有的 SMD 已严重吸湿,装焊前一定要对该包装袋中所有的 SMD 进行吸湿烘干处理。

② 包装袋开封后的操作。SMD 的包装袋开封后,应遵循从速取用原则,且生产场地的环境为:室温低于 30 ℃、相对湿度小于 60%。若不能用完,应存放在 RH 为 20% 的干燥箱内。

③ 剩余 SMD 的保存方法。开封后的元器件如果不能在规定的时间内使用完毕,应将开封后暂时不用的 SMD 连同供料器一同存放在专用低温低湿存储箱内,但费用较高;或者只要原有防潮包装袋未破损,且内装的干燥剂良好,湿度指示卡上所有圈均为蓝色,仍可以将未用完的 SMD 重新装入该袋中,然后密封好存放。

④ 已吸湿 SMD 的烘干。所有塑封 SMD 当有开封时发现湿度指示卡的湿度为 30% 以上或开封后的 SMD 未在规定的时间内装焊完毕,以及超期存储的 SMD 等情形时,在贴装前一定要进行吸湿烘干。烘干方法分为低温烘干法和高温烘干法两种。低温烘干法烘箱温度为 40±2℃、相对湿度<5%、烘干时间为 192 h;高温烘干法烘箱温度为 125±5℃、烘干时间为 5~48 h。

任务 5.3　SMT 工艺材料

任务引入

在 SMT 生产中，通常将焊膏、贴片胶、清洗剂等合称为 SMT 工艺材料。SMT 工艺材料对 SMT 品质、生产效率起着至关重要的作用，是表面组装工艺的基础之一。进行 SMT 工艺设计和建立生产线时，必须根据工艺流程和工艺要求选择合适的工艺材料。

本任务是通过学习 SMT 工艺材料中焊膏、贴片胶、清洗剂的性质、特点及分类，焊膏、贴片胶的选用方法等基本知识，为全面掌握 SMT 工艺奠定基础。

演示文稿

任务 5.3　SMT 工艺材料

演示文稿

焊锡膏

5.3.1　焊锡膏

焊锡膏又称焊膏、锡膏，是由合金粉末、糊状焊剂和一些添加剂混合而成的具有一定黏性和良好触变特性的浆料或膏状体。它是 SMT 工艺中不可缺少的焊接材料，广泛用于再流焊中。

常温下，由于焊锡膏具有一定的黏性，可将电子元器件粘贴在 PCB 的焊盘上，在倾斜角度不是太大，也没有外力碰撞的情况下，一般元件是不会移动的，当焊锡膏加热到一定温度时，焊锡膏中的合金粉末熔融再流动，液体焊料润湿元器件的焊端与 PCB 焊盘，在焊接温度下，随着溶剂和部分添加剂挥发，冷却后元器件的焊端与焊盘被焊料互联在一起，形成电气与机械相连接的焊点。

1. 焊锡膏的化学组成

焊锡膏主要由合金焊料粉末和助焊剂组成。其中合金焊料粉末占总重量的 85%～90%，助焊剂占 10%～15%。即焊锡膏中合金焊料粉末与助焊剂的重量之比约为 9∶1，体积之比约为 1∶1。

(1) 合金焊料粉末

合金焊料粉末是焊膏的主要成分。常用的合金焊料粉末有锡-铅（Sn-Pb）、锡-银-铜（Sn-Ag-Cu）、锡-铅-银（Sn-Ph-Ag）、锡-铅-铋（Sn-Pb-Bi）等，不同合金比例有不同的熔化温度。合金焊料粉末的形状、粒度和表面氧化程度对焊膏性能的影响很大。合金焊料粉末按形状可以分为球形和不定形，如图 5-3-1 所示。

(2) 助焊剂

在焊锡膏中，糊状助焊剂是合金粉末的载体，其中助焊剂中的活化剂主要起清除被焊材料表面以及合金粉末本身氧化膜的作用，同时具有降低锡、铅表面张力的功效，使焊料迅速扩散并附着在被焊金属表面；黏接剂起到加大锡膏黏附性并保护和防止焊后 PCB 再度氧化的作用。同时为了改善印刷效果和触变性，焊锡膏还需加入触变剂和溶剂。

2. 焊锡膏的分类

目前，焊锡膏的品种繁多，尚缺乏统一的分类标准，一般根据合金熔点、焊剂的活性程度及黏度进行分类。

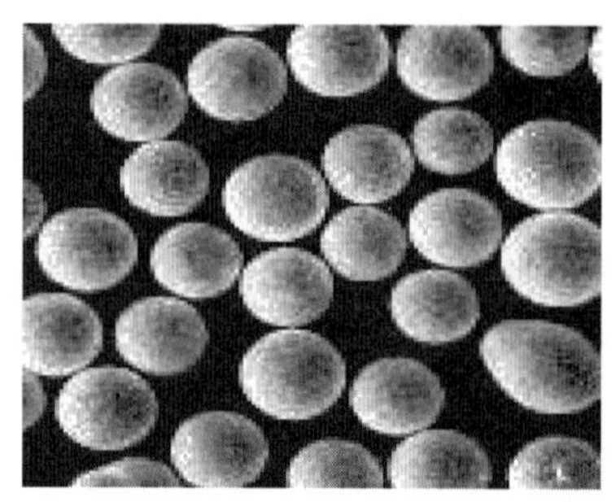

(a) 球形

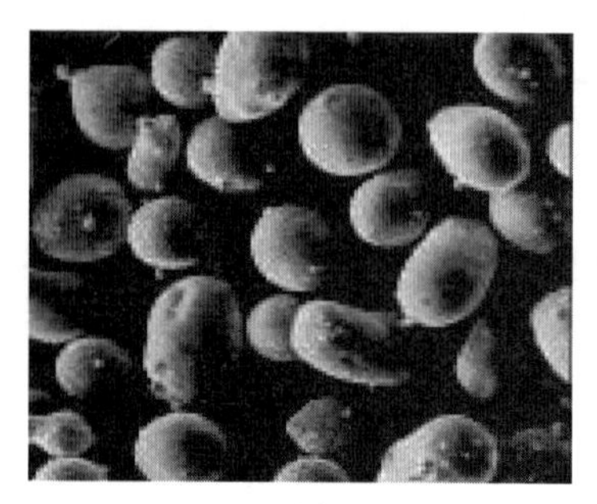

(b) 不定形

图 5-3-1 合金焊料粉末形状

（1）按合金焊料粉末的熔点分

按合金焊料粉末的熔点，焊锡膏可分为低温焊锡膏、中温焊锡膏和高温焊锡膏。人们习惯上将 Sn63Pb37 焊锡膏称为中温焊锡膏，低于此熔化温度的焊锡膏称为低温焊锡膏，如铋基、铟基焊锡膏；高于此熔化温度的焊锡膏称为高温焊锡膏，如 Sn96 焊锡膏。随着所用金属种类和组成的不同，焊锡膏的熔点可提高至 250 ℃以上，也可降为 150 ℃以下，可根据焊接所需温度的不同，选择不同熔点的焊锡膏。

（2）按通用液体焊剂活性分

参照通用液体焊剂活性的分类原则，焊膏可分为低活性（R）、中等活性（RMA）和活性（RA）3 个等级。一般 R 级用于航天、航空电子产品的焊接，RMA 级用于军事和其他高可靠性电路组件，RA 级用于消费类电子产品，使用时可以根据 PCB 和元器件的情况及清洗工艺要求进行选择。

（3）按焊锡膏的黏度分

根据焊锡膏的黏度分类，是为了适应不同工艺方法分配焊膏的需要。焊锡膏黏度的变化范围很大，通常为 100~600 Pa·s，最高可达 1 000 Pa·s 以上。使用时依据施膏工艺手段的不同进行选择。不同黏度焊锡膏的应用见表 5-3-1。

表 5-3-1 不同黏度焊锡膏的应用

合金粉含量(%)	黏度值/(Pa·s)	应用范围
90	350~600	模板印刷
88	200~350	丝网印刷
85	100~200	分配器

（4）按清洗方式分

电子产品的清洗方式分为有机溶剂清洗、水清洗、半水清洗和免清洗等。

① 有机溶剂清洗类。如传统松香焊锡膏（其残留物安全无腐蚀性）或含有卤化物或非卤化物活化剂的焊锡膏。

② 水清洗类。活性强，可用于难以钎焊的表面，焊后残渣易于用水清除；使用此类焊锡膏印刷网板寿命长。

③ 半水清洗和免清洗类。一般用于半水清洗和免清洗的焊锡膏不含氯离子，有特

殊的配方,焊接过程要氮气保护;其非金属固体含量极低,焊后残留物少到可以忽略,减少了清洗的要求。

3. SMT 对焊锡膏的要求

(1) 焊锡膏应具有良好的保存稳定性

焊锡膏制备后,印刷前应能在常温或冷藏条件下保存 3~6 个月而性能不变。

(2) 印刷时和再流加热前应具有的性能

① 印刷时应具有优良的脱模性。② 印刷时和印刷后焊锡膏不易坍塌。③ 焊锡膏应具有合适的黏度。

(3) 再流加热时应具有的性能

① 应具有良好的润湿性。② 不形成或形成最少量的焊料球(锡珠)。③ 焊料飞溅要少。

(4) 再流焊接后应具有的性能

① 要求焊剂中固体含量越低越好,焊后易清洗干净。② 焊接强度要高。

4. 焊锡膏的选用与使用注意事项

(1) 焊锡膏的选用原则

① 焊锡膏的活性可根据印制电路板表面清洁程度来决定,一般采用 RMA 级,必要时采用 RA 级。

② 根据不同的涂覆方法选用不同黏度的焊锡膏,一般焊锡膏分配器用黏度为 100~200 Pa·s,丝网印刷用黏度为 100~300 Pa·s,漏印模板印刷用黏度为 200~600 Pa·s。

③ 精细间距印刷时选用球形、细粒度焊锡膏。

④ 双面焊接时,第一面采用高温焊锡膏,第二面采用低温焊锡膏,保证两者相差 30~40 ℃,以防止第一面已焊元器件脱落。

⑤ 当焊接热敏元件时,应采用含铋的低温焊锡膏。

⑥ 采用免洗工艺时,要用不含氯离子或其他强腐蚀性化合物的焊锡膏。

(2) 焊锡膏使用的注意事项

① 焊锡膏通常应该保存在 5~10 ℃的低温环境下,可以储存在电冰箱的冷藏室内,超过使用期限的焊锡膏不得再使,锡膏的取用原则是先进先出。

② 一般应该在使用前至少 2 h 从冰箱中取出焊锡膏,待焊锡膏达到室温后,才能打开焊锡膏容器的盖子,以免焊锡膏在升温过程中凝结水汽。

③ 观察焊锡膏,如果表面变硬或有助焊剂析出,必须进行特殊处理,否则不能使用;如果焊锡膏的表面完好,也要用不锈钢棒搅拌均匀以后再使用;如果焊锡膏的黏度大,应该适当加入所使用焊锡膏的专用稀释剂,稀释并充分搅拌以后再用,也可以选择焊锡膏搅拌机进行搅拌,搅拌过程如图 5-3-2 所示。

④ 使用时取出焊锡膏后,应及时盖好容器盖,避免助焊剂挥发。

⑤ 涂敷焊锡膏和贴装元器件时,操作者应该佩戴手套,避免污染印制电路板。

⑥ 把焊锡膏涂敷到 PCB 上时,如果涂敷不准确,必须擦洗掉焊锡膏再重新涂敷,擦洗免清洗焊锡膏不得使用酒精。

⑦ 印好焊锡膏的印制电路板要及时贴装元器件,尽可能在 4 h 内完成再流焊。

⑧ 免清洗焊锡膏原则上不允许回收使用，如果印刷涂敷作业的间隔超过 1 h，必须把焊锡膏从模板上取下来并存放到当天使用的单独容器里，不要将回收的焊锡膏放回原容器。

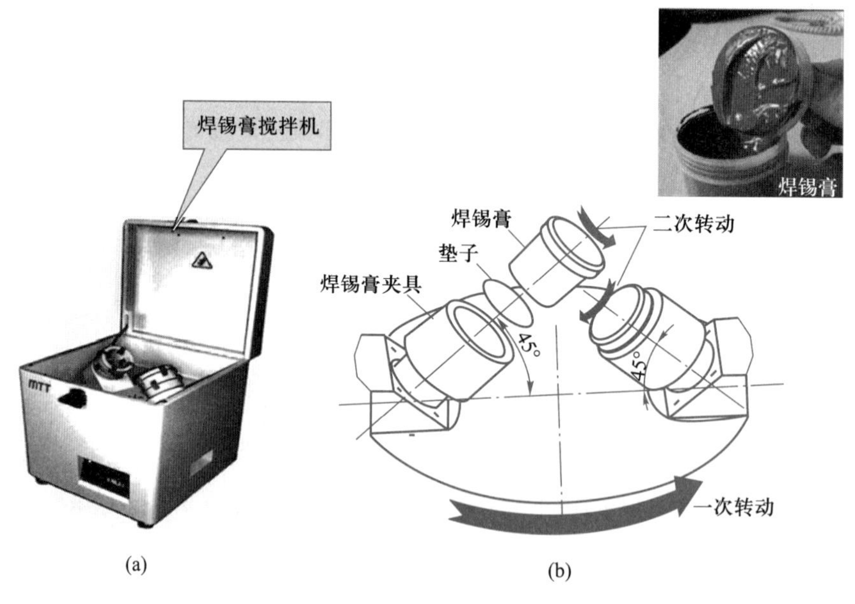

图 5-3-2 焊锡膏搅拌

小提示

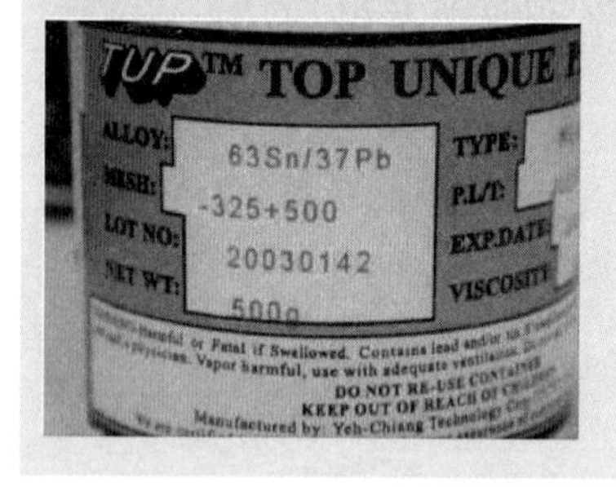

怎样理解焊锡膏产品标示说明

ALLOY：合金成分(63Sn/37Pb)	TYPE：型号
MESH：网眼大小(-325+500 mesh)	P.L/T：制造日期
LOT NO.：批号	EXP.DATE：失效日期
NET WT.：净重(500g)	VISCOSITY：黏度

5.3.2 贴片胶

演示文稿

贴片胶

SMT 技术有两类典型的工艺流程，一类是焊锡膏-回流焊工艺，另一类是贴片胶-波峰焊工艺，后者是将片式元器件采用贴片胶粘合在 PCB 表面，并在 PCB 另一面上插装通孔元件，然后通过波峰焊就能顺利地完成焊装工作。贴片胶的作用是在波峰焊前把表贴元器件暂时固定在 PCB 相应的焊盘图形上，以免波峰焊时引起元器件偏移或脱落。焊接完成后，它虽然失去了作用，但仍然留在 PCB 上，具有很好的黏接强度和电绝缘性能。

1. 施加贴片胶工艺目的

贴片胶，也称为 SMT 接着剂、SMT 红胶，它是红色的膏体中均匀地分布着硬化剂、颜料、溶剂等的黏接剂，主要用来将元器件固定在印制电路板上，一般用点胶或钢网印刷的方法来分配。贴上元器件后放入烘箱或再流焊机加热硬化。它与所谓的焊锡膏是不相同的，一经加热硬化后，再加热也不会熔化，也就是说，贴片胶的热硬化过程是不可逆的。SMT 贴片胶的使用效果会因热固化条件、被连接物、所使用的设备、操作环境的不同而有差异。使用时要根据生产工艺来选择贴片胶。

2. 贴片胶的分类

① 按化学性质分。贴片胶按化学性质分，可分为热固型、热塑型、弹性型和合成型。

② 按基体材料分。贴片胶按基体材料分，可分为环氧树脂和聚丙烯两大类。环氧树脂是最老的和用途最广的热固型、高黏度的贴片胶。聚丙烯贴片胶则常用单组分，它不能在室温下固化，通常用短时间紫外线照射或用红外线辐射固化，固化温度约为 156 ℃，固化时间约为 10 s 到数分钟。

③ 按功能分。贴片胶按功能分，可分为结构型、非结构型和密封型 3 大类。结构型贴片胶具有高的机械强度，用来把两种材料永久地黏接在一起；并能在一定的荷重下使它们牢固地结合。非结构型贴片胶用来暂时固定具有不大荷重的物体，如把 SMD 黏接在 PCB 上，以便进行波峰焊接。密封型贴片胶用来黏接两种不受荷重的物体，用于缝隙填充、密封或封装等。前两种贴片胶在固化状态下是硬的，而密封型贴片胶通常是软的。

④ 按使用方法分。贴片胶按使用方法分，可分为针式转移式、压力注射式、丝网模板印刷等工艺方式适用的贴片胶。

3. 贴片胶的存储与使用

贴片胶应在 2~8 ℃ 的冰箱中低温避光密封保存，贴片胶在使用中应注意下列问题。

① 使用时从冰箱中取出后，应使其温度与室温平衡后再打开容器，以防止贴片胶结霜吸潮。

② 贴片胶打开瓶盖之后，搅拌均匀后再使用；如发现结块或黏度有明显变化，说明贴片胶已失效。

③ 使用后留在原包装容器中的贴片胶仍要低温密封保存。

④ 贴片胶涂敷的方法主要有针式转移法、注射法和印刷法；不同的点胶方式对贴片胶的黏度有不同的要求，在点胶后可采用手工贴片、半自动贴片或采用贴装机自动贴片，然后固化。

⑤ 贴片胶用量应控制适当。用量过少会使黏接强度不够，波峰焊时易丢失元器件；用量过多会使贴片胶流到焊盘上，妨碍正常焊接，给维修操作带来不便。

4. 贴片胶的选用

应根据企业设备状态及元件形状来决定贴片胶的选用。

(1) 环氧树脂型贴片胶的特点

① 环氧树脂型贴片胶可用再流炉固化，只需添置低温箱。

② 用于焊锡膏的工作环境均适用环氧树脂类。

③ 热固化，无阴影效应，适合不同形状的元器件，点胶位置也无特殊要求。

(2) 选用丙烯酸酯型贴片胶时，应满足的条件

① 添置紫外灯。

② 点胶位置有要求，胶点应分布在元器件外围，否则不易固化，且有阴影效应。

5.3.3 清洗剂

演示文稿

清洗剂

SMT焊接后，PCB上焊点周围存在残余焊剂、油污、汗迹等杂质，这些杂质对焊点有腐蚀作用，会造成绝缘电阻下降、电路短路或接触不良等，因此要对焊点进行清洗。

1. 清洗剂的类型

常用的清洗剂有以下几种。

① 无水乙醇。无水乙醇又称无水酒精，它是一种无色透明且易挥发的液体。其特点是：易燃、吸潮性好，能与水及其他许多有机溶剂混合，可用于清洗焊点和印制电路板组装件上残留的焊剂和油污等。

② 航空洗涤汽油。航空洗涤汽油是由天然原油中提取的轻汽油，可用于精密部件和焊点的洗涤等。

③ 三氯三氟乙烷(CFC-113)。三氯三氟乙烷是一种稳定的化合物，常温下是无色透明、易挥发的液体，有微弱的醚的气味。它对铜、铝、锡等金属无腐蚀作用，在电子设备中常用做气相清洗液。有时，也会采用三氯三氟乙烷和乙醇的混合物，或用汽油和乙醇的混合物作为电子设备的清洗液。

④ 水清洗剂。为彻底消除CFC对臭氧层的破坏作用，也为更好地适应水清洗工艺，出现了以皂化水和净水为代表的水清洗剂。皂化水为以水为溶剂，在皂化剂的作用下，把松香变成水溶性物质去除，最后再用纯水清洗干净。

2. 清洗剂的特点

一般来说，一种性能良好的清洗剂应当具有以下特点。① 脱脂效率高，对油脂、松香及其他树脂有较强的溶解能力。② 表面张力小，具有较好的润湿性。③ 对金属材料不腐蚀。对高分子材料不溶解、不溶胀，不会损害元器件和标记。④ 不燃、不爆、低毒性，利于安全操作，也不会对人体造成危害。⑤ 残留量低。清洗剂本身不污染印制电路板。⑥ 易挥发，在室温下即能从印制电路板上除去。⑦ 稳定性好，在清洗过程中不会发生化学或物理作用，并具有存储稳定性。

演示文稿

SMT手工装配

任务5.4 SMT手工装配

任务引入

在SMT生产中，SMT工艺装配主要依靠SMT自动生产线来完成，而在企业的研发部制作样机和维修部返修产品时，检测、焊接SMT元器件都可能需要手工操作。在新创的微型电子企业，小规模生产条件下也可能需要手工焊接电子产品，故学会手工焊接SMT元器件是电子从业人员的一项基本技能。

本任务的目标就是学习SMT的表面组装元器件的手工装配工艺(包括SMT元器件手工贴装、手工焊接等)基本知识和技能，为全面掌握SMT工艺奠定基础。

5.4.1 SMT 手工贴装

SMT 手工贴装是指在没有自动或半自动化 SMT 设备的情况下,手工焊锡膏印刷、手工 SMT 贴片、手工焊接等操作。当然,SMT 的手工装配与 THT 通孔工艺的手工装配没有本质的区别,但要注意 SMT 手工装配的方法和技巧。

 演示文稿

SMT 手工贴片

1. 焊锡膏涂敷

焊锡膏涂敷是指将焊接所需的焊锡膏在手工贴装 SMC/SMD 元器件前,合适地分配到 PCB 的焊盘上。通常,焊锡膏分配有两种方法:一种是采用焊锡膏注射器分配焊锡膏,另一种是采用模板印刷分配焊锡膏。

(1) 焊锡膏注射法

焊锡膏注射法所使用的焊锡膏分配器如图 5-4-1(a)所示,它的基本工作原理是通过调整针筒压力、滴胶时间、针嘴大小来控制滴出的焊锡膏量,经脚踏开关控制即可滴出均等的焊锡膏(相差不超过 0.1%)。它主要应用于贴片电阻、电容等点状焊盘的焊锡膏分配,非常适用于单个 PCB 的焊锡膏分配,省去了极小量焊盘制作模板的开支与时间。形状也是由注射针尺寸、点胶时间和压力大小来控制。焊锡膏注射法涂敷过程如图 5-4-1(b)所示。

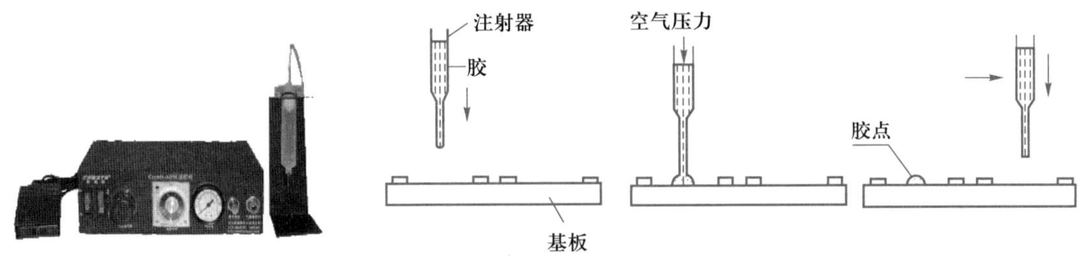

(a) 焊锡膏分配器　　(b) 焊锡膏注射法涂敷过程

图 5-4-1　焊锡膏注射法

(2) 模板印刷法

模板印刷法是指将焊膏通过一定形状模板一次性均匀漏印到 PCB 的焊盘上,该分配方法具有焊锡膏涂覆均匀、准确等特点,适用于同种规格 PCB 批量焊锡膏分配。焊锡膏印刷主要有模板的制作与维护、模板与 PCB 的对准、焊锡膏印刷、模板清理等步骤。

① 模板的制作与维护。模板材料一般选用铜板,板厚为 0.2 mm。模板上有很多与焊盘大小、位置一一对应的小孔,以使焊锡膏漏印到印制电路板的焊盘上。在使用前,应对其进行擦拭,使表面清洁。由于焊锡膏有一定的黏性,在使用后,要用酒精棉丝对模板上、下面同时擦拭,将网孔内壁擦拭干净,使其不沾有焊锡膏。

② 模板与 PCB 的对准。模板与 PCB 对准的过程为:利用高精度丝印台三个定位针固定好位置,调整两立柱上的螺母和模板支架紧固螺栓,使模板放下时与印制电路板平行接触;调整平衡砣的位置,使模板抬起在 60°~90°时不会自由下落;观察模板上的网孔与印制电路板上的焊盘相对应,并对准。如对应不准确必须进行印制电路板的调整,方法是通过机座两侧的调节旋钮对木制托板进行左右调节,通过机座前侧的调

节旋钮对木制托板进行前后调节，最终使模板上的网孔与印制电路板上的焊盘一一对应。高精度丝印台的外形结构如图 5-4-2(a)所示。

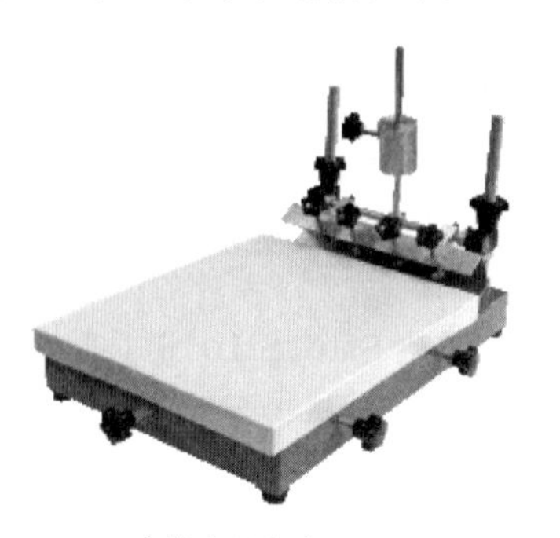

(a) 高精度丝印台

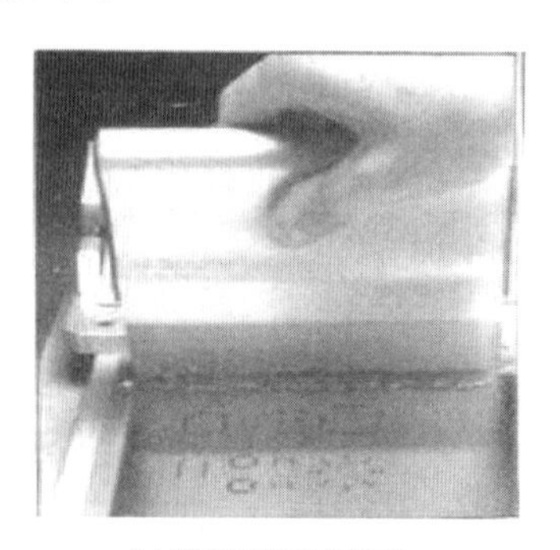
(b) 模板印刷示意图

图 5-4-2　模板印刷法

③ 焊锡膏印刷。首先将 PCB 再次确认是否对准，即将模板放平，压在 PCB 上，通过小孔观察，发现每个小孔下面都有一个亮点，并且这些亮点充满每个小孔，说明小孔和焊盘对应很准确。发现亮点没有充满整个小孔，说明印制电路板没放准或托板没调正。然后准备焊锡膏，但注意焊锡膏因需要冷藏，使用前要将焊锡膏提前 6 小时取出，让焊锡膏恢复常温，且均匀地搅拌焊锡膏。最后，刮焊锡膏，焊锡膏在刮板上的宽度应比模板上略宽。刮锡时，刮板起始角度约为 60°，在刮焊锡膏的过程中角度逐渐变小，到印制电路板末端时角度约为 30°，以使每个焊盘上焊膏均匀、相等。刮焊锡膏示意图如图 5-4-3(a)所示。

刮好焊膏后，如图 5-4-3(b)所示使模板与 PCB 分离，并用镊子取出印制电路板，仔细观察如图 5-4-4(a)所示的刮了焊锡膏的电路板，且放在一托盘中，勿用手摸。因为焊盘上焊锡膏很少，很容易被擦掉，使元件无法焊接。在刮电路板的过程中应经常用铁板尺等物体将焊锡膏向一起汇聚。

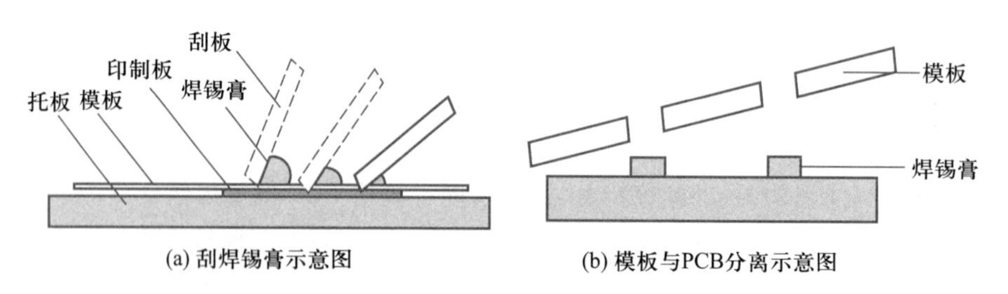

(a) 刮焊锡膏示意图　　(b) 模板与PCB分离示意图

图 5-4-3　焊锡膏印刷

④ 模板清理。焊锡膏印刷完毕，模板要用酒精棉丝擦干净，网孔内不得有焊膏残留。

(3) 焊锡膏涂敷质量

总的来说，焊锡膏涂敷质量标准要“适量”“准确”四个字，具体要求如下：

① 形貌：良好焊锡膏涂敷的形貌如图 5-4-4(b)所示，应均匀覆盖在焊盘上，无凸峰、边缘不清、拉丝、搭接等不良现象。

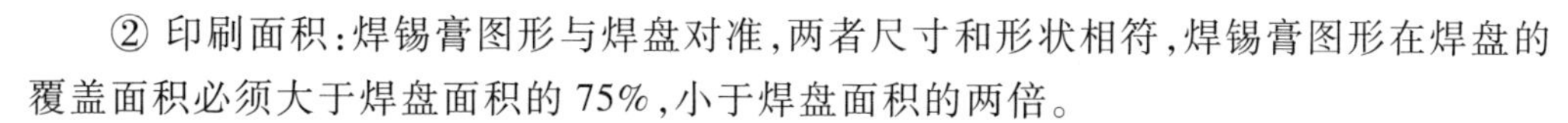
② 印刷面积：焊锡膏图形与焊盘对准，两者尺寸和形状相符，焊锡膏图形在焊盘的覆盖面积必须大于焊盘面积的 75%，小于焊盘面积的两倍。

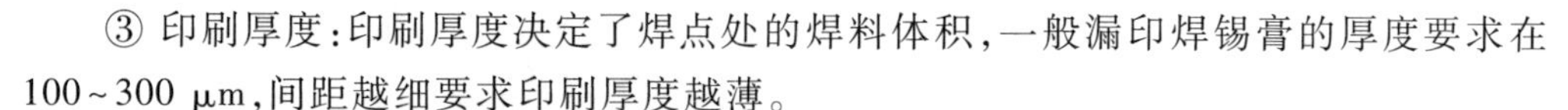
③ 印刷厚度：印刷厚度决定了焊点处的焊料体积，一般漏印焊锡膏的厚度要求在 100～300 μm，间距越细要求印刷厚度越薄。

(a) 刮了焊锡膏的电路板

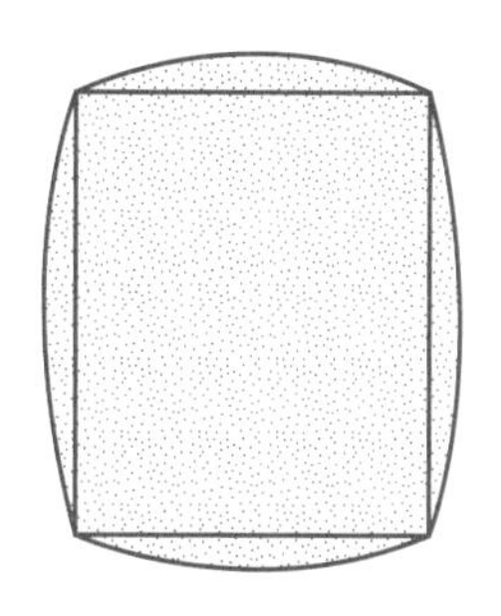

(b) 良好涂膏示意图

图 5-4-4　焊锡膏涂敷质量

2. 手工贴片

虽然，手工贴放片状元器件既不可靠、也不经济，但在试生产时往往还需采用这种方式。元器件的贴放主要是拾取和贴放下去两个动作。手工贴放时，最简单的工具是小镊子，但最好是采用手工贴放机的真空吸管拾取元器件进行贴放。通常，手工贴装有两种方法：一种是采用真空吸笔贴装，另一种是采用具有图像放大系统的精密贴片台贴装。

(1) 真空吸笔贴装

真空吸笔是人工模拟贴片机的贴片嘴，通过气泵产生的空气压强差（反向真空），将贴片元器件从料带直接吸起，人工将元器件放置于相应的焊盘上，真空吸笔吸着力小于焊锡膏的黏着力，元器件自动放置在相应的焊盘上。

但真空吸笔主要用于重量在 500 mg 以下微型器件的贴放。由于自带电磁释放器，通过吸笔孔的人工掩放来控制器件的贴放。如图 5-4-5(a) 所示的真空吸笔虽然具有操作简单、速度快的特点，但不适合体积大、引脚多的 IC 贴装。

(2) 精密贴片台贴装

精密贴片台具有机械手的 3 自由度，x，y 轴可精密微调，z 轴可大范围调整，同时配备大倍率摄像头及彩色显示终端，极适用于高精密封装器件的贴装。精密贴片台的外形结构如图 5-4-5(b) 所示。

(3) 手工贴放元件的注意事项

① 贴装电阻时注意：它分为两面，一面为标注阻值，另一面为白色没有任何标记，有标注一面向上贴装，以备检查。

② 贴装电容时注意：因为电容没有极性，没有标注，而且大小、颜色都非常相似，所以贴装时一定注意。如果贴错，很难检查出问题。

③ 晶体管只要按图纸相应位置贴好。

④ 贴装集成电路时应注意集成电路标记和图纸标记对应，一次贴好，如果没放正，要垂直拿起重新贴放，不要直接挪动，以免造成短路。

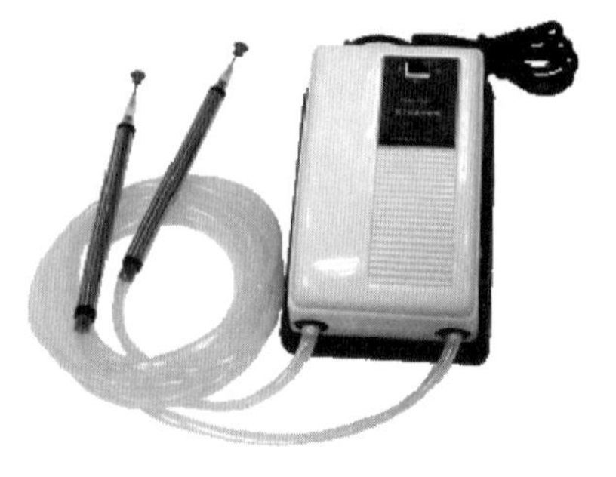

(a) 真空吸笔

(b) 精密贴片台

图 5-4-5 手工贴片简单设备

5.4.2 SMT 手工焊接

演示文稿

SMT 手工焊接

1. SMT 手工焊接的材料、工具要求

(1) 焊接材料

焊锡丝要细，一般要使用直径 0.5～0.8 mm 的活性焊锡丝，也可以使用膏状焊料(焊锡膏)。但要使用腐蚀性小、无残渣的免清洗助焊剂。

(2) 工具设备

使用更小巧的专用镊子和电烙铁，电烙铁的功率不超过 20 W，烙铁头要尖细的锥状。

2. 常用的 SMT 手工焊接工具

(1) 恒温电烙铁　恒温电烙铁的烙铁头温度是可以控制的，根据控制方式不同，分为电控恒温电烙铁和磁控恒温电烙铁两种。恒温电烙铁的外形结构如图 5-4-6(a)所示。

① 电控恒温电烙铁。电控恒温电烙铁是采用热电偶来检测和控制烙铁头的温度。当烙铁头的温度低于规定值时，温控装置控制开关使继电器接通，给电烙铁供电，使温度上升。当温度达到预定值时，控制电路就构成反动作，停止向电烙铁供电。

② 磁控恒温电烙铁。目前，较多采用的是磁控恒温电烙铁。它的烙铁头上装有一个强磁体传感器，利用它在温度达到某一点时磁性消失这一特性，作为磁控开关，来控制加热元器件的通断以控制温度。因恒温电烙铁采用断续加热，它比普通电烙铁节电二分之一左右，并且升温速度快。

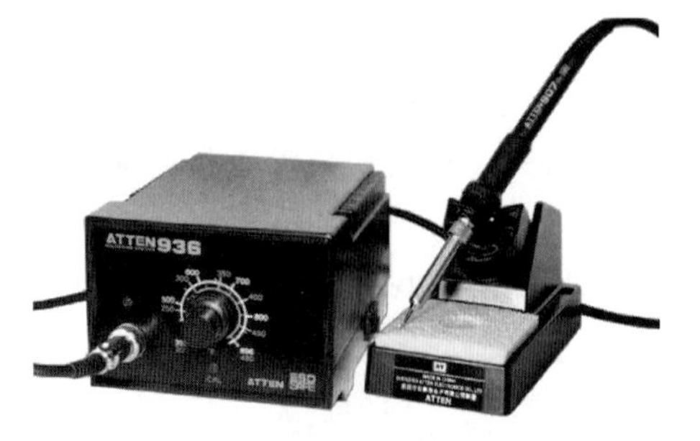

(a) 恒温电烙铁

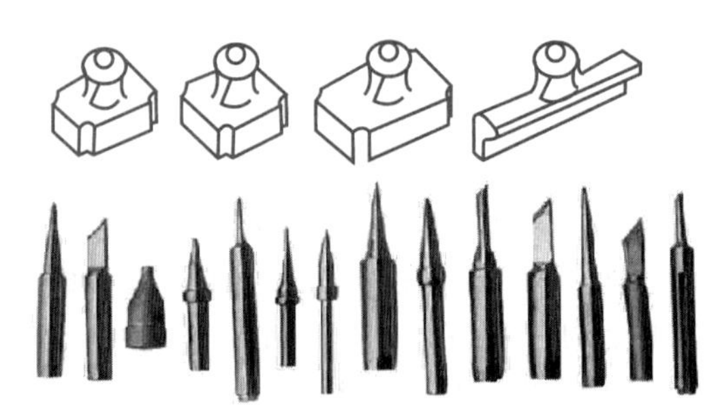

(b) 电烙铁专用加热头

图 5-4-6 SMT 手工焊接烙铁

（2）电烙铁专用加热头

在电烙铁上配置各种不同规格的专用加热头后，可以用来焊接或拆焊引脚数目不同的 QFP 集成电路或 SOP 封装的二极管、晶体管、集成电路等。

（3）真空吸锡枪

真空吸锡枪主要由吸锡枪和真空泵两部分构成。其外形结构如图 5-4-7 所示。吸锡枪的前端是中间空心的烙铁头，带有加热功能。按动吸锡枪手柄上的开关，真空泵即通过烙铁头中间的孔，把熔化了的焊锡吸到后面的锡渣储罐中。取下锡渣储罐，可以清除锡渣。

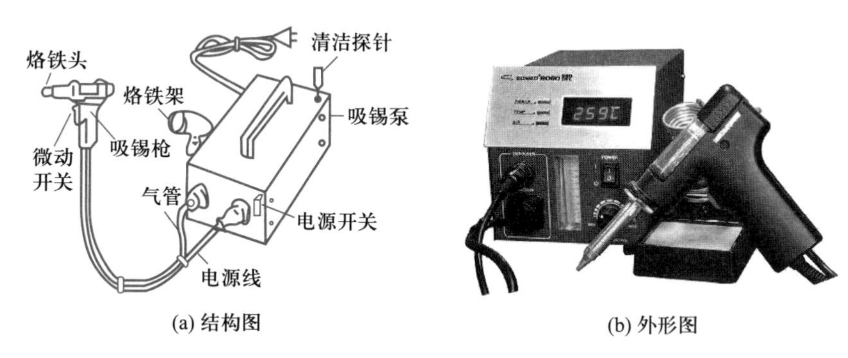

(a) 结构图　　(b) 外形图

图 5-4-7　真空吸锡枪

（4）电热镊子

电热镊子是一种专用于拆焊 SMC 的高档工具，相当于两把组装在一起的电烙铁，只是两个电热芯独立安装在两侧，接通电源以后，捏合电热镊子夹住 SMC 元件的两个焊端，加热头的热量熔化焊点，很容易把元件取下来。电热镊子的外形结构如图5-4-8所示。

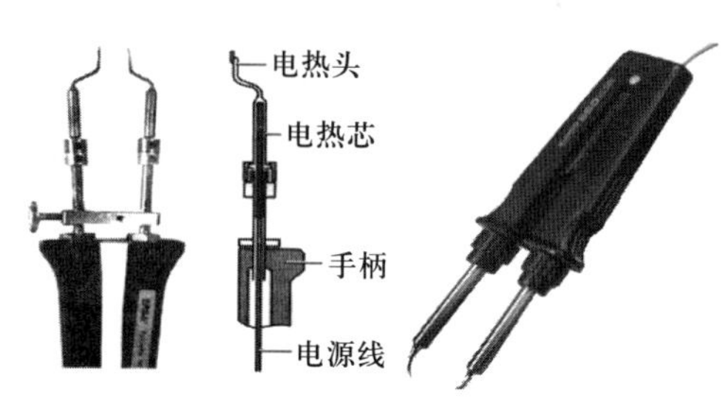

图 5-4-8　电热镊子

（5）热风焊台

热风焊台是一种用热风作为加热源的半自动设备，用热风焊台很容易拆焊 SMT 元器件，比使用电烙铁方便得多，而且能够拆焊更多种类的元器件，热风焊台也能够用于焊接。热风焊台的外形结构如图 5-4-9(a)所示。

(a) 热风焊台　　(b) 各种专用的热风嘴

图 5-4-9　热风焊台和热风嘴

热风焊台的热风筒内装有电热丝，软管连接热风筒和热风台内置的吹风电动机。按下热风台前面板上的电源开关，电热丝和吹风电动机同时开始工作，电热丝被加热，吹风电动机压缩空气，通过软管从热风筒前端吹出来，电热丝达到足够的温度后，就可以用热风进行焊接或拆焊；断开电源开关电热丝停止加热，但吹风电动机还要继续工作一段时间，直到热风筒的温度降低以后才自动停止。热风焊台热风筒的前端上可以装配各种专用的热风嘴，用于拆卸不同尺寸、不同封装方式的芯片。各种专用的热风嘴外形结构如图 5-4-9(b)所示。

3. 电烙铁的焊接温度设定

焊接时，最适合的焊接温度，是让焊点上的焊锡温度比焊锡的熔点高 50 ℃左右。由于焊接对象的大小、电烙铁的功率和性能、焊料的种类和型号不同，在设定烙铁头的温度时，一般要求在焊锡熔点温度的基础上增加 100 ℃左右。

(1) 手工焊接或拆除下列元器件时，电烙铁的温度设定为 250～270 ℃或 250±20 ℃：

① 1206 以下所有 SMT 电阻、电容、电感元件。

② 所有电阻排、电感排、电容排元件。

③ 面积在 5 mm×5 mm(包含引脚长度)以下并且少于 8 脚的 SMD。

(2) 除上述元器件，焊接温度设定为 350～370 ℃或 350±20 ℃。在检修 SMT 电路板的时候，假如不具备好的焊接条件，也可用银浆导电胶黏接元器件的焊点，这种方法避免元器件受热，操作简单，但连接强度较差。

4. SMT 元器件手工焊接

(1) 用电烙铁进行焊接

用电烙铁焊接 SMT 元器件，最好使用恒温电烙铁，若使用普通电烙铁，电烙铁的金属外壳应该接地，防止感应电压损坏元器件。由于片状元器件的体积小，烙铁头尖端的截面积应该比焊接面小一些。焊接时要注意随时擦拭烙铁尖，保持烙铁头洁净；焊接时间要短，一般不要超过 2 s，看到焊锡开始熔化就立即抬起烙铁头；焊接过程中烙铁头不要碰到其他元器件；焊接完成后，要用带照明灯的 2～5 倍放大镜，仔细检查焊点是否牢固、有无虚焊现象；假如焊件需要镀锡，先将烙铁尖接触待镀锡处约 1 s，然后再放焊料，焊锡熔化后立即撤回电烙铁。具体操作方法如下所述。

① 焊接两端 SMC 元器件。两端 SMC 元器件包括电阻、电容、二极管。具体操作时，有两种不同的方法：一种是先在一个焊盘上镀锡后，电烙铁不要离开焊盘，保持焊锡处于熔融状态，立即用镊子夹着元器件放到焊盘上，先焊好一个焊端，再焊接另一个焊端。另一种焊接方法是，先在焊盘上涂敷助焊剂，并在基板上点一滴不干胶，再用镊子将元器件粘放在预定的位置上，先焊好一脚，后焊接其他引脚。安装钽电解电容器时，要先焊接正极，后焊接负极，以免电容器损坏。操作过程如图 5-4-10 所示。

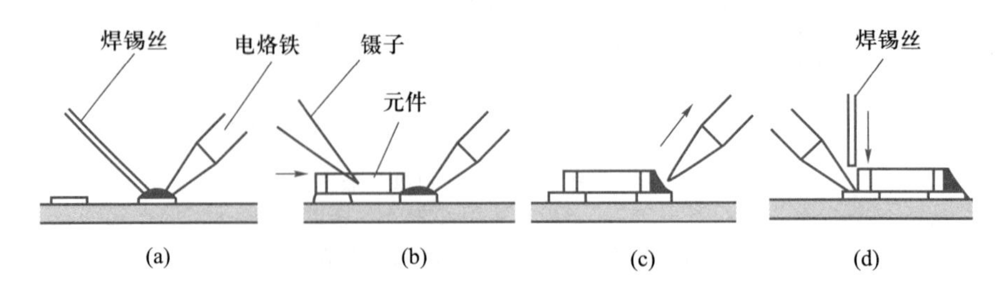

图 5-4-10 手工焊接两端 SMC 元件

② 焊接QFP封装的集成电路。焊接QFP封装的集成电路时,先把芯片放在预定的位置上,用少量焊锡焊住芯片角上的3个引脚,使芯片被准确地固定,然后给其他引脚均匀涂上助焊剂,逐个焊牢。操作过程如图5-4-11所示。

焊接时,如果引脚之间发生焊锡粘连现象,可按照如图5-4-11(c)的方法清除粘连;在粘连处涂抹少许助焊剂,用烙铁尖轻轻沿引脚向外刮抹。还可采用H形烙铁头进行“拖焊”,即沿着QFP芯片的引脚,把烙铁头快速向后拖,能得到很好的焊接效果。

焊接SOT晶体管或SOP封装的集成电路与此相似,先焊住两个对角,然后给其他引脚均匀涂上助焊剂,逐个焊牢。

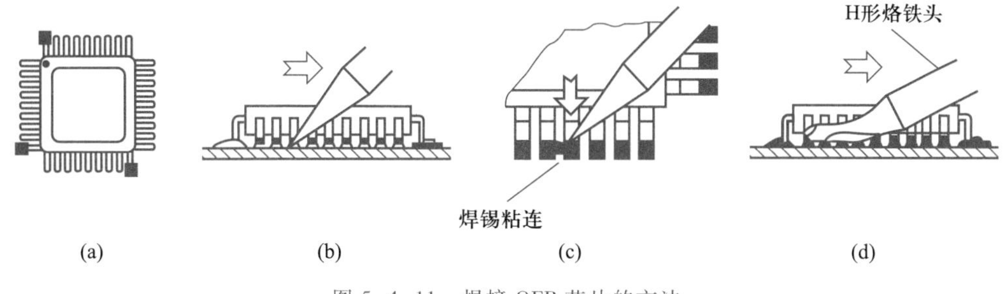

图5-4-11 焊接QFP芯片的方法

(2) 用专用加热头拆焊元器件

演示文稿

贴片元件的手工拆焊

同时用两把电烙铁只能拆焊电阻、电容等两端元件或二极管、晶体管等引脚数目少的元器件,如图5-4-12(a)、(b)所示,如果拆焊集成电路,要使用专用加热头。

采用长条加热头可以拆焊翼形引脚的SOP封装的集成电路,操作方法如图5-4-12(c)所示。将加热头放在集成电路的一排引脚上,按图中箭头方向来回移动加热头,以便将整排引脚上的焊锡全部熔化。注意当所有引脚上的焊锡都熔化并被吸锡铜网(线)吸走、引脚与电路板之间已经没有焊锡后,用专用起子或镊子将集成电路的一侧撬离印制电路板。然后用同样的方法拆焊芯片的另一侧引脚,集成电路就可以被取下来。

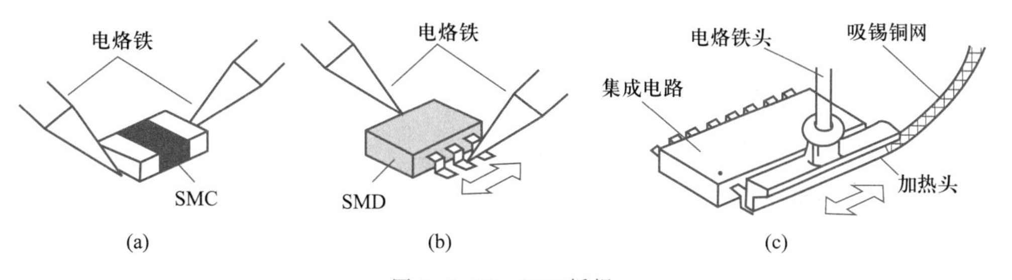

图5-4-12 SMT拆焊

使用专用加热头拆卸QFP集成电路,根据芯片的大小和引脚数目选择不同规格的加热头,将电烙铁头的前端插入加热头的固定孔。在加热头的顶端涂上焊锡,再把加热头靠在集成电路的引脚上,约3~5 s后,在镊子的配合下,轻轻转动集成电路并轻轻提起。专用加热头拆卸QFP集成电路如图5-4-13所示。

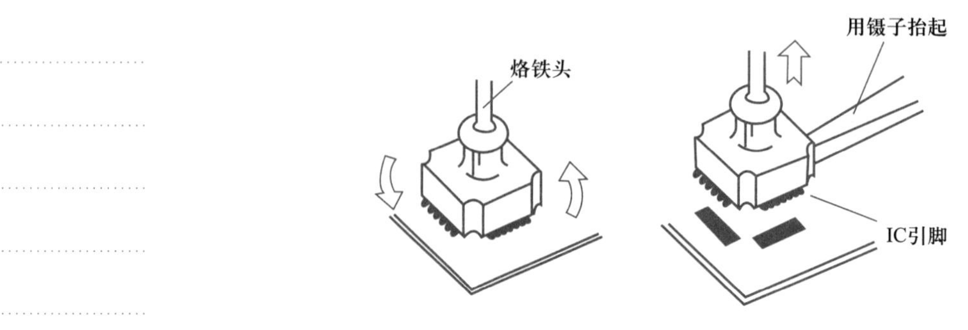

图 5-4-13 拆卸 QFP 集成电路

（3）用热风焊台拆焊或焊接 SMC/SMD 元器件

使用热风焊台拆焊 SMC/SMD 元器件比使用电烙铁方便得多，不但操作简单而且能够拆焊的元器件种类也更多。

① 用热风台拆焊。按下热风工作台的电源开关，就同时接通了吹风电动机和电热丝的电源，调整热风台面板上的旋钮，使热风的温度和送风量适中。这时，热风嘴吹出的热风就能够用来拆焊 SMC/SMD 元器件。

热风工作台的热风筒上可以装配各种专用的热风嘴，用于拆卸不同尺寸、不同封装方式的芯片。图 5-4-14 是用热风焊台拆焊集成电路的示意图，其中，图(b)是拆焊 PLCC 封装芯片的热风嘴，图(c)是拆焊 QFP 封装芯片的热风嘴，图(d)是拆焊 SOP 封装芯片的热风嘴，图(e)是一种针管状的热风嘴。针管状的热风嘴使用比较灵活，不仅可以用来拆焊两端元件，也可以用它来拆焊其他多种集成电路。在图 5-4-14(a)中，虚线箭头描述了用针管状的热风嘴拆焊集成电路的时候，热风嘴沿着芯片周边迅速移动、同时加热全部引脚焊点的操作方法。

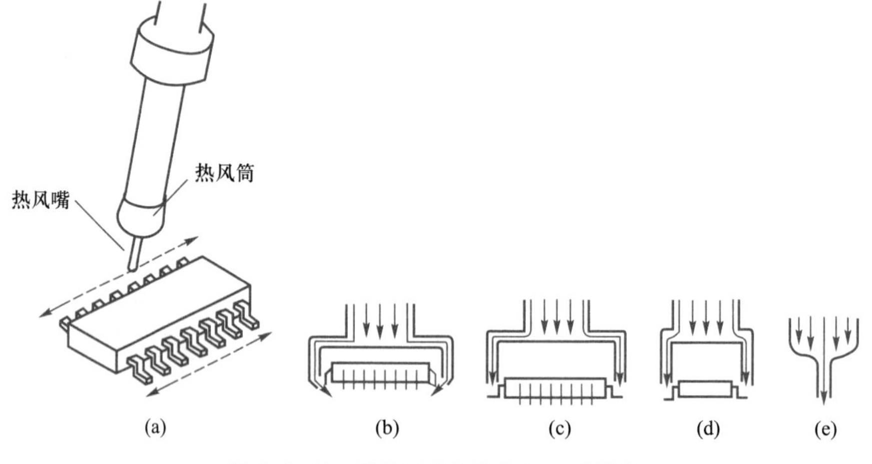

图 5-4-14 用热风焊台拆焊 SMT 元器件

② 用热风焊台焊接。使用热风焊台也可以焊接集成电路，不过，焊料应该使用焊锡膏，不能使用焊锡丝。可以先用手工点涂的方法往焊盘上涂敷焊锡膏，贴放元器件以后，用热风嘴沿着芯片周边迅速移动，均匀加热全部引脚焊盘，就可以完成焊接。

假如用电烙铁焊接时，发现有引脚“桥接”短路或者焊接的质量不好，也可以用热风工作台进行修整：往焊盘上滴涂免清洗助焊剂，再用热风加热焊点使焊料熔化，短路点在助焊剂的作用下分离，让焊点表面变得光亮圆润。

小提示

使用热风焊台要注意的事项

（1）热风嘴应距欲焊接或拆除的焊点 1～2 mm，不能直接接触元器件引脚，亦不要过远，并保持稳定。

（2）焊接或拆除元器件时，一次不要连续吹热风超过 20 s，同一位置使用热风不要超过 3 次。

（3）针对不同的焊接或拆除对象，可参照设备生产厂家提供的温度曲线，通过反复试验，优选出适宜的温度与风量设置。

知识链接

1. 专业术语及词汇

AI(Auto-Insertion)自动插件

COB(Chip-on-board)芯片直接贴附在电路板上

CPS(Centipoises)黏度单位百分之一

CSB(Chip Scale Ball Grid Array)芯片尺寸

CSP(Chip Scale Package)芯片尺寸构装

FPT(Fine Pitch Technology)微间距技术

SSD(Electrostatic Sensitive Device)静电敏感元器件

ESD(Electrostatic Discharge)静电释放

EOS(Electrical Overstress)电气过载

Chip Fixed Resistor 片式固定电阻器

MLC(Multilayar Ceramic Capacitor)多层瓷介电容器

MCM(Multi-Chip Module)多层芯片模块

MELF(Metal Electrode Face)二极管

MQFP(Metalized QFP)金属四方扁平封装

SOD(Small Outline Diode)小外形封装二极管

SOT(Small Crutline Transistor)小外形封装晶体管

SOIC(Small Qutline Integrated Circuit)小外形集成电路

LCCC(Leadless Ceramic Chip Carrier)无引脚陶瓷芯片载体

PLCC(Plastic Leadled Chip Carrier)塑封有引脚芯片载体

QFP(Quad Flat Package)方形扁平封装

BGA(Sall Grid Array)球栅阵列封装器件

CSP(Chip Scale Package)芯片尺寸级封装

COB(Chip on Board)裸芯片

FC(FIip Chip)倒装裸芯片

TAB(Tape Automated Bonding)自动键合

BTAB(Bumped Tape Automated Bonding)凸点载带自动键合

MBB(Micro-Bump Bonding)微凸点连接

MSD(Moisture Sensitive Devices)湿度敏感器件

HIC(Fdumidity Indicator Card)湿度指示卡

MBB(Moisture Barrier Bag)干燥剂的防潮湿包装袋

CFC-113 三氯三氟乙烷

2. 所涉及的专业标准及法规

IEC(International Electrotechnical Commission)国际电工协会

ITU(International Telecommunications Union)国际电信联盟

IPC-A-610D 电子组装件的验收标准

问题与思考

1. 参照图5-1所示的组装图，简述SMT的工艺流程。

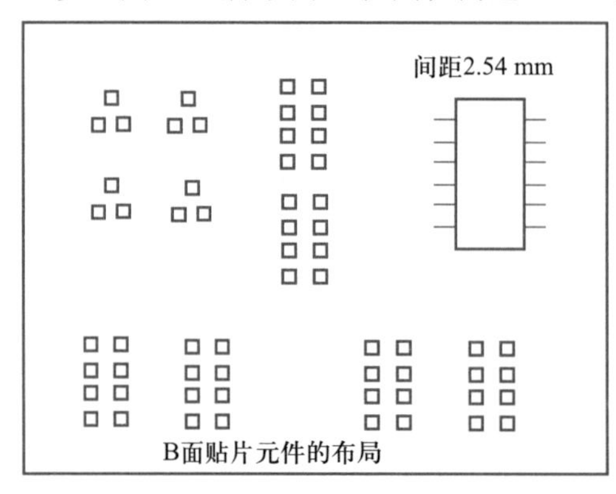

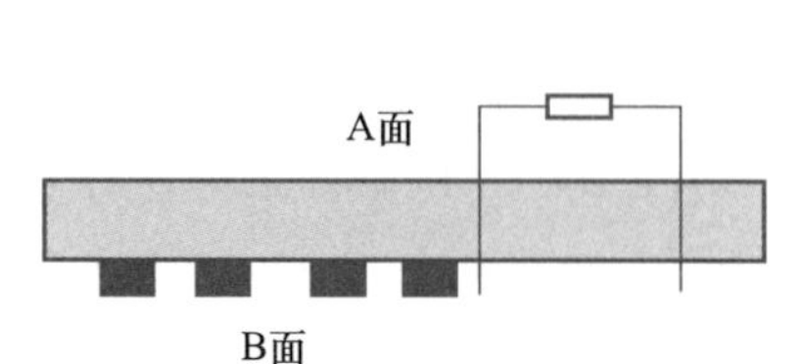

图5-1

2. 静电敏感元器件（SSD）对运输、存储、使用有什么要求？ 手工焊接中有哪些防静电措施？图5-2是IPC的什么标志？ 分别是什么含义？

图5-2

3. 表面组装元器件与通孔插装元器件相比有哪些优点？

4. ① 试写出SMC元器件的小型化进程。

② 试写出下列SMC元器件的长和宽（mm）：1206、0805、0603、0402。

③ 试说明下列SMC元器件的含义：3216 C，3216 R。

④ 试写出常用典型 SMC 电阻器的主要技术参数。

⑤ 片状元器件有哪些包装形式。

⑥ 试叙述 SMD 集成电路的封装形式，并注意收集新出现的封装形式。

5. ① 请叙述手工焊接贴片元器件与焊接 THT 元器件有哪些不同?

② 请说明手工贴片元器件的操作方法。

能力拓展

1. 某公司生产手机产品时发现,在后段测试中经常发现多台手机不能正常工作,查找相关原因后发现是由于作业人员在生产过程中直接拿原件与 PCB 造成的。根据以上所述谈谈,静电如何对电子产品造成损害,该从哪些方面对静电进行防护?

2. 某公司有一新产品需进行贴片,如图 5-3 所示,请设计该 SMT 产品的组装流程。

图 5-3

项目 6

表面贴装工艺电子产品的自动化生产

【引言】

表面贴装工艺电子产品的发展趋势是产品功能越来越强、体积越来越小、价格越来越低、更新换代的速度也越来越快。这些变化促使着半导体集成电路的集成度越来越高，SMD 和 IC 的引脚间距也越来越窄，再加上电子组装的无铅化绿色制造的需要，由此迫切地要求表面贴装工艺电子产品生产过程中设备的自动化程度越来越高，工艺管理越来越精细。

本项目主要介绍涂敷工艺及设备、贴装工艺及设备、回流焊工艺、SMT 焊点质量检验及缺陷分析。掌握表面贴装工艺电子产品的自动化生产是电工电子类行业专业工程技术人员所必备的知识和技能。

任务 6.1 涂敷工艺与生产线

任务引入

目前在表面贴装电子产品生产中,最基本的 SMT 生产线是由印刷机、贴片机、回流炉和上/下料装置、接驳台等组成。而作为 SMT 生产工艺中第一道工艺的表面组装涂敷工艺就是指把一定量的焊膏或胶水按要求涂敷到 PCB 上的过程,即焊膏涂敷和贴片胶涂敷。其中焊膏涂敷就是将焊膏涂敷在 PCB 的焊盘图形上,为 SMC/SMD 的贴装、焊接提供黏附和焊接材料。焊膏涂敷有点涂、丝网印刷和金属模板印刷三种方法。贴片胶涂敷是指将胶水涂敷在 PCB 规定位置上,这样在混合组装中就可把表面组装元器件暂时固定在 PCB 的焊盘图形上,以便随后的波峰焊接等工艺操作得以顺利进行。

本任务的目标就是认识 SMT 生产线,学习焊膏涂敷工艺及设备、贴片胶涂敷工艺及装置等内容。让学生全面了解与认识 SMT 生产线,掌握焊膏涂敷工艺及设备、贴装胶涂敷工艺及装置。

演示文稿

涂敷工艺与生产线

演示文稿

SMT 生产线主要设备认知

6.1.1 SMT 生产线

1. SMT 生产线的类型

SMT 生产线按照自动化程度可分为全自动生产线和半自动生产线。全自动生产线是指整条生产线的设备都是全自动设备,通过自动上板机、缓冲带和自动下板机将所有生产设备连成一条自动线。半自动生产线是指主要生产设备没有连接起来或没有完全连接起来,印刷机是半自动的,需要人工印刷或者人工装卸印制电路板。

根据生产产品的不同,SMT 生产线可分为单生产线和双生产线。SMT 单生产线由印刷机、贴片机、回流炉、测试设备等自动表面组装设备组成,主要用于只在 PCB 单面组装 SMC/SMD 的产品。SMT 单生产线的基本组成示意图如图 6-1-1 所示。SMT 双生产线由两条 SMT 单生产线组成,其中这两条 SMT 单生产线可以独立存在,也可串联组成,主要用于在 PCB 双面组装 SMC/SMD 的产品。电子产品的单板组装方式不同采用的生产线也不同。如果印制电路板上仅贴有表面组装元器件,那么采用 SMT 生产线即可;如果是表面组装元器件和插装元器件混合组装时,还需在 SMT 生产线的基础上附加插装件组装线和相应设备;当采用的是非免清洗组装工艺时,还需附加焊接后的清洗设备。

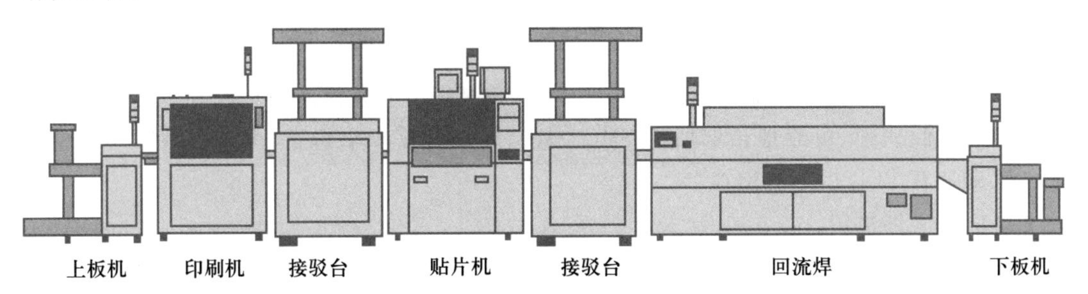

图 6-1-1 SMT 单生产线的基本组成示意图

SMT生产线还可以按照生产线的规模大小,可分为大型、中型和小型生产线。大型生产线是指具有较大的生产能力。一条大型单面生产线上的贴片机由一台泛用机和多台高速机组成。中、小型生产线主要适用于研究所和中小企业,满足多品种需求。表6-1-1所示为SMT生产线的各种类型。

表6-1-1 SMT生产线的类型

分类方法	类型
按焊接工艺	波峰焊、回流焊
按产品区别	单生产线、双生产线
按生产规模	小型、中型、大型
按生产方式	半自动、全自动
按使用目的	研究试验、小批量多品种生产、大批量少品种生产、变量变种生产
按贴装速度	低速、中速、高速
按贴装精度	低精度、高精度

2. SMT生产线的主要设备

SMT生产线的主要设备主要包括上/下板机、锡膏印刷机、贴片机、回流炉、波峰焊炉等。

(1) 上/下板机

上/下板机主要用于SMT生产线上电路板的上板操作或下板操作,大部分要求可以由用户指定。

(2) 锡膏印刷机

锡膏印刷机是组成SMT生产线的主要设备和影响组装质量关键设备,用于将锡膏(膏状焊料)涂敷在为贴装元器件的PCB的焊盘上。早期的锡膏印刷机大多采用丝网印刷涂敷工艺,因此,习惯上也称其为锡膏丝网印刷机,简称丝印机。

锡膏印刷机有手动、半自动、全自动等类型,目前,在SMT生产线中配置的锡膏印刷机一般均为全自动印刷机。锡膏印刷机的基本功能是采用丝网印刷或网板印刷技术,将定量的锡膏,精确、均匀、快速地涂敷在PCB的各个指定位置上。全自动锡膏印刷机具有较强的功能,它可自动完成一系列的锡膏印刷操作过程。

(3) 贴片机

贴片机也称为贴装机或贴装设备,用于各类片式SMC/SMD贴装,是组成SMT生产线起决定生产线组装效率和组装功能的核心和关键设备。贴片机有半自动或全自动、高速或低速、多功能或通用、高精度或普通精度等各种类型,它们的性能和功能有一定差异,但基本贴片功能相同。

贴片机的基本功能可概括为:在对SMC/SMD不造成任何损坏的前提下,完整、稳定、准确、快速、可靠地拾取所需SMC/SMD,并按程序要求稳定、准确、快速、可靠地将其贴放在PCB指定的位置上。

(4) 回流炉

回流炉用于SMC/SMD其他元器件和接插件引脚、电极与PCB焊盘之间的钎焊连接,是组成SMT生产线的主要设备。其基本功能为:在机械传送机构的带动下,使已贴装有待焊元器件的 PCB 以设定速度通过设定温度工作区,采用外部热源,加温已经事先涂敷在 PCB 焊盘与被连接对象引脚或电极之间的焊料,使其通过预热、升温、熔化(再次流动)、冷却等过程,最终达到 PCB 焊盘与被连接对象引脚或电极之间牢固、可靠的焊接。

回流炉根据加热方法的不同,有红外再流焊、热风再流焊、红外热风再流焊、汽相再流焊等多种类型。由于红外热风再流焊吸收和融合了红外再流焊与热风再流焊的优点,具有加热效果好、温场均匀等特点,目前在 SMT 组装系统中使用的比例越来越大。

(5) 波峰焊炉

波峰焊炉用于 SMC/SMD 或插装元器件和接插件引脚、电极与 PCB 焊盘、接插通孔之间的钎焊连接,是组成 SMT 混合组装生产线的主要设备。其基本功能为:在机械传送机构的带动下,使已装有待焊元器件的 PCB 的待焊面通过焊剂涂敷区和熔融焊料循环流动的波峰面,采用浸焊方式进行焊接,最终达到 PCB 焊盘与被连接对象引脚或电极之间牢固、可靠的焊接。

(6) 其他装置

SMT 组装生产线的组成设备中,与组装功能直接相关的装置主要还有 PCB 传送装置、PCB 转板机和翻板机,以及在混合组装系统中采用的代替人工插装作业的插装元器件自动插装机。

上述介绍的生产设备可以完成或执行 SMT 生产线的绝大部分功能。除此之外,在 SMT 组装系统中配套的检测和测试设备、清洗设备、返修设备等各种辅助设备,还使 SMT 组装系统具有强大的产品组装质量检测、控制功能和不合格产品的返修功能。

6.1.2　焊膏涂敷工艺

焊锡膏印刷是 SMT 中第一道工序,它是关系到组装板(SMA)质量优劣的关键因素之一。据统计数据表明,在 SMT 生产中 50%左右的焊接缺陷来源于焊锡膏的印刷。焊锡膏的印刷涉及三项基本内容——焊锡膏、模板、印刷机,这三者之间合理的组合对提高 SMT 产品质量是非常重要的。

1. 模板印刷原理

焊膏模板印刷是为 PCB 上的元器件焊盘在贴片和回流焊接之前提供焊膏,使贴片工艺中贴装的元器件能够黏在 PCB 焊盘上,同时为 PCB 和元器件的焊接提供适量的焊料,以形成焊点,达到电气连接。

焊膏模板印刷的基本过程如图 6-1-2 所示,概括起来可分为 4 个步骤:识别对位、填充刮平、分离、擦网。与这些步骤有关的主要设备结构有印刷刮刀、印刷工作台,识别 CCD 相机、印刷模板、模板清洗机构、导轨调节机构等。

因焊膏是一种触变流体,具有一定的黏性,当刮刀以一定的速度和角度向前移动时,对焊膏将产生一定的压力 F,而压力 F 又可以分解成水平分力 F_1 和垂直分力 F_2。F_1 是推动焊膏在模板上向前滚动的水平分力,F_2 是将焊膏注入模板开孔的垂直分力。由于焊膏的黏度会随着刮刀与模板交接处产生的切变力将逐渐下降,因此在 F_2 的作用下焊膏能够顺利地注入模板的开孔窗口中,并最终牢固且准确地涂敷在焊盘上。

演示文稿

锡膏印刷

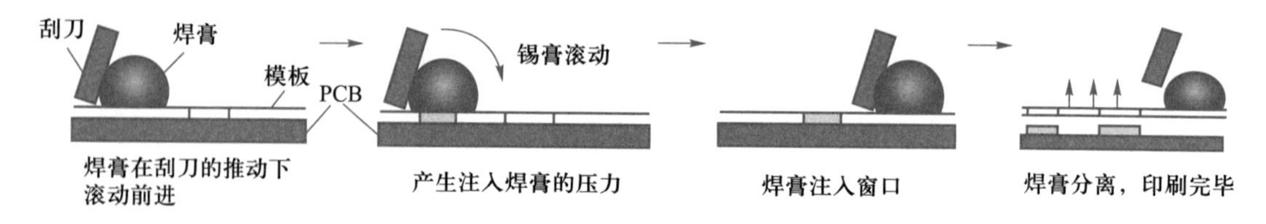

图 6-1-2 焊膏模板印刷的基本过程

小提示

模板印刷对环境的要求

焊膏是一种特殊的触变流体，环境温度的变化会引起焊膏黏度的变化。温度升高，黏度降低，印刷后易引起焊膏的坍塌。最终导致焊接后的桥接。环境湿度过高，焊膏会吸收空气中的湿气，造成焊接后锡珠等焊接缺陷。因此焊膏印刷对环境的要求较高。

(1) 温度和湿度的要求：环境温度一般以 23±2 ℃为最佳，相对湿度一般为 45%～70%RH。

(2) 工作环境的要求：工作车间要保持清洁卫生，无尘土、无腐蚀性气体，空气清洁度为 100 000级(BGJ73—1984)。

(3) 防静电的要求：生产设备必须接地良好，应采用三相五线接地法并独立接地；生产场所的地面、工作台垫、座椅等均应符合防静电要求。

(4) 排风和照明的要求：回流焊和波峰焊设备都应有排风要求，车间内应有良好的照明条件，理想的照明度为 800～1 200 lx。

2. 模板印刷过程

模板印刷作为最基本的焊膏印刷方式，尽管现代印刷设备有多种，但其印刷基本过程是印刷前的准备、安装模板和刮刀、PCB 定位与图形对中、设置工艺参数、添加焊膏并印刷首件 PCB 试印并检验等内容。

(1) 印刷前的准备

在焊膏印刷之前，印刷机的操作人员要进行印刷前的准备，准备主要分为三类：第一类工具准备，准备模板、刮刀、工具诸如内六角螺丝刀等；第二类材料准备，准备焊膏、用周转箱装好的 PCB、酒精、擦拭纸等；第三类文件准备，准备装配技术文件、工艺卡、注意事项等。

(2) 安装模板和刮刀

安装模板时要将其插入模板轨道上并推到最后位置卡紧，拧下气压制动开关，固定好模板。安装刮刀时要根据待组装的电子产品生产工艺的需要选择合适的刮刀，一般常选择不锈钢刮刀，特别是高密度组装时，采用拖尾刮刀方式安装，如图 6-1-3 所示。安装刮刀和模板的顺序是先安装模板后装刮刀。选择比 PCB 至少宽 50 mm 的刮刀(每边大 25 mm)，这可使钢板受到的力最小，以保持模板的弹性；同时并调节好刮刀浮动机构，使刮刀底面略高于模板。

(3) PCB 定位与图形对中

PCB 定位的目的是将 PCB 初步调整到与模板图形相对应的位置上。基板定位方式有孔定位、边定位、真空定位。其中，孔定位是指半自动化设备中，有较高的精度要求时

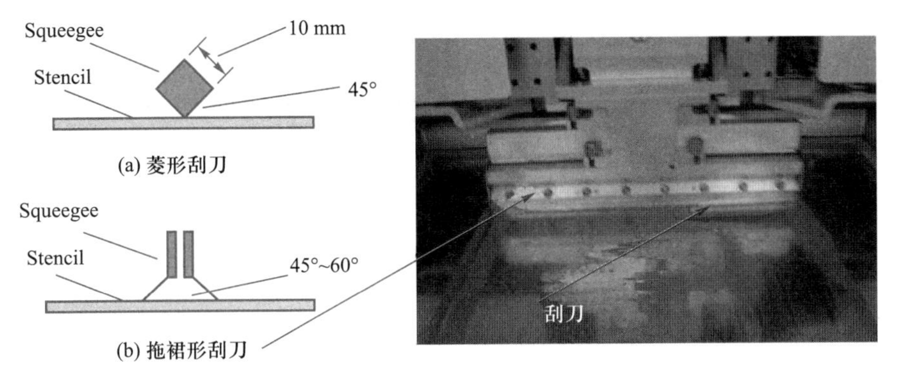

图 6-1-3 刮刀

需要采用视觉系统,需特制定位柱,如图 6-1-4(a)所示。边定位是指自动化设备中的光学定位,它对基板厚度和平整度有较高要求,如图 6-1-4(b)所示。真空定位是指强有力的真空吸力以确保印刷质量的要求。双面贴装的 PCB 板若采用孔定位时,要注意印刷第二面时要注意各种顶针要避开已贴好的元器件,不要顶在元器件上,以防止元器件损坏。

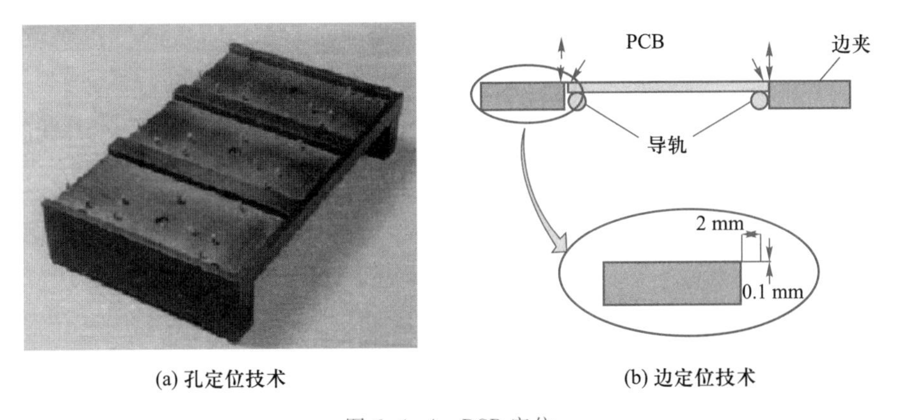

图 6-1-4 PCB 定位

PCB 定位后要进行图形对中,即通过对印刷工作平台或对模板的 x、y、θ(模板与 PCB 的夹角)的精细调整,使 PCB 的焊盘图形与模板漏孔图形完全重合。究竟调整工作台还是调整模板,要根据印刷机的构造而定。目前多数印刷机的模板是固定的,这种方式的印刷精度比较高。

图形对准时需要注意 PCB 的方向与模板印刷图形一致;应设置好 PCB 与模板的接触高度,图形对准必须确保 PCB 图形与模板完全重合。对准图形时一般先调 θ,使 PCB 图形与模板图形平行,再调 x、y,然后再重复进行微细的调节,直到 PCB 的焊盘图形与模板图形完全重合为止。

(4) 设置工艺参数

因焊膏印刷过程中,焊膏不仅组成成分复杂,而且具有流变特性。在表面组装细间距的要求下,其印刷过程涉及的工艺参数非常多,每个参数调整不当都会对印刷质量产生很大的影响。主要参数有印刷行程、印刷速度、刮刀压力、印刷间隙、分离速度、刮刀角度、清洗模式和清洗频率等,参数设置的一般方法见表 6-1-2。

演示文稿

SMT 锡膏印刷机换线操作

表 6-1-2 参数设置方法

主要参数	设置参数的一般方法
印刷行程	印刷行程是为了避免造成焊膏的浪费及节省印刷时间，在印刷前一般需要设置它的前、后印刷极限行程。一般前极限定在模板图形前 20 mm 处，后极限定在模板图形后 20 mm 处，间距太大容易延长整体印刷时间，太短易造成焊膏图形粘连等缺陷
印刷速度	印刷速度一般设置为 15～100 mm/s。速度过慢，焊膏黏度大，不易漏印，而且影响印刷效率；反之，速度过快，刮刀经过模板开口的时间太短，焊膏不能充分渗入开口中，容易造成焊膏图形不饱满或漏印缺陷。一般有细间距、高密度焊盘图形时，速度要慢一些
刮刀压力	刮刀压力一般设置为 2～6 kg/cm^2，具体刮刀的压力要根据实际生产产品的要求而定。① 压力太小，可能会造成刮刀在前进过程中产生的向下的分力减小，从而造成漏印量不足；还可能刮刀不能紧贴模板表面，从而使刮刀与 PCB 之间存在微小的间隙，增加了印刷的厚度；另外还会使模板表面留有一层焊膏，造成图形粘连等印刷缺陷。② 压力太大，会导致焊膏印得太薄，甚至会损坏模板。因此理想的刮刀压力应该恰好将焊膏从模板表面刮干净。一般建议采用较硬的刮刀或金属刮刀，常选用不锈钢刮刀。在刮刀角度一定的情况下，印刷速度和刮刀压力存在一定的关系，降低印刷速度相当于增加压力，适当降低压力可起到提高印刷速度的效果
印刷间隙	印刷间隙是指模板装夹后模板底面与 PCB 表面之间的距离（刮刀与模板未接触前）。根据印刷间隙的存在与否，模板的印刷方式可分为接触式和非接触式印刷两类。模板与印制板之间存在间隙的印刷称为非接触式印刷。在机器设置时，这个距离是可调整的，一般间隙为 0～1.27 mm。而没有印刷间隙（即零间隙）的印刷方式称为接触式印刷，接触式印刷的模板垂直抬起可使印刷质量所受影响最小，它尤其适用于细间距的焊膏印刷。印刷间隙一般以刮刀在模板上运行自如为准，既要求刮刀所到之处焊膏全部被刮走，同时刮刀不应该在模板上留下划痕
分离速度	当刮刀完成一个印刷行程后，模板离开 PCB 的瞬时速度称为分离速度。适当调节分离速度，使模板离开焊膏图形时有一个微小停留过程，让焊膏从模板的开口中完整释放出来（脱模），以获最佳的焊膏图形，有细间距、高密度图形时，分离速度要慢一些。印制板与模板的分离速度也会对印刷效果产生较大影响。脱模时间过长，易在模板底部残留焊膏，脱模时间过短，不利于焊膏的直立，影响其清晰度
刮刀角度	刮刀角度一般为 45°～60°，此时，焊膏具有良好的滚动性。刮刀角度的大小影响刮刀对焊膏垂直方向分力的大小，角度越小，其垂直方向的分力越大。通过改变刮刀角度可以改变刮刀所产生的压力。如果刮刀角度大于 80°，此时垂直方向的分力很小，焊膏只能在模板上滑动而不滚动，焊膏便不能压入模板开口
清洗模式和清洗频率	经常清洗模板底面也是保证印刷质量的重要因素。在印刷过程中对模板底部进行清洗，消除其底部的附着物，以防止对 PCB 的污染。清洗通常采用无水乙醇作为清洗液。模板清洗方式有湿-湿、干-干、湿-湿-干等。在印刷过程中，印刷机要设定清洗的频率一般为 8～10 块/洗一次，要根据模板的开口情况和焊膏的连续印刷性而定。有细间距、高密度图形时，清洗频率要高一些，以保证印刷质量为准

（5）添加焊膏并印刷

添加焊膏时，用小刮勺将焊膏均匀沿刮刀宽度方向施加在模板的漏印图形后面，不能将焊膏施加到模板的漏孔上。如果印刷机没有恒温恒湿密封装置，焊膏量一次不要加得太多，能使印刷时沿刮刀宽度方向形成 $\phi10$ mm 左右的圆柱状即可，在印刷过程中只要做到随时补充焊膏就可以了，这样做将有利于减少焊膏长时间暴露在空气中，吸收水分或溶剂挥发而影响焊接质量。

（6）首件 PCB 试印并检验

印刷时一般选择试印并检验首件 PCB 板的印刷质量。如果首件检验不符合要求时，根据缺陷检验报告重新调整印刷参数，严重时需要重新对准图形，然后再试印，直到符合质量标准后才能进行连续批量印刷。当然在实际中，要根据所使用的印刷机和产品的性质，现代印刷机一般均具有视觉连续印刷的功能，并对印刷好的 PCB 进行检验。合格的 PCB 就进入下一道生产环节。不合格的 PCB 要挑出来，进行返修，不能直接进入下一道生产环节。

小提示

印刷结束后如何处理

当班生产结束后要及时清洗印刷机，用一个空焊膏罐取下多余的焊膏，送料检部门检验，并隔离保存；及时取下模板，用酒精和擦拭纸把模板擦干净，确保模板上不能有任何焊膏、锡珠、纤维等杂质存在，窗口一定要干净，待酒精挥发干后再把模板放到模板架上，签字确认；取下刮刀，用酒精和擦拭纸把刮刀擦干净，并把刮刀放回原处；正常关机，关掉电源；关掉气源开关；把印刷机擦拭干净，把工具放回工具箱。

3. 模板印刷结果分析

焊膏印刷的结果应该符合：焊膏印刷量均匀，一致性好；焊膏图形清晰，相邻图形之间尽量不粘连；焊膏图形与焊盘图形尽量不要错位；在一般情况下，焊盘上单位面积的焊膏量应为 0.8 mg/mm^2 左右，对细间距元器件，应为 0.5 mg/mm^2 左右；焊膏覆盖焊盘的面积，应在 75%以上；焊膏印刷后应无严重塌落，边缘整齐，错位应不大于0.2 mm，对细间距元器件焊盘，错位应不大于 0.1 mm；基板不允许被焊膏污染。

影响焊膏印刷质量的因素有很多，概括起来可包括人、机、物、法、环 5 方面的因素，即人为因素、设备原因（印刷机、印制电路板等）、物料因素（模板、滚筒（刀）、焊膏材料等）和印刷参数以及环境等。

① 模板对焊膏印刷质量的影响。模板厚度及开口尺寸对焊膏印刷量的影响是最大的，模板厚度过厚、开口尺寸偏大，焊膏量过多，会产生桥接；反之，焊膏量少会产生焊锡不足或虚焊。模板对焊膏印刷质量的影响主要体现在：模板上基准点的设置会影响到印刷焊膏时 PCB 与模板的对准情况，如果对不准将会造成移位、粘连、缺锡、锡多等缺陷；模板上开口的形状和尺寸与 PCB 的焊盘的形状和尺寸是否匹配，对焊膏的精确印刷起到关键性的作用，模板上开口的尺寸比相对应焊盘小 10%；开口孔壁要求光滑，制作中要求作抛光处理；以印刷面为上面，网孔下开口应比上开口宽 0.01 mm 或

0.02 mm,即开口成倒锥形,便于焊膏有效释放。

② 焊膏对焊膏印刷质量的影响。焊膏的黏度、触变性、印刷性(滚动性、转移性)、常温下的使用寿命等都会影响印刷质量。如果焊膏的印刷性不好,严重时焊膏只是在模板上滑动,根本印不上焊膏的。焊膏对焊膏印刷质量的影响主要体现在:焊膏的黏度太大,焊膏不易穿过模板的开孔,印出的线条就残缺不全;黏度太小,容易流淌和塌边,影响印刷的分辨率和线条的平整性。焊膏的黏性不够,会造成印刷时焊膏在模板上不会滚动,焊膏不能全部填满模板开孔;焊膏的黏性太大,则会使焊膏挂在模板孔壁上而不能全部漏印在焊盘上。焊膏中焊料颗粒形状、直径大小及其均匀性也会影响其印刷性能,一般焊料颗粒直径约为模板开口尺寸的1/5,对细间距0.5 mm的焊盘来说,其模板开口尺寸在0.25 mm,其焊料颗粒的最大直径不超过0.05 mm,否则易造成印刷时的堵塞。

③ 印刷工艺参数对焊膏印刷质量的影响。可参考前面所述的印刷工艺参数设置中提到的刮刀压力、印刷速度、印刷行程、刮刀的参数、分离速度、模板清洗等参数对焊膏印刷质量的影响。

④ 其他对焊膏印刷质量的影响。在印刷高密度细间距产品时,印刷机的印刷精度和重复印刷精度也会起一定的作用。对回收焊膏的使用与管理,环境温度、湿度以及环境卫生,对焊点质量都有影响。回收的焊膏与新焊膏要分别存放,环境温度过高会降低焊膏黏度,湿度过大时焊膏会吸收空气中的水分,湿度过小时会加速焊膏中溶剂的挥发。

4. 焊膏印刷缺陷分析

在焊膏的印刷过程中,经常会遇到各种各样的问题,我们如何去分析并解决这些问题,已成为焊膏印刷工程技术人员研究的问题。焊膏印刷缺陷主要表现为印刷不均匀、漏印、焊膏塌落、焊球、污损、偏移和清洗不彻底等。这些缺陷都与人、机、物、法、环,都有或多或少的关系。在分析焊膏印刷缺陷时,一般遵循人、机、物、法、环的顺序进行:先观察焊膏、模板、PCB的质量,再了解印刷设备的性能和精度,然后关注企业生产环境,最后分析技术上的缺陷。在分析时尽量做到有机结合,联合分析,抛弃传统的单方向思考的习惯。印刷缺陷形成原因与解决办法见表6-1-3。

焊膏印刷过程,不良现象及原因

表6-1-3 印刷缺陷形成原因与解决办法

缺陷名称	示意图	缺陷形成原因	解决办法
焊膏图形桥连		桥连是指焊膏被印刷到相邻的焊盘上的现象。可能的原因有印刷压力过大、模板底面不干净、模板与基板的位置偏离等	合理调整印刷参数,及时清洁模板
印刷位置偏离		产生印刷位置偏离与基板焊盘的位置偏离、模板和基板的位置对准不良、印刷机印刷精度不够、模板制作不良等。印刷位置偏离容易引起桥连	通过精确地调节网板在印刷机上的位置,选用制造精度更高的模板来降低焊膏印刷的偏离,必要时更换印刷机零部件

续表

缺陷名称	示意图	缺陷形成原因	解决办法
填充量不足(少锡)		少锡是指对基板焊盘的焊膏供给量不足的现象。主要原因有焊膏流动性差、印刷太薄、印刷间隙太小、印刷速度太快、印刷压力太大	更换焊膏,选择流动性好的焊膏;适当增加印刷间隙;提高印刷机的准确度;减慢印刷速度
焊膏印刷塌陷		产生焊膏印刷塌陷的原因可能有印刷压力过大,焊膏成形困难,形成塌陷;刮刀硬度较低,在高压力作用下刮刀变形,从而使焊膏塌陷;模板窗口设计不合理	降低刮刀压力,选用硬度较高的刮刀,改变模板窗口设计,选用合适的焊膏
焊膏印刷拉尖		产生焊膏印刷拉尖的原因可能有离网不良,造成焊膏不易从模板窗口分离,污染模板,形成拉尖;网板开口面有凹凸不平,焊膏不易分离,造成拉尖	改善印刷机的分离速度,提高网板窗口四壁的精度、降低其粗糙度,选用合适黏度的焊膏

6.1.3　贴片胶涂敷工艺

1. 贴片胶涂敷工艺的功能

在混合组装单面 PCB 过程中,经常使用贴片胶将表面组装元器件暂时固定在 PCB 的焊盘图形上,以便随后的波峰焊接等工艺操作得以顺利进行;在双面 PCB 表面组装情况下,它主要是用来辅助固定 SMIC,以防翻板和工艺操作中出现振动时导致 SMIC 掉落。因此,在贴装元器件前,就要在 PCB 上设定焊盘的位置上涂敷贴片胶,如图 6-1-5所示。

图 6-1-5　涂敷贴片胶示意图

2. 贴片胶涂敷工艺的类型

贴片胶涂敷工艺根据涂敷方式不同可分为分配器点涂技术、针式转印技术和印刷技术，如图 6-1-6 所示。其中，分配器点涂技术是指将贴片胶一滴一滴地点涂在 PCB 贴装元器件的部位上；针式转印技术一般是同时成组地将贴片胶转印到 PCB 贴装元器件的所有部位上；印刷技术与焊膏印刷技术类似。

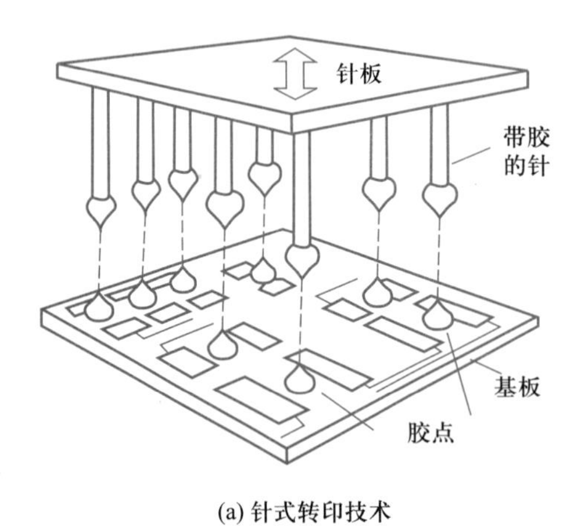

(a) 针式转印技术

(b) 印刷技术

图 6-1-6 贴片胶涂敷的类型

3. 分配器点涂原理

涂敷贴片胶最普遍的方法是采用分配器点涂法。点涂原理是：先将贴片胶灌入分配器中，点涂时，从上面加压缩空气或用旋转机械泵加压，迫使贴片胶从针头排出并脱离针头，滴到 PCB 要求的位置上，从而实现贴片胶的涂敷，如图 6-1-7 所示。

要想获得良好的点胶效果，控制点胶工艺中的气压、针头内径、温度和时间等工艺参数非常重要，它们在点胶过程中会影响到胶点的大小、形状以及其他的点胶缺陷。合格的胶点应当具有良好的轮廓。如有光滑圆润的球冠形状，不应出现塌落、拉丝、浸润沾污焊盘等不良现象。为了精确调整贴片胶量和点涂位置的精度，专业点胶设备一般均采用微机控制，按程序自动进行贴片胶点涂操作。另外，贴片胶的流变特性与温度有关，所以点涂时一般需要使贴片胶处于恒温状态。

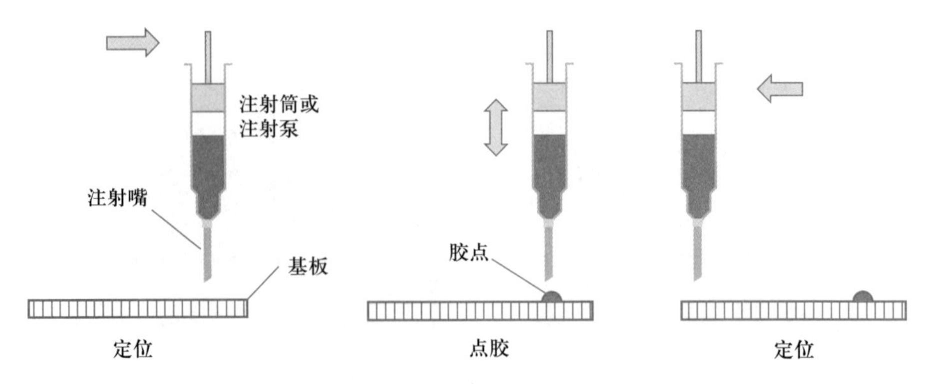

图 6-1-7 分配器点涂原理示意图

4. 胶点的固化

胶点的固化是指根据所使用的胶黏剂的类型使其凝固成形的工艺过程。因为在整个组装生产工艺流程中,印制电路板从开始点胶到最后进行波峰焊焊接的时间较长,而且还要进行其他工艺环节,胶点的固化效果与胶点的黏接强度对避免在此工艺环节中产生掉片缺陷显得尤为重要。贴装胶的固化方法有两种。

(1) 热固化

热固化是将点好贴片胶的 PCB 放在红外炉内通过红外辐射加热完成,适用于环氧树脂类黏接剂的固化。

(2) 紫外光加热固化

适用于丙烯酸酯黏接剂的固化,先用紫外光照射几秒钟,然后再加热固化,这种方法比单一的热固化速度快。

黏接剂固化后,要有一定的黏接强度,要能承受波峰焊时焊锡波峰的冲刷力,不至于造成元器件脱落,又满足元器件在焊接时的自我调整要求,固化后的黏接剂内部应无孔洞。如果固化时间和温度不足,黏接剂固化程度不够,会导致波峰焊时元器件脱落;如果固化时温度上升速率太快,会使固化后的黏接剂内部出现孔洞,这是危害性很大的隐性缺陷,因为若黏接剂内存在孔洞,会使焊剂残留在孔中而无法清洗干净,造成对电路及元器件的腐蚀。

5. 影响贴片胶黏接效果的因素分析

在波峰焊接工艺中,表面组装的元件需要黏接,影响黏接效果有三个因素,它们分别是用胶量的多少、SMD 和 PCB 表面情况及黏接剂的固化参数。

(1) 用胶量

黏接所需胶量的多少可由多种因素决定,但黏接强度和抗波峰焊的能力是由黏接剂的强度和黏接面积及黏接表面的粗糙程度所决定的。一般来说,胶点的高度应大于 SMD 与 PCB 之间的间隙,胶在展开之后与 SMT 元器件至少有 80%的接触面积。一个合格的点胶工艺对胶点的形状尺寸是有严格限制的。如黏接剂尺寸应小于焊盘间的距离,同时还要考虑到点胶位置的准确度和胶与焊盘间距离留出的余量,过大的面积会使得返工非常困难。所以推荐采用双点胶,如 1206C 的元器件,其焊盘之间的距离为 2 mm,然后考虑到焊盘和点胶位置的准确性以及放置片状电容后胶水的展开,胶点最大允许直径为 1.2 mm,而胶点高度为 0.1 mm,依次类推。

(2) SMD 元件和 PCB 的影响

SMD 在设计时并不会考虑黏接问题,但 SMD 通常是用环氧树脂作外壳的封装材料,环氧树脂的黏接一般没有问题。PCB 通常是用玻璃纤维布作为增强材料浸渍环氧树脂而成的绝缘板,再在其上布有铜线和焊盘,及其焊接的保护膜,通常与 PCB 的黏接也是没有问题的。但当 PCB 保护膜在黏接前受到了污染或部分区域固化不好会出现黏接强度不够的情况。还有因为当焊盘过高或 SMD 元器件下面间隙过大时,可先在焊盘间黏放一个垫片,然后将黏接剂点在上面,这样可以提高黏接效果。

(3) 胶水固化的影响

大多数环氧黏接剂都是采用热固化方式进行固化,热固化可以简单地在对流加热炉或红外炉中完成。对于黏接剂的固化参数,温度较之时间更为重要。在任何给定的固化温度下，当固化时间增加时，剪切强度增加不明显。但当固化温度上升时，剪切力明显增大。对于元器件黏接，推荐最小与最大剪切强度分别是 1 kgf 和 2 kgf。黏接剂在热固化过程中，不应使胶内形成空隙。

任务6.2 贴装工艺

任务引入

SMT 技术的发展是从电子元器件的发展开始的，元器件的发展推动了 SMT 设备的发展，元器件和设备的发展推动了 SMT 工艺的发展。SMT 发展到今天，大规模的集成电路出现和大规模生产对贴片机的贴装精度和速度提出了更高的要求。

因此贴装技术是 SMT 中的关键技术，它直接影响 SMT 的组装质量和组装效率。表面贴装工艺就是通过贴片机按照一定的贴装程序，有序地把表面组装元器件贴装到对应的印制电路板的焊盘上，它主要包含吸取和放置两个动作，因此这个过程英文为“Pick and Place”，是 SMT 工序中两道重要工序。

本任务的目标就是学习贴装工艺对元器件的工艺要求、贴装的工艺流程、贴片机的编程、贴装结果分析。让学生对表面贴装工艺有个全面了解与认识，为电子产品的生产质量和可靠性奠定基础。

演示文稿

贴装工艺

演示文稿

贴片工艺应用介绍

6.2.1 贴装元器件的工艺要求

贴装元器件应按照组装板装配图和明细表的要求，准确地将元器件逐个拾放到印制电路板规定的目标位置上，这个目标位置一般是指 PCB 设计时每个元件的中心位置。

1. 贴装工艺要求

① 各装配位号元器件的类型、型号、标称值和极性等特征标记要符合产品装配图和明细表的要求。

② 贴装元器件焊端或引脚不小于 1/2 厚度要浸入焊膏。对于一般元器件，贴片时焊膏挤出量应小于 0.2 mm，对于细间距元器件，贴片时焊膏挤出量应小于 0.1 mm。

③ 贴装好的元器件要完好无损。

④ 元器件焊端或引脚要和焊盘图形对齐、居中。由于回流焊有自对准效应，因此元器件贴装时允许有一定的偏差。各种元器件的具体偏差范围可参见表 6-2-1 所示的 IPC 相关的参考标准。

表 6-2-1 IPC 标准相关元器件贴装允许偏差

不同封装类型的元件	具体偏差范围要求
矩形元件	元器件的宽度方向上要求焊端宽度的 1/2 以上在焊盘上；元器件的长度方向上要求焊端与焊盘交叠且焊盘伸出部分要大于焊端高度的 1 /3；有旋转偏差时元器件焊端宽度的 1/2 以上必须在焊盘上；贴装时要特别注意元器件焊端必须接触焊膏图形

续表

不同封装类型的元件	具体偏差范围要求
小外形晶体管	SOT 允许 x,y,θ(旋转角度)有偏差,但引脚(含趾部和跟部)必须全部处于焊盘上
小外形集成电路	SOIC 允许 x,y,θ 有偏差,但必须保证元器件引脚宽度的 3/4(含趾部和跟部)处于焊盘上
四边扁平封装器件和超小外形封装器件	QFP 要保证引脚宽度的 3/4 处于焊盘上,允许 x,y,θ 有较小的贴装偏差;允许引脚的趾部少量伸出焊盘,但必须有 3/4 引脚长度在焊盘上,引脚的跟部也必须在焊盘上

2. 保证贴装质量的三要素

① 元器件正确。元器件正确是指各装配位号元器件的类型、型号、标称值和极性等特征标记要符合产品的装配图和明细表要求,不能贴错位置。

② 位置准确。位置准确是指元器件的焊端或引脚均和焊盘图形尽量对齐、居中,还要确保元器件焊端接触焊膏图形。

③ 压力合适。贴装压力是指贴片机贴装时吸嘴的 z 轴高度,压力合适则表示吸嘴的 z 轴高度恰当、合适。

6.2.2 贴片的工艺流程

演示文稿

贴片机认知

贴片的基本流程大多是通过贴装机来完成的。在贴片机导轨的长度方向上一般安装有 4 个传感器:入口传感器、缓冲等待传感器、限位(到达)传感器和出口传感器。PCB 传输带一般分为 3 段传输,当入口传感器感应到导轨入口处有 PCB 时,自动将 PCB 向前传送,经过缓冲等待传感器,到达限位传感器时会自动停止,此时导轨会按照程序夹住 PCB,同时底部顶针升起支撑 PCB(先夹后顶或先顶后夹),使 PCB 定位;然后贴片头自动按照程序到吸嘴库更换吸嘴;进行基准校准;按照贴片程序到相应的料站上拾取元器件并对中,贴片;从第 1 步开始贴到最后 1 步;完成一个贴片程序(循环)后 PCB 被自动输出。这时在后面等待传感器处的 PCB 会自动向前传输,进行下一块 PCB 的贴装。归纳起来,贴片的基本工艺流程如图 6-2-1 所示,其中编程是影响贴装精度和贴装效率的重要因素。

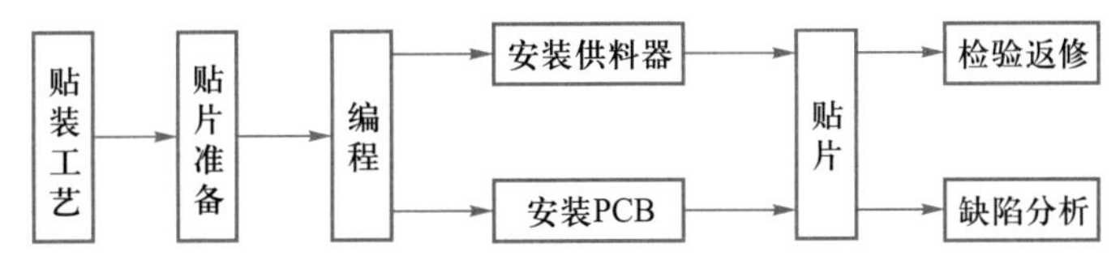

图 6-2-1 贴片的基本工艺流程

1. 贴片前准备

① 物料准备。贴片前必须做好以下准备:根据产品工艺文件的贴装明细表领料(PCB、元器件)并进行核对;对已经开启包装的 PCB,根据开封时间的长短及是否受潮或受污染等具体情况,进行清洗和烘烤处理;对于有防潮要求的器件,检查是否受潮,

对受潮器件进行去潮处理。开封后检查包装内附的湿度显示卡，如果指示湿度>20%（在23 ℃±5 ℃时读取），说明器件已经受潮，在贴装前需对器件进行去潮处理。

② 设备状态检查。开机前必须检查以下内容，以确保安全操作：检查压缩空气源的气压是否达到设备要求，应达到6 kg/cm^{2}以上；检查并确保导轨、贴装头移动范围内、自动更换吸嘴库周围、托盘架上没有任何障碍物。

③ 按元器件的规格及类型选择适合的供料器并正确安装元器件。供料器的拾片中心需要定期检测。安装编带供料器装料时，必须将元器件的中心对准供料器的拾片中心，如果有偏离，必须及时调整供料器的拾片中心。

演示文稿

贴片机运行与编程

2. 贴片机编程

贴片机是计算机控制的自动化生产设备，贴片之前必须编制程序。贴装过程就是按照贴片程序进行贴片，如果程序中坐标数据不精确，贴装精度再高的贴片机也不能保证贴装质量。因此贴片程序编制的好坏直接影响贴装精度和贴装效率。

小提示

贴片程序的组成部分

贴片程序一般由拾片程序和贴片程序两部分组成。其中，拾片程序就是告诉机器到哪里去拾片、拾什么样的元器件、元器件的包装是什么样的等拾片信息。其内容包括：每一步的元器件名，每一步拾片的x，y和转角θ的偏移量，供料器料站位置，供料器的类型，拾片高度，抛料位置，是否跳步。贴片程序就是告诉机器把元器件贴到哪里、贴片的角度、贴片的高度等信息。其内容包括：每一步的元器件名、说明，每一步的x，y坐标和贴片角度β的高度是否需要修正，用第几号贴片头贴片，是否同时贴片，是否跳步等，贴片程序中还包括PCB和局部Mark的x，y坐标信息等。

（1）程序编制的方法

贴片程序编制的方法一般有示教编程和计算机编程两种方式。

① 示教编程。示教编程就是通过装在贴片头上的CCD摄像机识别PCB上的元器件位置数据，但精度低、编程速度慢。这种方法仅适用于缺少PCB数据的情况或做教学示范。

② 计算机编程。一般生产中大都采用计算机编程，而计算机编程又分为在线编程和离线编程两种。对于有CAD坐标文件的产品，可采用离线编程；对于没有CAD坐标文件的产品，可采用在线编程。另外，离线编程后往往还需要在线编辑，首检后、贴装过程中也常常需要在线编辑和修正参数。

其中，在线编程是指利用贴片机中的计算机进行编程，能对PCB上的元器件贴装位置适时地进行坐标数据的定位，根据不同的元器件再选择吸嘴，在数据表格上填入相关的数据，如吸嘴编号、贴片头编号、元器件厚度、供料器所在的位置编号、元器件的规格尺寸等。但编程时贴片机要停止工作，这样会影响贴片机的生产效率。

离线编程是指在独立的计算机上通过离线编程软件把PCB的贴装程序编好、调试好，然后通过数据线把程序传输到贴片机上的计算机中存储起来，在调用时，随时可以通过贴片机上的键盘从机器中把程序调用出来，就可进行生产了。大多数贴片机可采用离线编程。

目前,企业常采用离线编程和在线调试相结合方式完成数据制作,这样可有效减少产品换线时间、便于合理组织生产管理,程序编制的流程图如图 6-2-2 所示。

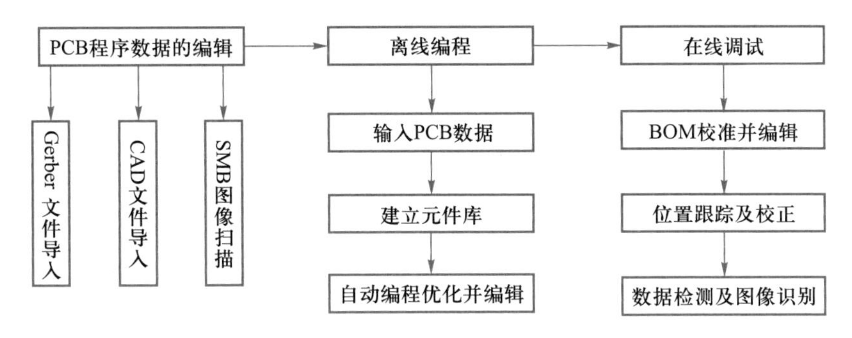

图 6-2-2 程序编制的流程图

(2) 程序编制的步骤

贴片机程序编制的主要步骤包括:PCB 程序数据的编辑、离线编程、在线调试。

① PCB 程序数据的编辑。

贴片生产时,PCB 程序数据的编辑必不可少,主要包括:基板数据、贴片数据、元器件数据、吸取数据和图像数据等。PCB 程序数据编辑大体有 3 种途径:Gerber 文件的导入编程、CAD 文件的导入编程、对表面组装印制板(SMB)图像扫描产生的坐标数据的编程。

Gerber 文件的导入编程。把 Gerber 文件导入贴片机的离线编程软件中。这种方法是目前 SMT 行业普遍使用的一种方法,其特点是编程速度快,而且导入的坐标数据非常精确,一般在贴片机上不需要调整。而 Gerber 文件是指所有电路设计软件都可以产生的文件,在电子组装行业称为模板文件,在 PCB 制造业又称为光绘文件。Gerber 文件导入主要是把不同元器件的位置号、元器件规格尺寸和元器件焊盘的中心点坐标导入。目前主流贴片机一般都有离线编程软件,对 Gerber 文件的格式都是兼容的。

CAD 文件的导入编程。把 CAD 文件直接导入贴片机的离线编程软件中。CAD 文件导入的主要是每一个贴片步骤的元器件名、说明(包括该贴片机贴装位号及型号规格)、每一步 x、y 坐标和转角 θ、mm/mil 转换、坐标方向转换、角度 θ 的转换、比率以及原点修正值。贴片机一般对 CAD 格式是不兼容的,需要把 CAD 坐标数据复制到离线编程软件中,再对数据进行编辑。

表面组装印制板图像扫描编程。在贴片机中,编辑 PCB 上焊盘中心点的坐标数据,也可以通过把 PCB 的实物图像扫描到离线编程软件中,再利用光标单击焊盘中心点的位置,这样会自动生成一个坐标数据,但此坐标数据一般在导入贴片机中时,都需要再重新调整,鼠标单击的部位还要把相应的元器件规格尺寸编辑到相应的编辑栏内,之后对数据进行编辑。

② 离线编程。

离线编程的操作步骤一般包括:输入 PCB 数据、建立元器件库、自动编程优化并编辑。

输入 PCB 数据。打开已生成的 PCB 坐标文件,输入 PCB 尺寸、PCB 原点坐标、拼板信息等数据。其中，PCB的尺寸是指PCB长度x（沿贴装机的x方向）、宽度y（沿贴装机的y方向）、厚度t。PCB的原点坐标一般是指x、y坐标均为0的点。当PCB有工艺边或贴片机对原点有特殊规定时，应输入原点坐标。输入拼板信息是指有拼板时，分别输入x和y方向的拼板数量、相邻拼板之间的距离；无拼板时，x和y方向的拼板数量均为1，相邻拼板之间的距离为0。

建立元器件库。对元器件库中没有的新元器件需逐个建立元器件库。建立元器件库时需输入该元器件的名称、包装类型、所需要的料架类型、供料器类型、元器件供料的角度、采用几号吸嘴等参数，并在元器件库中保存。

自动编程优化并编辑。在完成了以上工作后，即可按照自动编程优化软件的操作方法进行自动编程优化。主要包括：在优化软件中单击自动编程优化命令；根据提示在弹出的窗口中配置吸嘴型号和数量；确定每种元器件的使用数量和料架名称表；确认后则开始自动编程优化；完成自动编程优化后对程序中不符合要求的字符应进行编辑和修改。

③ 在线调试。

在线调试的操作步骤一般包括：BOM校准并编辑、位置跟踪及校正、数据检测及图像识别。

BOM校准并编辑。将优化好的数据程序输入设备，按工艺文件中的元器件明细表（BOM表），校对程序中每一步的元器件名称、位号、型号规格是否正确，对不正确处按工艺文件进行修正。对未登记过的元器件在元器件库中进行登记。

位置跟踪及校正。把程序中外形尺寸较大的多引脚细间距器件，如160条引脚以上的QFP和大尺寸的PLCC、BGA以及长插座等，改为单个拾片的方式，这样可提高贴装精度。如果用到托盘供料器，还需要对托盘料架以及托盘进行编程：把托盘在料架上的放置位置（放在第几层、前后位置、托盘之间的间距）；托盘中第一个器件的位置；托盘有几行、几列、每个器件之间x,y方向的间距；拾取器件的路线（如从右到左一行一行拾取、或纵向一列一列拾取等）。排放不合理的多管式振动供料器应根据器件体的长度进行重新分配，尽量把器件体长度比较接近的器件安排在同一个料架上，并将料站排放得紧凑一些。中间尽量不要有空闲的料站，这样可以缩短拾取元器件的路程。

数据检测及图像识别。检测贴片机每个供料器站上的元器件与程序表是否一致；在贴片机上用主摄像头校对每一步元器件的x,y坐标是否与PCB的元件中心一致，对照工艺文件中元器件位置示意图检查转角是否正确，对不正确处进行修正；做PCB Mark和局部Mark的Image图像；对没有做图像的元器件做图像，并在图像库中登记。

小提示

编程基础知识

了解编程基础知识是为了编制更加精确、更加优化的贴片程序。例如，知道了贴片机的坐标系统和拾片、贴片的原点，就能够正确地设置拾片、贴片的x,y坐标，θ（角度），z（拾片和贴片高度）。

1. 坐标系统

贴片机是以吸嘴的中心作为拾片与贴片的中心坐标的，即原点。贴片程序中涉及的坐标有贴片元器件的坐标和旋转角度，分别由 x、y、z 和 θ 表示。这些值都以各自的坐标系统为基准，其大小取决于坐标系统的原点位置，坐标系统的 x、y、z 和 θ 表示方法如图 6-2-3 所示。

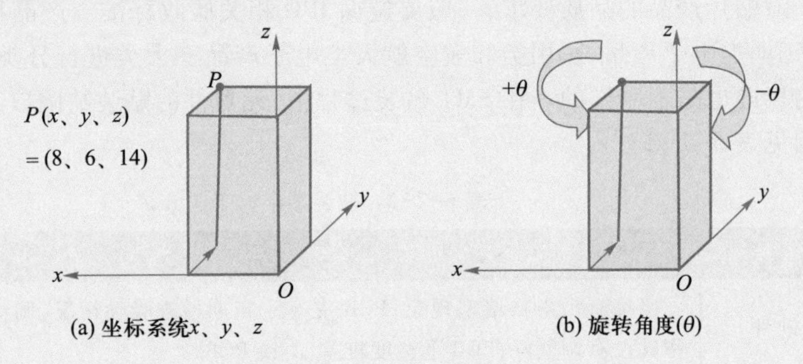

图 6-2-3 坐标系统

2. 数据库

数据库是指事先做好供编程用的元器件库、托板库、包装库、供料器库、托盘库等。

其中，在元器件库下包括每一种元器件的图像库和元器件对吸嘴尺寸，真空压力和其他数据的吸嘴库；托板库是指托盘在托盘供料器架上的联系数据（第几层和前后位置）；包装库是指供料器的包装类型（纸带、管装等）；供料器库是指供料器的数据信息；托盘库是指托盘的数据信息。编程时可从库里选择数据进行输入，使编程十分省力，也可以对库中的数据进行修改和添加新的数据。

3. 安装供料器

安装供料器是指将装好元器件的供料器安装到贴装机的料站上。这一步非常重要，如果装错位置，机器就会将装错的元器件拾放到 PCB 上，造成“贴错元件”的重大损失；现在新出的贴装机，有的是电子供料器，电子供料器没有安装到位，指示灯不亮并且还会报警；如果是机械供料器，料站两侧都会配置检测供料器浮起的激光传感器，如果供料器没有安装到位，也会报警。安装供料器的要求如下：按照离线编程或在线编程编制的拾片程序表将各种元器件安装到贴装机的料站上；安装供料器时必须按照要求安装到位；安装完毕，必须由检验人员检查，确保正确无误后才能进行试贴和生产。

4. PCB 的基准校正

自动贴装机贴装时，元器件的贴装坐标是以 PCB 的某一个顶角（一般为左下角或右下角）为原点计算的。而 PCB 加工时多少存在一定的加工误差，因此在高精度贴装时必须对 PCB 进行基准校正。基准标志（Mark）是一个特定的标记，属于电路图形的一部分，用来识别和修正电路图形偏移量，以保证精确的贴装。基准校准是通过在 PCB 上设计基准标志和贴装机的光学对中系统进行校准的。

5. 首件试贴并检验

首件检验非常重要，只要首件贴装的元器件规格、型号、极性方向是正确的，后面量产时机器是不会贴错元器件的；只要首件贴装位置符合贴装偏移量要求，一般情况机器是能够保证后面量产时的重复精度的。因此,每班、每天、每批都要进行首件检验,要制定检验(测)制度。

6.2.3 贴装结果的工艺分析

对贴片产品的品质要求,一般要遵循 IPC 相关验收标准。产品按照消费类电子产品、工业类电子产品、军用类和航空航天类电子产品三大类进行分类。不同的类别,验收的标准也是不一样的。在 SMT 贴装过程中,元器件的贴装缺陷以及形成该种缺陷的原因见表 6-2-2。

表 6-2-2 贴装结果的工艺分析

贴装缺陷	缺陷工艺分析	解决办法
缺件	吸嘴有污染物堵塞现象;PCB 支撑针没有调整好;PCB 平整度较差	定期检查吸嘴情况,调整 PCB 的支撑针,更换 PCB
极性错误	贴片影像做错,元器件放置出错,料带中出错	修改程序元件库,重新制作元件视觉图像;修改贴片程序;安装供料器前检查料带中元件放置情况,往振动供料器滑道中加料时注意元器件的方向
错件	贴片程序错误,拾片程序错误,装错供料器	修改程序,编程后应有专人核查程序;重新安装供料器,安装好供料器后应有专人核查
偏移	贴片程序错误;元器件厚度设置错误;贴片头高度太高,贴片时从高处扔下;贴片速度太快;吸嘴有污染物堵塞现象;PCB 上 Mark 点设置不当;焊膏印刷不均匀	个别位置不准确时,修改元件坐标;修改 PCB 上 Mark 坐标;修改程序中元件库的元件厚度值;降低贴片机参数设置中的速度值;定期检查吸嘴情况;对贴片的前道工序印刷结果进行及时检查

任务 6.3 再流焊工艺

任务引入

再流焊工艺是表面组装技术中主要工艺技术之一,是完成元器件电气连接的环节,直接与产品的可靠性相关,也是影响整个工序直通率的关键因素。它是通过重新熔化预先分配到印制电路板焊盘上的膏状软钎焊料,实现表面组装元器件焊端或引脚与印制电路板焊盘之间电气与机械连接的一种先进的群焊技术。

本任务的目标就是通过学习再流焊的工艺流程、再流焊温度曲线及其测定、再流焊接工艺设置,让学生对再流焊工艺有个全面了解与认识,为电子产品的生产质量和可靠性奠定基础。

演示文稿

再流焊工艺

6.3.1 再流焊的工艺流程及要求

再流焊的种类比较多,按其加热区域可分为整体加热和局部加热再流焊两大类。

对 PCB 整体加热再流焊根据回流炉加热方式的不同可分为热板再流焊、红外再流焊、热风再流焊、热风加红外再流焊、气相再流焊；对 PCB 局部加热再流焊可分为激光再流焊、聚焦红外再流焊、光束再流焊、热气流再流焊等。

小提示

再流焊与波峰焊的比较

再流焊与波峰焊相比较具有以下优点：元器件受到的热冲击小；能控制焊料量，焊料中一般不会混入不纯物，能正确地保证焊料的组分，因此焊接质量好，可靠性高；还可以在同一基板上采用不同焊接工艺进行焊接；再流焊的最大特点自定位效应有利于实现全自动、高速度、高精度；工序简单、生产效率高、劳动强度低、焊接缺陷少、修板量极小，从而节省了人力、电力、材料，降低了组装成本。因此，再流焊一直是 SMT 的主流工艺。正是因为再流焊具有如此多的优越性，因此近年来在集成电路封装领域中也获得了大量的应用。例如，大家都非常熟悉的 Flip Chip（倒装芯片）、MCM 多芯片模块等系统级封装中用到了再流焊技术；又如，WLP（Wafer Level Processing）晶圆级封装是直接在晶圆（硅片）上加工凸点的封装技术，是综合了倒装芯片及 SMT 再流焊技术的成果，不仅使 IC 器件进一步微型化，同时还大大降低了封装成本。

1. 再流焊的基本工艺流程

演示文稿

回流焊设备的发展

新产品再流焊时需要根据产品的具体情况，在焊接前设置炉温、传输速度、风速等参数，以满足新产品温度曲线的要求。老产品焊接时只要调出该产品的温度曲线即可投入生产。不管是新产品还是老产品，再流焊的基本工艺流程如图 6-3-1 所示，其中，温度曲线是影响再流焊接结果最重要的因素。

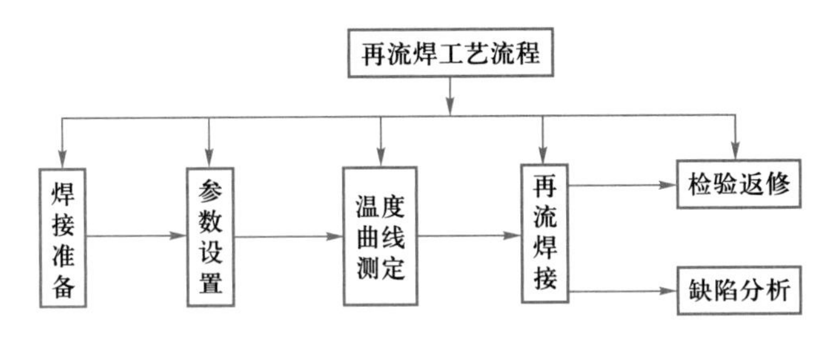

图 6-3-1 再流焊的基本工艺流程

2. 再流焊的工艺和质量要求

（1）再流焊的工艺要求

为了提高 SMT 电子产品的直通率，除了要减少肉眼看得见的焊点缺陷外，还要克服虚焊、焊接界面结合强度差、焊点内部应力大等肉眼看不见的焊点缺陷。因此，再流焊工序必须在受控的条件下进行。再流焊的工艺要求如下：

① 根据所选用的焊膏温度曲线与 PCB 的具体情况，结合焊接理论，设置理想的再流焊温度曲线，并定期（每个产品、每班或每天）测试实时温度曲线，确保再流焊的质量与工艺稳定性。

② 焊接过程中，严防传送带震动。

③ 要按照 PCB 设计时的焊接方向进行焊接。

④ 必须对首件印制电路板的焊接效果进行检查。检查焊接是否充分、有无焊膏熔化不充分的痕迹、焊点表面是否光滑、焊点形状是否呈半月状、锡球和残留物的情况、连焊和虚焊的情况；还要检查 PCB 表面颜色的变化情况，再流焊后允许 PCB 有少许但是均匀的变色，并根据检查结果调整温度曲线。在整批生产过程中要定时检查焊接质量。

（2）再流焊的质量要求

再流焊的高质量是由再流焊的高直通率和高可靠性来保证的，现代电子企业一般不提倡“检查-返修或淘汰”的一贯做法，更不容忍错误发生，任何返修工作都可能给成品的质量添加不稳定的因素。

过去通常认为，补焊和返修会使焊点更加牢固，看起来更加完美，可以提高电子组件的整体质量。但这一传统观念并不正确，因为返修工作都是具有破坏性的，特别是当前组装密度越来越高，组装难度越来越大，返修会缩短产品的寿命，所以大家要尽量避免返修。

6.3.2 再流焊原理及工艺品质因素

演示文稿

回流焊加热方式分类

1. 再流焊原理分析

再流焊的工艺目的就是要获得“良好的焊点”，从图 6-3-2 的再流焊温度曲线可以看出再流焊的工艺原理。当 PCB 从入口处进入升温区（干燥区）时，焊膏中的溶剂、气体会蒸发掉，焊膏开始软化、塌落、覆盖焊盘，将焊盘、元器件焊端与氧气隔离；PCB 进入预热区（保温区）时，使 PCB 和元器件得到充分的预热，以防 PCB 突然进入焊接高温区而损坏 PCB 和元器件；在助焊剂浸润区（活化区，快速升温区），焊膏中的助焊剂润湿焊盘、元器件焊端，并清洗氧化层；当 PCB 进入焊接区（回流区）时，温度迅速上升使焊膏达到熔化状态，液态焊锡润湿 PCB 的焊盘、元器件焊端，同时发生扩散、溶解、冶金结合，漫流或回流混合形成焊锡接点；PCB 进入冷却区，使焊点凝固。此时完成了再流焊。

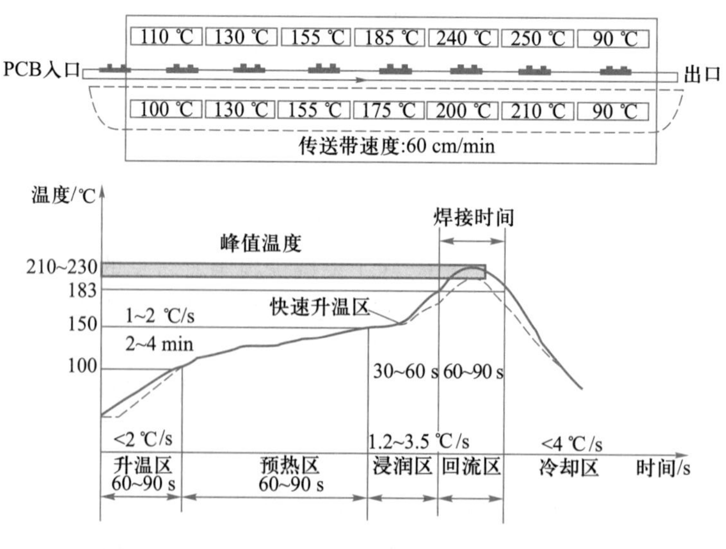

图 6-3-2 Pb-37/Sn-63 铅锡焊膏再流焊温度曲线

再流焊还具有自定位效应的显著特点，即当元器件贴放位置有一定偏离时，由于熔融焊料表面张力作用，当其全部焊端或引脚与相应焊盘同时被润湿时，在表面张力作用下，自动被拉回到近似目标位置。

2. 影响再流焊品质的因素

再流焊是 SMT 关键工艺之一。表面组装的质量直接体现在再流焊结果中。但再流焊中出现的焊接质量问题不完全是再流焊工艺造成的。因为再流焊接质量除了与焊接温度（温度曲线）有直接关系以外，还与生产线设备条件、PCB 焊盘和可生产性设计、元器件可焊性、焊膏质量、印制电路板的加工质量，以及 SMT 每道工序的工艺参数、甚至与操作人员的操作都有密切的关系。

(1) PCB 焊盘设计对再流焊质量的影响

SMT 的组装质量与 PCB 焊盘设计有直接的、十分重要的关系。如果 PCB 焊盘设计正确，贴装时少量的歪斜可以在再流焊时，由于熔融焊锡表面张力的作用而得到纠正（称为自定位或自校正效应）；相反，如果 PCB 焊盘设计不正确，即使贴装位置十分准确，再流焊后反而会出现元件位置偏移、吊桥等焊接缺陷。

小提示

PCB 焊盘的设计要素

矩形片式元器件焊盘结构示意图如图 6-3-3 所示。PCB 焊盘设计应掌握以下关键要素：① 对称性，即两端焊盘必须对称，才能保证熔融焊锡表面张力平衡。② 焊盘间距，即为确保元器件端头或引脚与焊盘恰当的搭接尺寸。③ 焊盘剩余尺寸，即搭接后的剩余尺寸必须保证焊点能够形成弯月面。④ 焊盘宽度，即应与元器件端头或引脚的宽度基本一致。

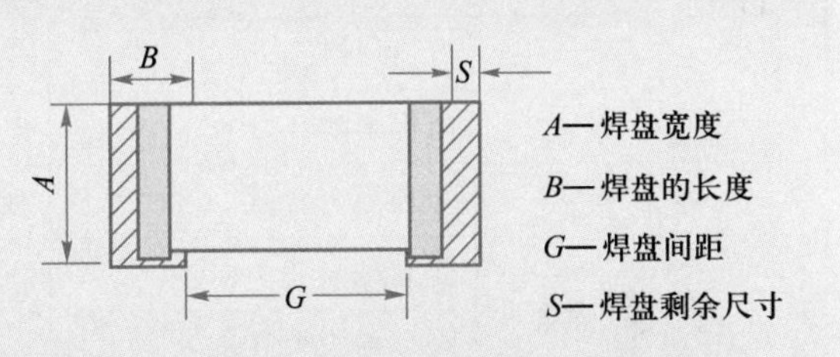

图 6-3-3 矩形片式元器件焊盘结构示意图

(2) 焊膏质量及焊膏的正确使用对再流焊质量的影响

焊膏中的金属微粉含量、颗粒度、金属粉末的含氧量、黏度、触变性都会对再流焊的质量有一定影响。如果金属微粉含量高，再流焊升温时金属微粉随着溶剂、气体蒸发而发生飞溅现象；如果颗粒过大，印刷时会影响焊膏的填充和脱膜，从而过再流焊形成虚焊或断路现象；如果金属粉末的含氧量高，还会加剧飞溅，形成焊锡球，同时还会引起不润湿等缺陷；如果焊膏黏度过低或焊膏的触变性（保形性）不好，印刷后焊膏图形会塌陷，甚至造成粘连，再流焊时也会形成焊锡球、桥接等焊接缺陷。另外，焊膏使用不当，例如从低温柜取出焊膏直接使用，由于焊膏的温度比室温低，产生水汽凝结，再流焊升温时，水汽蒸发带出金属粉末，在高温下水汽会使金属粉末氧化，飞溅形成焊锡球，也会产生润湿不良的问题。

(3) 元器件焊端和引脚、印制电路基板的焊盘质量对再流焊质量的影响

当元器件焊端和引脚、印制电路基板的焊盘氧化或污染，或印制电路板受潮等情况下，再流焊时会产生润湿不良、虚焊、焊锡球、空洞等焊接缺陷。

小提示

元器件、PCB对再流焊质量影响的解决措施

措施1:采购控制。

措施2:元器件、PCB、工艺材料的存放、保管、发放制度。

措施3:元器件、PCB、材料等过期控制(过期的物料原则上不允许使用,必须使用时需要经过检测认证,确信无问题才能使用)。

比如,元器件、PCB、工艺材料的质量控制见表6-3-1。

表6-3-1 元器件、PCB、工艺材料的质量控制

来料	检测项目		一般要求	检测方法
元器件	可焊性:235±5 ℃,2±0.2 s,元器件焊端90%沾锡			润湿和浸渍试验
元器件	引线共面性		<0.1 mm	光学平面和贴装机共面性检查
元器件	性能			抽样,仪器检查
PCB	尺寸与外观			目检
PCB	翘曲度		<0.007 5 mm/mm	平面测量
PCB	可焊性			旋转浸渍等
PCB	阻焊膜附着力			热应力实验
工艺材料	焊膏	金属百分含量	85%~91%	加热称量法
工艺材料	焊膏	焊料球尺寸	1~4级	测量显微镜
工艺材料	焊膏	金属粉末含氧量		
工艺材料	焊膏	黏度、工艺性		旋转式黏度计、印刷、滴涂
工艺材料	黏接剂	黏接强度		拉力、扭力计
工艺材料	黏接剂	工艺性		印刷、滴涂试验
工艺材料	棒状焊料	杂质含量		光谱分析
工艺材料	助焊剂	活性		铜镜、焊接
工艺材料	助焊剂	比重	79~82	比重计
工艺材料	助焊剂	免洗或可清洗性		目测
工艺材料	清洗剂	清洗能力		清洗试验、测量清洁度
工艺材料	清洗剂	对人和环境有害否	安全无害	化学成分分析鉴定

(4)再流焊温度曲线对再流焊质量的影响

演示文稿

锡膏回流曲线解析

温度曲线是保证焊接质量的关键,实时温度曲线和焊膏温度曲线的升温斜率和峰值温度应基本一致。如图6-3-2所示,160 ℃前的升温速率控制在1~ 2 ℃/s。如果升温速率太快,一方面使元器件及PCB受热太快,易损坏元器件,易造成PCB变形;另

一方面,焊膏中的熔剂挥发速度太快,容易溅出金属成分,产生焊锡球。峰值温度一般设定在比合金熔点高 30~40 ℃左右(例 63Sn/37Pb 焊膏的熔点为 183 ℃,峰值温度应设置在 215 ℃左右),再流时间为 60~90 s。峰值温度低或再流时间短,会使焊接不充分,不能生成一定厚度的金属间合金层,严重时会造成焊膏不熔;峰值温度过高或再流时间长,使金属间合金层过厚,也会影响焊点强度,甚至会损坏元器件和印制电路板。

小提示

设置再流焊温度曲线的依据

设置再流焊温度曲线的依据如下:

① 不同金属含量的焊膏有不同的温度曲线,应按照焊膏加工厂提供的温度曲线进行设置(主要控制各温区的升温速率、峰值温度和回流时间)。

② 根据 PCB 的材料、厚度、是否多层板、尺寸大小。

③ 根据表面组装板搭载元器件的密度、元器件的大小以及有无 BGA、CSP 等特殊元器件进行设置。

④ 根据设备的具体情况,例如加热区长度、加热源材料、再流焊炉构造和热传导方式等因素进行设置。比如,热风炉和红外炉有很大区别,红外炉主要是辐射传导,其优点是热效率高,温度陡度大,易控制温度曲线,双面焊时 PCB 上、下温度易控制。其缺点是温度不均匀。在同一块 PCB 上由于器件的颜色和大小不同、其温度就不同。为了使深颜色器件周围的焊点和大体积元器件达到焊接温度,必须提高焊接温度;热风炉主要是对流传导,其优点是温度均匀、焊接质量好,缺点是 PCB 上、下温差以及沿焊接炉长度方向温度梯度不易控制。

⑤ 还要根据温度传感器的实际位置来确定各温区的设置温度。

⑥ 还要根据排风量的大小进行设置。

⑦ 环境温度对炉温也有影响,特别是加热温区短、炉体宽度窄的再流焊炉,在炉子进出口处要避免对流风。

6.3.3　再流焊温度曲线的实时测定

焊接过程中,沿再流焊炉长度方向的温度随时间的变化而变化。从再流焊炉的入口到出口方向,温度随时间变化的曲线称为温度曲线。在实际焊接过程中,如果把热电偶固定在组装板的某个焊点上,组装板随传送带的运动,每隔 1 ms 或规定的时间采集一次温度,然后将相邻采集点的温度连接起来画出的曲线,称为实时温度曲线,如图 6-3-2 所示。

那么为什么要进行再流焊炉的实时温度曲线的测定?因为,再流焊炉中每个加热区都装有温度传感器(PT)来控制炉温,但由于温度传感器安装在炉膛顶部和底部内壁处的,因此设备温度显示器的显示温度是炉腔顶部和底部的热空气温度,并不是 PCB 焊点的实际温度。虽然 PCB 的实际温度与炉内热空气的温度存在一定的关系,但由于 PCB 的质(重)量、层数、组装密度、进入炉内的 PCB 数量、传送速度、气流等的不同,进入炉子的 PCB 温度曲线也是不同的;即使焊接同一种产品,由于环境温度的变化、排风量的变化、电源电压的波动等原因,也可能造成进入炉子的 PCB 温度曲线发生变化。

温度曲线不稳定,会直接影响再流焊的质量。因此,生产过程中必须测试实时温度曲线,并使温度曲线始终处于受控状态。

1. 实时温度曲线的测定方法

利用再流焊炉自带的具有耐高温导线的热电偶或温度采集器,及温度曲线测试软件(KIC)进行测试。

2. 实时温度曲线的测试步骤

① 准备一块焊好的表面组装板。

② 至少选择三个以上测试点。选取能反映出表面组装板上高、中、低有代表性的三个温度测试点。最高温度部位一般在炉堂中间,无元器件或元器件稀少及小元器件处;最低温度部位一般在大型元器件处(如PLCC),传输导轨或炉膛的边缘处。

③ 用高温焊料将三根热电偶的三个测试端焊在三个焊点上(必须将原焊点上的焊料清除干净)。或用高温胶带纸将三根热电偶的三个测试端粘在PCB的三个温度测试点位置上,特别要注意,必须粘牢。如果测试端头翘起,采集到的温度不是焊点的温度,而是热空气温度。

④ 将三根热电偶的另外一端插入机器台面的1、2、3插孔,或插入采集器的插座上。注意极性不要插反,并记住这三根热电偶在表面组装板上的相对位置。

⑤ 将被测的表面组装板置于再流焊机入口处的传送链/网带上,同时启动测试软件。随着PCB的运行,在屏幕上画实时曲线。

⑥ 当PCB运行过最后一个温区后,拉住热电偶线将表面组装板拽回,此时完成了一个测试过程。在屏幕上显示完整的温度曲线和峰值表。如果使用采集器,应将采集器放在表面组装板后面,略留一些距离,并在出口处接出,然后通过计算机软件调出温度曲线。

做一做

热电偶的固定方法

将热电偶固定在印制电路板的各个位置上,可以在焊接过程中监测实时温度曲线。固定方法有许多种,主要介绍常用的三种方法:高温焊料固定法,采用胶粘剂固定法,胶粘带固定法。热电偶的固定方法对数据质量(真实性)的影响极大,其目的是获得各个关键位置的精确可靠的温度数据。

(1) 高温焊料固定法

需要至少含铅90%、熔点超过289 ℃的焊料,这样,焊料在回流焊时就不会熔化。优点:高温焊料具有良好的导热性,有助于将误差减到最小,也能提供很好的机械固定性能。缺点:焊接需要相当的技巧,否则容易损坏元件、焊点或焊盘;这种方法不能用于未经焊接的印制电路板,也不能用于将热电偶固定到不可焊的表面,如陶瓷与塑料元器件体和PCB板面。

(2) 采用胶粘剂固定法

此方法可将热电偶固定到塑料、陶瓷元器件以及FR4板等不可焊的表面。常用的胶粘剂有两类:一类是UV活化胶,它可在几秒钟内将热电偶固定,但只能工作于120 ℃左右;另一类是专用的高温双组份环氧胶的耐温可达260 ℃,但固化时间长,很不方便(大多采用贴片胶)。此方法在

SMT中很少使用，主要缺点：胶粘剂导热性较差，如果在固定热电偶时使用过多的胶粘剂，将会产生不良的热传导；残留的胶不容易去除，如用小刀很容易造成损坏印制电路板。

(3) 胶粘带固定法

高温胶粘带，可在任何表面方便地使用。但是，必须使其与被测表面紧密接触。缺点：即使结点少量翘起，只离开被测表面千分之一英寸，其测量温度也将主要是周围环境的温度，它在一定程度上受到热辐射的影响；另外，利用胶带在高密度区固定热电偶很困难，甚至不可能。一种行之有效的方法是将热电偶导线弯成一个小钩子的形状，如图6-3-4所示。

图6-3-4 胶粘带固定示意图

3. 正确分析与调整再流焊温度曲线

测定实时温度曲线后应进行分析和调整，以获得最佳、最合理的温度曲线。

① 根据焊接结果，结合实时温度曲线和焊膏温度曲线做比较，并作适当调整（以Sn63/Pb37焊膏为例）。

- 实时温度曲线和焊膏温度曲线的升温速率和峰值温度应基本一致。
- 从室温到100 ℃为升温区。升温速度控制在<2 ℃/s或160 ℃前的升温速度控制在1~2 ℃/s。
- 从100~150(160) ℃为保温区，约60~90 s。如果升温速度太快，一方面使元器件及PCB受热太快，易损坏元器件，易造成PCB变形。另一方面，焊膏中的熔剂挥发速度太快，容易溅出金属粉末，产生锡球；如果预热温度太高、时间过长，容易使金属粉末氧化，影响焊接质量。
- 从150~183 ℃为快速升温区，或称为助焊剂浸润区。理想的升温速度为1.2~3.5 ℃/s，但目前国内很多设备很难实现，大多控制在30~60 s（有铅焊接时还可以接受）。当温度升到150~160 ℃时，焊膏中的助焊剂开始迅速分解活化，如时间过长会使助焊剂提前失效，影响液态焊料浸润性，影响金属间合金层的生成。
- 183~215 ℃是焊膏从熔化到凝固的焊接区，或称为回流区。一般为60~90 s。
- 峰值温度一般定在比焊膏熔点高30~40 ℃（Sn63/Pb37焊膏的熔点为183 ℃，峰值温度为210~230 ℃）。这是形成金属间合金层的关键区域。大约需要15~30 s。

② 调整温度曲线时应按照热容量最大、最难焊的元器件为准。要使最难焊元器件的焊点温度达到210 ℃以上。特别注意：热电偶的连接是否有效；考虑到热电偶与被测介质需要进行充分的热交换，需要一定的时间才能达到热平衡，存在测温的延迟现象，必要时应验证测试数据的有效性（特别在升温速率较高，或传送速率较快时）。

③ 传送带速率的设置。传送带速率应根据炉子的加热区长度、温度曲线要求进行设置和调整。链速与加热区长度成正比，因此产量大应选择加热区长度大的炉子。改变链速对温度曲线的影响>改变炉温设置。链速改变幅度必须适中，因为改变链速对每个温区都有影响。

6.3.4 再流焊结果的工艺分析

演示文稿

SMT常见不良判定

电子产品中SMA验收标准一般是根据IPC-A-610D进行。根据该标准，要求焊点焊料量适中，与元器件焊端和焊盘有良好的润湿，在焊接处形成总体连续但可以是灰暗无光泽或颗粒状外观的弧形焊接表面，其连接角应不大于90°，焊点牢固可靠，但当焊料轮廓延伸到可焊端边缘或阻焊剂时，润湿角可超过90°。

再流焊过程中，引起的焊接缺陷主要原因可以分为两大类，第一类与异常的焊点形态有关，包括立碑、偏移、桥接、空洞、锡珠、焊膏量不足与虚焊或断路等；第二类与冶金有关，包括冷焊、不润湿、银迁移等。再流焊接的缺陷可以从热力学角度分析它形成原因与解决办法，见表6-3-2。

表6-3-2 再流焊结果的工艺分析

焊接缺陷	缺陷工艺分析	预防对策
立碑：是指无引脚元器件的一端被翘起，且站立在它的另一端之上。立碑也被称为曼哈顿效应、吊桥 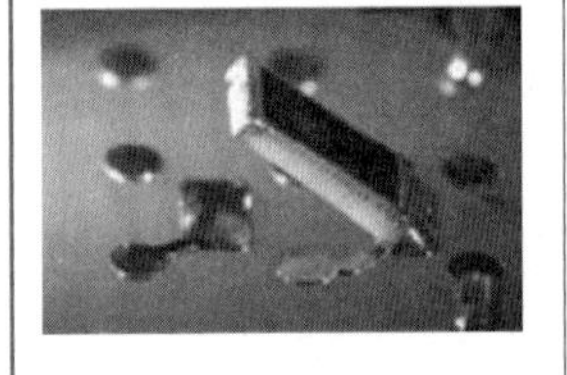	从热力学的角度分析，立碑主要是在再流焊过程中元器件两末端的表面张力不均衡造成的。受力不均衡可能的原因有： ① PCB焊盘设计不对称问题，造成小焊盘对温度响应快，焊膏熔化后，在焊膏表面张力作用下，将元器件拉直竖起。焊盘的宽度或间隙过大，也都可能出现立碑现象 ② 元器件两末端受热分布不均匀，即附近元器件的阴影效应、PCB内的散热层对焊盘温度的影响等造成受热分布不均匀，导致立碑	根据工艺分析，可以通过严格规范标准焊盘设计，严格控制元器件、PCB的储存环境，优化再流焊温度曲线参数等办法，预防再流焊过程中元器件两末端的表面张力不均衡造成的立碑现象
偏移：是指元器件在水平面上的移动，造成再流焊时元器件不对准 	从热力学的角度分析，偏移主要是元器件在再流焊过程中自定位效应不明显造成的。自定位效应不明显可能的原因有：焊膏印刷不准、厚度不均，元器件放置不当，传热不均，焊盘或引脚的可焊性不好，助焊剂活性不足，焊盘比引脚大的太多等，都可能引起元件偏移。情况较严重时还会形成立碑，尤以质轻的小元件为甚	根据工艺分析，可以通过严格控制SMT生产中各工艺过程，注意元器件和PCB的存储环境，使用适当活性的助焊剂等方法手段控制偏移现象的出现
桥接：是指由于局部过多的焊料量，在临近焊点之间形成焊料桥。它是回流焊中最常见缺陷之一 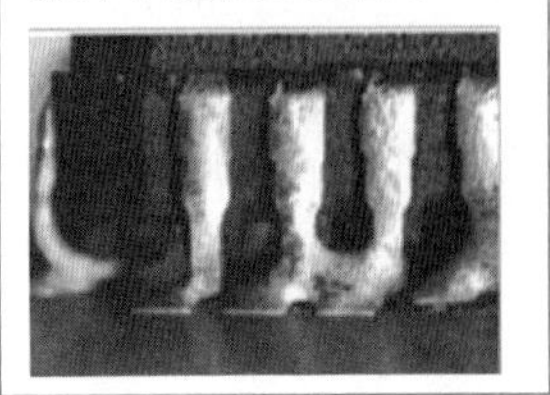	从热力学的角度分析，桥接主要是由于在焊锡固化前焊膏未能从两个或多个引脚间分离。焊膏未能分离可能的原因有：印制电路板上细间距焊盘制作有缺陷；焊膏黏度过低、触变性不好、印刷后塌边；漏印的焊膏成形不佳，焊膏塌陷、焊膏太多；贴片时压力过大，焊膏挤出过多；回流时较快的升温速率等	根据工艺分析，可以通过对模板的制作、印刷工艺、再流焊工艺等关键工序的质量控制入手，尽可能避免桥接隐患

续表

焊接缺陷	缺陷工艺分析	预防对策
空洞:是指焊点中出现的吹孔或针孔,这些空洞的存在将使得焊点的强度不足 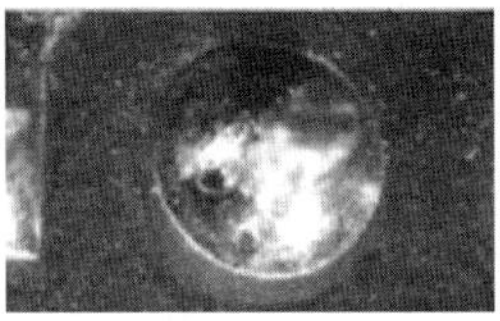	从热力学的角度分析,空洞主要是:① 焊接材料的影响。② 焊接工艺的影响,预热温度过低,预热时间过短,使得焊膏中溶剂在硬化前未能及时逸出	根据工艺分析,可以通过设置合适的温度曲线和选用合适的助焊剂等方面入手,克服空洞隐患
锡珠:是指焊接形成的呈球状的焊锡 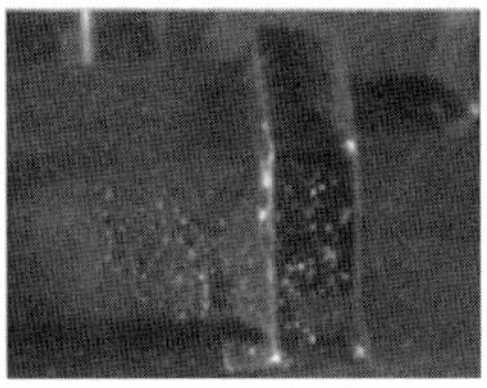	从热力学的角度分析,锡珠主要是再流焊温度曲线设置不当,如预热区温度上升速率过快,使焊膏内的水分、溶剂未完全挥发出来,到达再流区时,引起水分、溶剂沸腾,溅出焊锡球;如果在贴片至回流焊的时间过长,则因焊膏中焊料粒子的氧化,焊剂变质、活性降低,会导致焊膏不再流,而产生锡珠	根据工艺分析,可以通过调整再流焊温度曲线,严格控制预热区温升速率;选用工作寿命长一些的焊膏(至少4小时),则会减轻产生锡珠现象;加强工艺过程的质盘管理,以达到控制的目的
焊膏量不足:就是少锡的意思 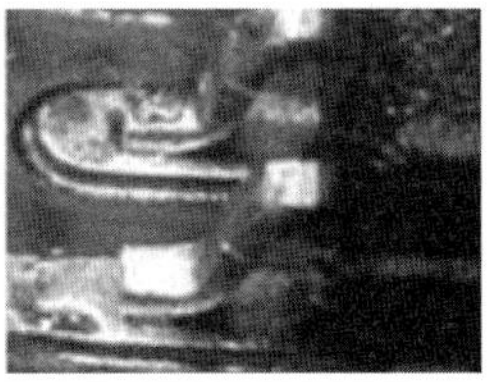	从热力学的角度分析,少锡主要是模板厚度或开口尺寸不够、开口四壁有毛刺、开口处喇叭口向上、脱模时带出焊膏;焊膏滚动性差,刮刀压力过大,尤其橡胶刮刀过软,印刷速度过快等	根据工艺分析,可以通过严格控制印刷工艺的各个环节的方法加以控制
冷焊:就是指出现粒状焊点、不规则形状焊点、或金属粉末不完全融合 	从热力学的角度分析,冷焊主要是没有形成具有完全再流现象的焊点。造成的主要原因是再流焊温度太低,导致再流焊时热量不充足,金属粉末不完全熔化;在冷却阶段,强烈的冷却空气,或者是不平稳传送带移动使得焊点受到扰动,在焊点表面上呈现高低不平的形状,尤其在稍微低于熔点的温度时,焊料非常柔软;在焊盘或引脚上及其周围存在污染,导致没有完全再流;助焊剂能力不充足,导致金属氧化物不能完全被清除,随后导致不完全凝结;焊料金属粉末质量不好,大多数是由高度氧化粉粒包封形成的	根据工艺分析,可以通过调整回流温度曲线,注意平稳传送系统,使用活性稍高的助焊剂或适当增加助焊剂使用量,不要使用劣质焊膏等方法加以克服

续表

焊接缺陷	缺陷工艺分析	预防对策
不润湿：就是指在基板焊盘或器件引脚上焊料的覆盖范围小于目标焊料润湿面积，再流后使得基体金属暴露在外 	从热力学的角度分析，不润湿主要是受热时间太短，或者温度太低而引起热量不充足，导致助焊剂反应不完全以及不完全的冶金润湿反应；焊料熔化之前，过量的热量不但使焊盘和引脚的金属过度氧化，而且会消耗更多的助焊剂。最终将导致不良润湿；焊料合金质量不好，内含杂质也可产生不良润湿；由焊盘/引脚的金属杂质或氧化或焊盘/引脚本身的性质造成了金属润湿性差	根据工艺分析，可以通过适当调整温度曲线，并尽可能采用氮气回流焊；选择满足要求的焊膏等方法加以克服

再流焊缺陷的种类很多，除了上述这些主要缺陷外，还有元器件侧立、元器件贴反、拉尖等。同时，还有一些肉眼看不见的缺陷，例如焊点晶粒大小、焊点内部应力、焊点内部裂纹等，这些要通过X光或焊点疲劳试验等手段才能检测到。而且一种缺陷往往是多种原因作用的结果，一个原因也可能产生多种缺陷，但这些缺陷主要还是表现在热力学上，所以在做具体的缺陷分析时，一定要从热力学等多角度、多侧面进行考虑，不要漏掉任何一个可能的环节，这样才能达到治标又治本的效果。

知识链接

1. 专业术语及词汇

PCBA(Printed Circuit Board Assembly)印制电路板组件

Printer 印刷机

Reflow/Soldering 回流焊

Hot Air Reflow Soldering 热风回流焊

Multi-function Placement Equipment 多功能贴片机

Wave Soldering 波峰焊

Solder Paste 焊膏

Curing 固化

SMA(Surface Mount Assemblys)表面贴装组件

2. 所涉及的专业标准及法规

IEC(International Electrotechnical Commission)国际电工协会

ITU(International Telecommunications Union)国际电信联盟

IPC-A-610D 电子组装件的验收标准

问题与思考

1. 简单叙述SMT的基本生产工艺流程。

2. 焊膏涂敷的方法有哪些，各有什么特点?

3. 焊膏印刷的常见缺陷有哪些？ 如何分析?

4. SMT 贴片常见缺陷有哪些? 怎样解决?

5. 绘制出采用 Sn96.3Ag3.2Cu0.5 焊膏进行回流焊时，两种典型的回流焊温度曲线，并进行简单描述。

能力拓展

1. 写出图 6-1 所示两种表面组装类型的工艺流程。

（1）单面混装板:A 面为 THC 元件,B 面为 SMD 元件。

（2）双面混装板:A 面有 THC 元件,A、B 两面都有 SMD 元件。

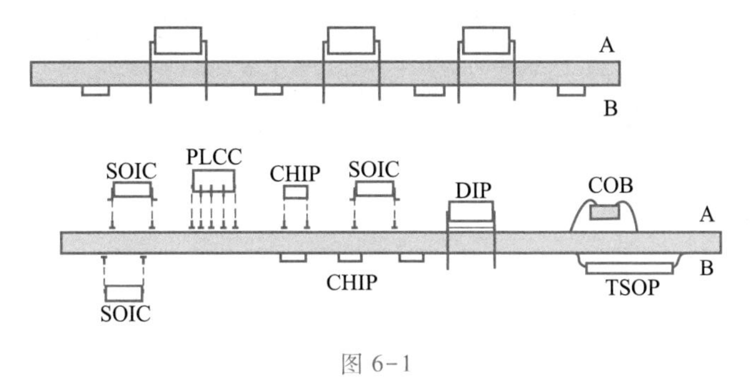

图 6-1

2. 分析题:图 6-2 所示为理想状态的回流焊温度曲线图,看图后请回答以下问题:

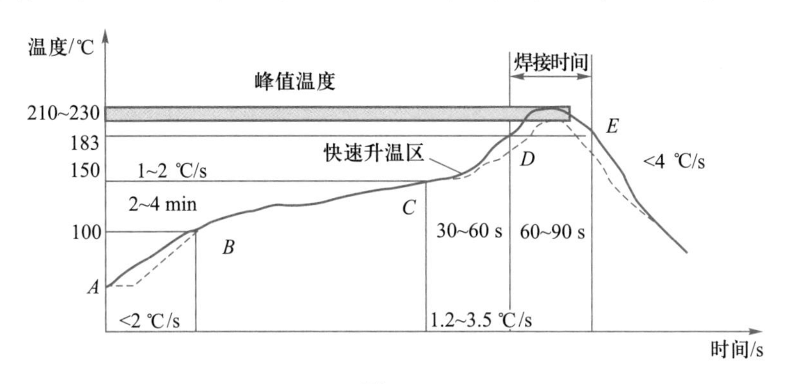

图 6-2

（1）请在图上标出各段温区的名称。

（2）*AB* 段主要控制的参数是什么？其值是多少？

（3）*BC* 段的主要作用是什么？通常在这一段的时间是多少？

（4）*CD* 段的温度一般在什么范围内？焊料在 183 ℃以上时间应控制在多久？

（5）*DE* 段,通常控制的参数是什么？

项目 7

电子产品组装质量检验与调试

【引言】

产品的质量是企业的生命，质量控制是企业生产活动中的生命线。在电子产品制造过程中检验、测试与试验的含义比较相近，其中，检验是指对具体产品的质量检查，及判定生产过程或某一具体加工环节（如组装、焊接等）工作质量；测试是指为了实现产品特定功能，对电路、元器件参数的离散性进行整体参数匹配调整后，并对调整做出认定的过程；试验通常是指生产企业模拟产品的工作条件，对产品整体参数进行验证，同时考察设计方案的正确性和生产加工过程的质量。

本项目主要介绍电子产品组装质量检验、质量控制（QC）与品质保证（QA）、在线测试（ICT）、电子产品的可靠性试验。掌握电子产品质量检验方法是电工电子类行业专业工程技术人员所必备的知识和技能。

任务 7.1　电子产品组装质量的检验

任务引入

产品组装质量检验是电子产品生产中很重要的一个环节，它是指对电子产品组装过程与结果所涉及的固有特性满足要求程度的一种或多种测量、检查、试验，并将这种特性与规定标准进行比较，以确定其符合性的活动。电子产品组装质量检验包括来料检验、工序检验和组件检验三大类。检验结果合格与否依据的标准基本上有 3 个，即本单位指定的企业标准、其他标准（如 IPC 标准）以及特殊产品的专项标准。目前，我国通常采用 IPC 标准对产品进行检验。

本任务的目标就是认识电子产品组装质量检验的基本内容，学习来料检验、工序检验和组件检验、理解电子产品质量控制等知识；让学生全面了解与认识电子产品组装质量检验与控制的基本方法，掌握利用质量管理鱼骨图全面分析产品质量的方法。

7.1.1　电子产品组装质量的检验内容与方法

演示文稿

电子产品组装质量的检验

1. 电子产品组装质量的检验内容

电子产品组装质量检验就是检查验证，是电子产品生产技术中的重要工序之一，是质量控制中不可缺少的重要手段。正确、先进的检验、检测技术不仅能够确保产品合格、防止不合格品被漏判而流入市场，同时还能减少误判、提高生产效率、降低制造成本。

为了提高电子产品组装的直通率、高可靠性的质量目标，必须从 PCB 设计、元器件、材料，以及工艺、设备、规章制度等多方面进行控制。其中，以预防为主的工艺过程控制尤其适合电子产品组装生产。在电子产品制造的每一步生产工序中通过有效的检验手段防止各种缺陷及不合格隐患流入下一道工序的工作十分重要。电子产品组装质量检测内容主要包括来料检验、工序检验及组装后组件检验，如图 7-1-1 所示。

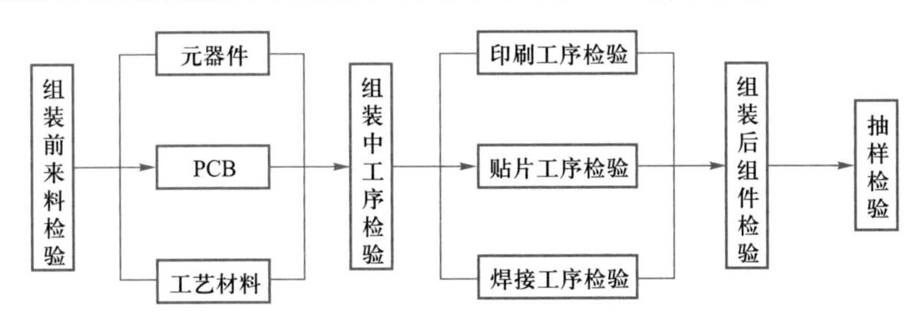

图 7-1-1　电子产品组装质量检验基本内容

一般工序检验中发现的质量问题可以通过返工可以得到纠正。来料检验、焊膏印刷后，焊前检验中发现的不合格品返工成本比较低，对电子产品可靠性的影响也比较小。但是焊后不合格品的返工就大不相同了，因为焊后返工需要解焊以后重新焊接，除了需要工时、材料，还可能损坏元器件和印制电路板。由于有的元器件是不可逆的，如需要底部填充的 Flip Chip,还有 BGA、CSP 返修后需要重新植球,修复难度比较大,所以焊后返工损失较大。由此可见,工序检验、特别是前几道工序检验,可以减少缺陷率和废品率,可以降低返工/返修成本,同时还可以通过缺陷分析从源头上尽早地防止质量隐患的发生。

2. 电子产品组装质量的检验方法

目前,电子产品生产中的检验方法主要有目视检验、自动光学检验(AOI)、自动 X 光检测(AXI)和超声波检测、在线测试(ICT)、功能测试(FT)等。

① 目视检验是指直接用肉眼或借助放大镜、显微镜等工具检验组装质量的方法。

② 自动光学检验(AOI)主要用于工序检验,比如印刷机后的焊膏印刷质量检验、贴装后的贴装质量检验及再流焊炉后的焊后检验。自动光学检验用来替代目视检验。

③ 自动 X 光检测和超声波检测主要用于 BGA、CSP 及 Flip Chip 的焊点检验。

④ 在线测试(ICT)设备采用专门的隔离技术,可以测试电阻器的阻值、电容器的电容值、电感器的电感值、器件的极性,以及短路(桥接)、开路(断路)等参数,自动诊断错误和故障,并可把错误和故障显示、打印出来,可直接根据错误和故障进行修板或返修。在线测试的检测正确率和效率较高,属于静态测试。

⑤ 功能测试主要用于组装板的电功能测试和检验。功能测试就是将组装板或表面组装板上的被测单元作为一个功能体输入电信号,然后按照功能体的设计要求检测输出信号。

总之,实际当中具体采用哪一种方法,应根据各企业产品组装生产线的具体条件及组装板的组装密度而定。但无论具备什么检测条件,目视检验都是基本的检测方法,是电子产品组装工艺人员和检验人员必须掌握的内容之一。

7.1.2 质量控制与品质保证

 演示文稿

IPC-A-610D 电子产品外观检验标准介绍与应用

电子产品质量是企业的生命,电子产品质量控制和质量检验是电子产品生产企业制造过程的重要内容和手段。

1. 质量控制

质量控制(QC)在 ISO 8402 中的定义是“为达到品质要求所采取的作业技术和活动”。有些推行 ISO 9000 的组织会设置这样一个部门或岗位,负责 ISO 9000 标准所要求的有关质量控制的职能,担任这类工作的人员就称为 QC 人员,相当于一般企业中的产品检验员,包括进货检验员、制程检验员和最终检验员。

(1) 来料质量控制(IQC)

目前 IQC 的侧重点在于来料的质量检验上,因为过去来料质量控制的功能较弱,QC 的工作方向是从被动检验转变到主动控制,质量控制前移,把质量问题发现在最前端,减少质量成本,达到有效控制,并协助供应商提高内部质量控制水平。

(2) 制程检验(IPQC)

制程中的质量控制也是制造过程中的质量控制,或生产过程中的质量控制。由于 IPQC 采用的检验方式是在生产过程中的各工序之间巡回检查,所以又称为巡检。IPQC 采用的一般的方式为抽检,检查内容一般分为对各工序的电子产品质量进行抽检、对各工序的操作人员的作业方式和方法进行检查、对控制计划中的内容进行点检。

(3) 最终品质检验(FQC)

最终品质检验是指制造过程最终的检查验证,亦称为制程完成品检查验证或称为成品品质管制。FQC 是在电子产品完成所有制程或工序后,对于电子产品本身的品质状况,包括:外观检验(颜色、光泽、粗糙度、毛边、是否有刮伤)、尺寸/ 孔径的测量、性能测试(材料的物理/化学特性、电气特性、机械特性、操作控制),进行全面且最后一次的检验与测试,目的是确保产品符合出货规格要求,甚至符合客户使用的要求。

2. 品质保证

品质保证(QA)在 ISO 8402 中的定义是"为了提供足够的信任表明实体能够满足品质要求,而在品质管理体系中实施并根据需要进行证实的全部有计划和有系统的活动"。有些推行 ISO 9000 的组织会设置这样的部门或岗位,负责 ISO 9000 标准所要求的有关品质保证的职能,担任这类工作的人员就称为 QA 人员。

(1) 6S 现场管理

6S(整理、整顿、清扫、清洁、素养、安全)是指在生产现场中将人、机、物、法、环等生产要素进行有效管理,要求每一个员工养成"从小事做起""事事讲究"的习惯。从而到达提高整体工作质量的目的。

6S 的作用主要体现在:提升公司形象、营造团队精神、减少浪费、保障品质、改善情绪、保障安全、提高效率。

① 提升公司形象。整洁的工作环境,饱满的工作情绪,有序的管理方法,使员工有充分的信心,容易吸引顾客。

② 营造团队精神。创造良好的企业文化,加强员工的归属感,员工有共同的目标可以拉近彼此的距离,建立团队感情,也容易带动员工上进的思想。

③ 减少浪费。经常习惯性的整理、整顿,不需要专职整理人员,减少人力;对物品进行规划分区,分类摆放,减少场所的浪费;物品分区分类摆放,标识清楚,减少找寻物品的时间。

④ 保障品质。工作养成认真的习惯,做任何事情都一丝不苟,不马虎。电子产品品质自然有保障。

⑤ 改善情绪。清洁、整齐、优美的环境可以带来美好的心情,员工工作起来会更认真。上司、同事、下级谈吐有礼、举止文明,会给员工一种被尊重的感觉,容易融合在这种大家庭的氛围中。

⑥ 保障安全。工作场所宽敞明亮,通道畅通,地上不会随意摆放丢弃物品,墙上不悬挂危险品,这些都会使员员工身、企业财产有相应的保障。

⑦ 提高效率。工作环境优美,工作氛围融洽,工作自然得心应手。物品摆放整齐,不用花时间寻找,工作效率自然就提高了。

(2) 实施 6S 的主要手段

① 查检表。根据不同的场所制订不同的查检表,即不同的 6S 操作规范,如车间查检表、货仓查检表、厂区查检表、办公室查检表、宿舍查检表、餐厅查检表等。进行定期或不定期的检查,发现问题,及时采取纠正措施。

② 红色标签战略。制作一批红色标签,红色标签上的不合格项有整理不合格、整顿不合格、清扫不合格、清洁不合格,配合查检表一起使用,对 6S 实施不合格物品贴上

红色标签,限期改正。并且记录,公司内分部门,部门内分个人分别绘制“红色标签比例图”,时刻起警示作用。

③ 目视管理。目视管理即一看便知,一眼就能识别,在 6S 实施中运用,效果不错。

(3) ISO 9000

ISO(International Organization for Standardization)系列标准是由设在瑞士日内瓦的国际标准化组织,即由各国标准化团体组成的世界性的联合会于 1987 年制定的质量保证的系列标准,它包括以下内容:

ISO 9000:质量管理和质量保证标准—选择和使用指南;

ISO 9001:质量体系—设计/开发,生产,安装和使用指南;

ISO 9002:质量体系—生产、安装和服务的质量模式;

ISO 9003:质量体系—最终检验和试验的质量保证模式;

ISO 9004:质量体系—质量管理和质量体系要素指南;

ISO 14001:环境管理体系;

OHSAS 18001 职业安全体系。

ISO 9000 系列标准公布后,受到世界各国的欢迎,许多国家立即等同或等效采用,代替了他们原有的国家标准。该标准每 5 年修订一次,重新发布。该标准的目的是帮助管理者通过制定一个切实可行的质量管理体系来实现自己预定的方针目标。

演示文稿

QC 七大手法

7.1.3 全面质量管理的分析方法

鱼骨图又名特性因素图,是由日本管理大师石川馨先生所发展出来的,故又名石川图,它的常规图形如图 7-1-2 所示。鱼骨图是一种透过现象看本质,发现问题“根本原因”的方法,它也可以称为“因果分析图”。鱼骨图原本用于企业进行全面质量管理、流程分析等,是表示质量特性与原因关系的图。

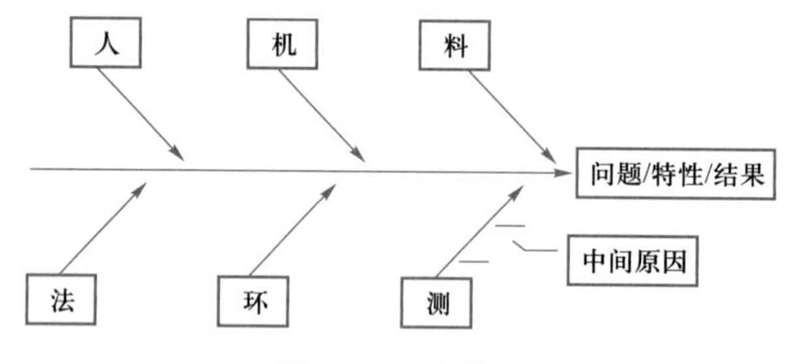

图 7-1-2 鱼骨图

1. 鱼骨图的作用

① 鱼骨图是一个非定量的工具,可以帮助我们找出引起问题潜在的根本原因。

② 它使我们问自己:问题为什么会发生?使项目小组聚焦于问题的原因,而不是问题的症状。

③ 能够集中于问题的实质内容,而不是问题的历史或不同的个人观点。

④ 以团队努力,聚集并攻克复杂难题。

⑤ 辨识导致问题或情况的所有原因,并从中找到根本原因。

⑥ 分析导致问题的各原因之间相互的关系。

⑦ 采取补救措施，正确行动。

2. 鱼骨图的三种类型

鱼骨图的类型主要有整理问题型、原因型和对策型三鱼骨图，见表 7-1-1。

表 7-1-1　鱼骨图的类型

鱼骨图类型	含义
整理问题型鱼骨图	各要素与特性值间不存在原因关系，而是结构构成关系，对问题进行结构化整理
原因型鱼骨图	鱼头在右，特性值通常以“为什么……”来写
对策型鱼骨图	鱼头在左，特性值通常以“如何提高/改善……”来写

3. 鱼骨图的制作方法

制作鱼骨图分两个步骤来完成：首先进行分析问题的原因或结构，然后根据分析的结果绘制鱼骨图。

（1）分析问题的原因或结构

分析问题的原因或结构时，一般按下列步骤进行：

① 针对问题点，选择层别方法（如人、机、物、法、环、测、量等）。

② 按头脑风暴法分别对各层别、类别找出所有可能原因（因素）。

③ 将找出的各要素进行归类、整理，明确其从属关系。

④ 分析并选取重要的因素。

⑤ 检查各要素的描述方法，确保语法简明、意思明确。

（2）绘图鱼骨图

绘图鱼骨图的过程一般由以下几步组成：

① 由问题的负责人召集与问题有关的人员组成一个工作组（Work Group），该组成员必须对问题有一定深度的了解。

② 问题的负责人将拟找出原因的问题写在黑板或白纸右边的一个三角形的框内，并在其尾部引出一条水平直线，该线称为鱼脊。

③ 工作组成员在鱼脊上画出与鱼脊成 45°角的直线，并在其上标出引起问题的主要原因，这些成 45°角的直线称为大骨。

④ 对引起问题的原因，进行进一步细化，画出中骨、小骨、…，尽可能列出所有可能的原因。

⑤ 对鱼骨图进行优化整理。

⑥ 根据鱼骨图进行讨论。

完整的鱼骨图如图 7-1-3 所示，由于鱼骨图不以数值来表示所处理的问题，而是通过分析和整理“问题与它的原因”的层次来标明关系，因此，能很好地描述定性问题。鱼骨图的实施要求工作组负责人（即进行企业诊断的专家）有丰富的指导经验，整个过程负责人尽可能为工作组成员创造友好、平等、宽松的讨论环境，使每个成员的意见都能完全表达，同时保证鱼骨图正确做出，即防止工作组成员将原因、现象、对策互相混淆，并保证鱼骨图层次清晰。负责人不对问题发表任何看法，也不能对工作组成员进行任何诱导。

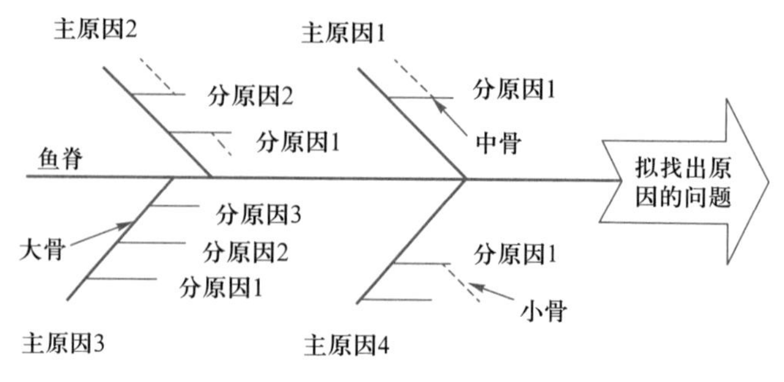

图 7-1-3 完整的鱼骨图示例

任务 7.2 电子产品组装质量的检验案例

任务引入

随着工业、军事和民用等部门对电子产品的质量要求日益提高，电子设备的可靠性问题受到了越来越广泛的重视。事实也确实如此，由于某个元器件失效而使整个试验失败造成巨大损失，由于某个元器件性能不稳定而使整机(系统)改不胜改、调不胜调、修不胜修，败坏企业声誉的事情也经常在我们周围发生。因此，为了保证电子整机产品能够稳定、可靠地长期工作，必须在装配前对所使用的电子元器件进行检验和筛选，其中检验的目的在于验证一批元器件是否合格，而筛选的目的是从一批元器件中将有潜在缺陷的元器件淘汰掉。

本任务的目标就是学习检验和筛选的基本知识，为确保今后自己生产的整机(设备)产品质量和可靠性奠定基础。

演示文稿

元器件的来料检验

演示文稿

元器件的筛选

动画视频

来料检测

7.2.1 元器件的来料检验

在企业的日常批量生产中，由于元器件数量非常庞大，对每个元器件进行检验，在时间和经济上都不可行，那么如何控制大批量产品质量成为一个突出问题。于是，有人将统计学方法和概率学原理应用到检验的实践中，便诞生了抽样技术，企业称为"IQC(来料质量控制)"。

1. 来料检验的步骤和分类

企业生产中的来料检验一般分为检验前的准备、整体检查、抽样、单品检验、综合判定等几个步骤。其中，准备阶段要做的事情是：准备公司的程序文件(比如"IQC来料检验规范")以及相关可靠性试验和相关技术、设计参数资料及GB2828和GB2829抽样检验标准等，还要准备测试工量具及仪表(比如LCR电桥、游标卡尺、恒温铬铁、浓度不低于95%的酒精)；整体检查时，主要观察来料的外包装是否完好、标签是否清楚正确、内包装是否完好、数量及装箱是否错乱；根据来料的特点及要求进行抽样，然后对单件样品进行外观尺寸、功能、可靠性检查。最后根据检查结果判定是否合格。

其次，来料检验可以分为常规检验和型式试验。常规检验是指在一定的经验基础上,进行的一种日常的非全部项目的检验工作。它一般包括外观质量检验、电气性能检验、焊接性能检验。而型式试验是指在常规检验的基础上全面验证元器件是否合格的验证工作。

2. 来料检查常见不良

IQC 在来料检查时,经常会遇到各种各样的不良,检查时要从来料整体和抽取样品两方面来进行检查。就整体来说,可分为来料错、数量错、表示错、包装乱。而抽样样品常见不良主要分为两大类,即外观不良和功能不良。

(1) 外观不良

外观不良项目较多,从不同的方面有不同的不良内容,不同的原材料其外观不良也有各自的特点。从检查的内容看,有不良情形。

① 包装不良:有外包装破损、未按要求包装(如没有按要求进行真空包装等)、料盘料带不良(如料盘变形、破裂,料带薄膜黏性过强机器难卷起、易撕裂、撕断、黏性弱松开致元器件掉出等)、摆放凌乱等。

② 标示不良:无标示、漏标示、标示错(多字符、少字符、错字符等)、标示不规范(未统一位置、统一标示方式)、不对应(如有实物无标示,即多箱物料乱装)等。

③ 尺寸不良:即相关尺寸或大或小超出要求公差,包括相关长、宽、高、孔径、曲度、厚度、角度、间隔等。

④ 装配不良:有装配紧、装配松、离缝、不匹配等。

⑤ 表面处理不良:有破裂、残缺、刮花、划伤、针孔、洞穿、剥离、压伤、印痕、凹凸、变形、折断等。

(2) 功能不良

它是指因不同的原材料而显示出各自不同的特性。主要有标称值、误差值、耐压值、温湿度特性、高温特性、各原材料其他相关特性参数及功能等。

做一做

电阻的质量检验

(1) 外观

① 检验设备:放大镜(50 倍)。

② 检验方法及要求:色环色彩鲜艳,清晰易辨认,用酒精棉球擦拭无损伤。

③ 判定:色环色彩暗淡模糊,不易辨认,用酒精棉球擦拭后有损伤者为不合格。

(2) 表面油漆检验

① 检验设备:电烙铁(50 W),放大镜(50 倍)。

② 检验方法及要求:用电铬铁烫电阻,表面油漆在放大镜下观察无起泡、起皮及有裂痕现象。

③ 判定:烫后如有起泡、起皮、有裂痕现象,则判别定为不合格。

(3) 标称值

① 检验设备:精密数显万用表。

② 检验方法及要求:用万用表电阻挡测量电阻的阻值,阻值的偏差不得超过允许偏差(色环电阻的最后一环表示该电阻的允许偏差)。

③ 判定：超过允许偏差范围，既判定为不合格。

(4) 可焊性

① 检验设备：焊锡槽，放大镜(50 倍)。

② 检验方法及要求：将电阻的引脚以纵轴方向浸渍到 235±5 ℃的焊槽中，保持 2±0.5 s 取出。

③ 判定：电阻的引脚经过浸渍过后，表面必须覆盖有一层光滑明亮的焊锡，在放大镜下观察，引脚表面只允许有少量分散的针孔或未上锡的缺陷，且这些缺陷不得集中在同一区域。

3. 来料检查常用抽样手法

① 层次抽样法。来货若为分层摆放或次序排列的，则可采用层次抽样法进行抽样，如图 7-2-1(a)所示。如电阻、电容等贴片料多卷摆放在一起，卡通箱等分层叠放等，则适用之。

② 对角抽样法。对于来货摆放横竖分明、整齐一致的，则可采用对角抽样法进行抽样，如图 7-2-1(b)所示。如使用托盘等盛装或平铺放置的来料，则适用此法。

③ 三角抽样法。来货若摆放在同一平面时，则可采用三角抽样法抽样，如图 7-2-1(c)所示。

④ S 形抽样法。来货若摆放在同一平面时，还可以采用 S 形抽样法抽样，如图 7-2-1(d)所示。

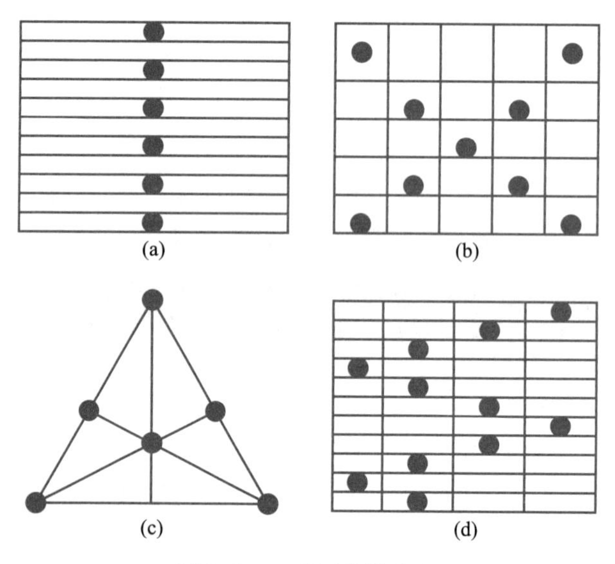

图 7-2-1 常用抽样手法

7.2.2 元器件的筛选方法

1. 元器件筛选的必要性

动画视频

元器件的筛选

筛选的目的是从一批元器件中选出高可靠性的元器件，淘汰掉有潜在缺陷的元器件。从广义上来讲，在元器件生产过程中各种工艺质量检验以及半成品、成品的电参数测试都是筛选，而这里所讲的是指专门用于剔除早期失效元器件的可靠性筛选。其中，电子元器件的早期失效，是由于在设计和生产制造时选用的原材料或工艺措施方面的缺陷而引起的，它是隐藏在元器件内部的一种潜在故障，在开始使用后会迅速恶化而暴露出来。实践证明大多数电子元器件或产品的故障率是时间的函数，元器件失效的“浴盆”曲线如图 7-2-2 所示。从图中可以看出：曲线的形状呈两头高，中间低，有些像浴盆，所以称为“浴盆曲线”（Bathtub curve，失效率曲线）。浴盆曲线就是指电子元器件或产品从投入到报废为止的整个寿命周期内，其可靠性的变化呈现一定的规律。如果取产品的失效率作为产品的可靠性特征值，它是以使用时间为横坐标，以失效率为纵坐标的一条曲线。失效率随使用时间变化分为三个阶段：早期失效期、偶然失效期和老化（耗损）失效期。

从图中可以清楚地看出，在早期失效期、偶然失效期、老化（耗损）失效期内，电子元器件的失效率是大不一样的，因此，应该在电子元器件装上整机、设备之前，就要设法把具有早期失效的元器件尽可能地加以排除，这样就提高了产品的可靠性。

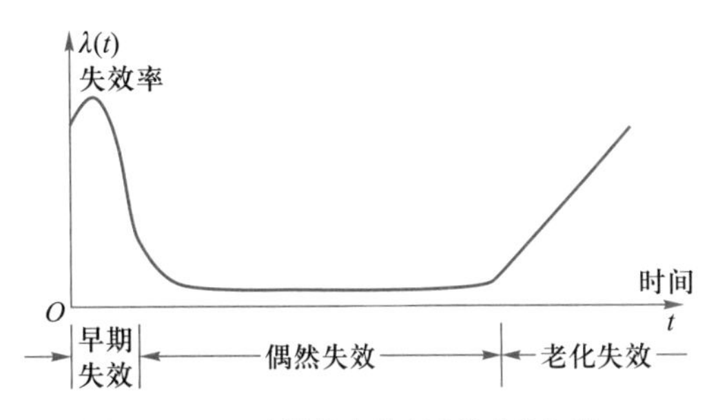

图 7-2-2　元器件失效的“浴盆”曲线

2. 筛选方案的设计原则

筛选的基本术语有：筛选效率（W=剔除次品数/实际次品数）、筛选损耗率（L=好品损坏数/实际好品数）、筛选淘汰率（Q=剔降次品数/进行筛选的产品总数）。理想的可靠性筛选应使 $W=1$，$L=0$，这样才能达到可靠性筛选的目的。Q 值大小反映了这些产品在生产过程中存在问题的大小。Q 值越大，表示这批产品筛选前的可靠性越差，亦即生产过程中所存在的问题越大，产品的成品率低。

筛选项目选择越多，应力条件越严格，劣品淘汰得越彻底，其筛选效率就越高，筛选出的元器件可靠性水平也越接近于产品的固有可靠性水平。但是要付出较高的费用、较长的周期。故筛选条件过高就会造成不必要的浪费，条件选择过低则劣品淘汰不彻底，产品的使用可靠性得不到保证。由此可见，为了有效而正确地进行可靠性筛选，必须合理地确定筛选项目和筛选应力，为此，必须了解产品的失效机理。

产品的类型不同，生产单位不同以及原材料及工艺流程不同时，其失效机理就不一定相同，因而可靠性筛选的条件也应有所不同。因此，必须针对各种具体产品进行大量的可靠性试验和筛选摸底试验，从而掌握产品失效机理与筛选项目之间的关系。元器件筛选方案的制订要掌握以下原则：筛选要能有效地剔除早期失效的产品，但不应使正常产品提高失效率。为提高筛选效率，可进行强应力筛选，但不应使产品产生新的失效模式。合理选择能暴露失效的最佳应力顺序。对被筛选对象可能的失效模式应有所掌握。为制订合理有效的筛选方案，必须了解各有关元器件的特性、材料、封装及制造技术。此外，在遵循以上五条原则的同时，应结合生产周期，合理制订筛选时间。

3. 几种常用的筛选项目

（1）高温储存

电子元器件的失效大多数是由于体内和表面的各种物理化学变化所引起，它们与温度有密切的关系。温度升高以后，化学反应速度大大加快，失效过程也得到加速，使得有缺陷的元器件能及时暴露，予以剔除。

（2）功率老练

功率老练是指在热电应力的共同作用下，能很好地暴露元器件体内和表面的多种潜在缺陷，它是可靠性筛选的一个重要项目。功率老练需要专门的试验设备，其费用较高，故筛选时间不宜过长。

（3）温度循环

电子产品在使用过程中会遇到不同的环境温度条件，在热胀冷缩的应力作用下，热匹配性能差的元器件就容易失效。温度循环筛选利用了极端高温和极端低温间的热胀冷缩应力，能有效地剔除有热性能缺陷的产品。

（4）离心加速度试验

离心加速度试验又称恒定应力加速度试验。这项筛选通常在半导体器件上进行，利用高速旋转产生的离心力作用于器件上，可以剔除内引线匹配不良和装架不良的器件。

（5）监控振动和冲击试验

监控振动和冲击试验是指在对产品进行振动或冲击试验的同时进行电性能的监测。这项试验能模拟产品使用过程中的振动、冲击环境，能有效地剔除瞬时短、断路等机械结构不良的元器件以及整机中的虚焊等故障。

生活生产案例

在电子企业的实际生产中，针对不同的失效机理的元器件应采用不同的筛选项目，如查找焊接不良、安装不牢等缺陷，可采用振动加速度；查找元器件装片不良，内引线配置不合适等缺陷，采用离心加速度；查找间歇短路、间歇开路等缺陷，采用机械冲击等。因此，不同器件的筛选程序不一定相同。如晶体管的主要失效模式有短路、开路、间歇工作、参数退化和机械缺陷五种，下面以二极管为例说明筛选的程序和方法。

常用的二极管有整流、开关、稳压、检波等类型，典型的筛选程序和方法包括：① 高温储存：锗管 100 ℃、硅管 150 ℃，96 h。② 温度循环：锗管-55～+85 ℃，5 次；硅管-55～+125 ℃，5 次。③ 敲变：用硬橡胶锤敲 3～5 次，同时用图示仪监视正向特性曲线。④ 跌落：在 80 cm 高度，按自由落体到玻璃板上 5～15 次。⑤ 功率老练：a. 开关管：1.5 倍额定正向电流，12 h；b. 稳压管：1～1.5 倍额定功率，12 h；c. 检波整流管：1～1.5 倍额定电流，12 h；d. 双基极二极管：额定功率，12 h。⑥ 高温反偏：锗管 70 ℃，硅管125 ℃，额定反向电压 2 h，漏电流不超过规范值。⑦ 高温测试：锗管 70 ℃，硅管 125 ℃。⑧ 低温测试：-55 ℃。

任务 7.3　电子产品的调试

任务引入

电子产品是由众多的元器件组成的，由于各元器件性能参数具有很大的离散性（允许误差），电路设计的近似性，再加上生产过程中其他随机因素（如存在分布参数等）的影响，使得装配完的电子产品在性能方面存在较大的差异，通常达不到设计时规定的功能和性能指标，这就是整机装配完毕后必须进行调试(测试与调整)的原因。调试技术包括调整和测试两部分内容。其中,“调整”主要是对电路参数进行的调整,即对电路中可调元器件,如可调电阻、可调电感等以及机械部分进行调整,使电路达到预定的功能和性能要求;“测试”主要是对电路的各项技术指标和功能进行测量和试验,并同设计的性能指标进行比较,以确定电路是否合格。它是电路调整的依据,又是检验结论的判断依据。实际上,电子产品的调整和测试是同时进行的,要经过反复地调整和测试,产品的性能才能达到预期的目标。

本任务就是通过学习示波器测试技术、电子产品功能测试、电子产品的性能调试等内容,让学生对电子产品的调试技术有个全面了解与认识,为电子产品的生产质量和可靠性奠定基础。

7.3.1　示波器测试技术

电子产品的调试

示波器的使用

示波测试技术是将电信号作为时间的函数显示在屏幕上,能把两个有关系的变量转化为电参数,在荧光屏上显示这两个变量之间的关系。示波器还可以直接观测一个脉冲信号的前后沿、脉宽、上冲、下冲等参数,同时,示波测试还是多种电量和非电量测试中的基本技术。示波器是时域分析的最典型仪器,也是当前电子测量领域中,品种最多、数量最大、最常用的一种仪器。以示波器为基础的仪器有逻辑分析仪、时域反射仪、晶体管特性测试仪、心电图等,示波测试技术也成了一种最灵活、多用的综合性技术。

1. 示波器的类型

示波器一般分为模拟示波器和数字示波器,对于大多数的电子应用,无论模拟示波器和数字示波器都是可以胜任的,只是对于一些特定的应用,由于模拟示波器和数字示波器所具备的不同特性,才会出现适合和不适合的地方。其中,模拟示波器的工作方式是直接测量信号电压,并且通过从左到右穿过示波器屏幕的电子束在垂直方向描绘电压。数字示波器的工作方式是通过模拟转换器(ADC)把被测电压转换为数字信息,数字示波器捕获的是波形的一系列样值,并对样值进行存储,存储限度是判断累计的样值是否能描绘出波形为止,随后,数字示波器重构波形。数字示波器可以分为数字存储示波器(DSO)、数字荧光示波器(DPO)和采样示波器。

小提示

模拟和数字示波器

示波器类型。在概念上,模拟示波器和数字示波器的测量目标是相同的,而在实际结构上它们的内部采用的技术不同,所以它们的表现形式并不相同。数字示波器的蓬勃发展与模拟示波器的逐渐消亡将成为历史的必然趋势。数字技术的发展赋予示波器更多波形捕获能力,更多的数学运算功能,它可以是一台具有波形显示的功率计,可以进行波形参数分析,它还能存储各种波形以及相关的信息。

2. 示波器的技术指标

示波器的主要技术指标包括频带宽度(BW)、垂直灵敏度、输入阻抗、扫描速度、同步(或触发)电压等。

① 频带宽度(*BW*)。频带宽度(*BW*)指示波器的工作频率范围,即输入信号上、下限频率之差。现代示波器的下限频率都已延伸至0 Hz,因而示波器的频带宽度可用上限频率来表示。通常要求 $BW \geq 3f_{max}$,式中 f_{max} 为被测信号的最高频率。频带宽度(*BW*)与上升时间 t_r 之间一般有确定的内在关系,即 $BW \cdot t_r = 0.35$。

② 垂直灵敏度。垂直灵敏度是指示波器可以分辨的最小信号幅度和输入信号的动态范围。一般用V/cm、V/div、mV/cm、mV/div表示。

③ 输入阻抗。输入阻抗指在示波器输入端规定的直流电阻值和并联电容值,一般用MΩ//pF表示。

④ 扫描速度。扫描速度也称扫描时间因数,是指光点水平移动的速度一般用cm/s、div/s表示,用来表示示波器能观察的时间和频率的范围。而时基因数是指扫描速度的倒数,单位t/cm、t/div。

⑤ 同步(或触发)电压。同步(或触发)电压是指波形稳定的最小输入电压。

3. 示波测试的基本原理

(1) 示波器的测试过程

示波器测试原理图如图7-3-1所示,图中*Y*轴偏转系统将输入的被测交流信号 u_i 放大,*x*轴偏转系统提供一个与时间呈线性关系的锯齿波电压,两组电压同时加到示波管的偏转板上,示波管中的电子束在偏转电压的作用下运动,在屏幕上形成与被测信号一致的波形。

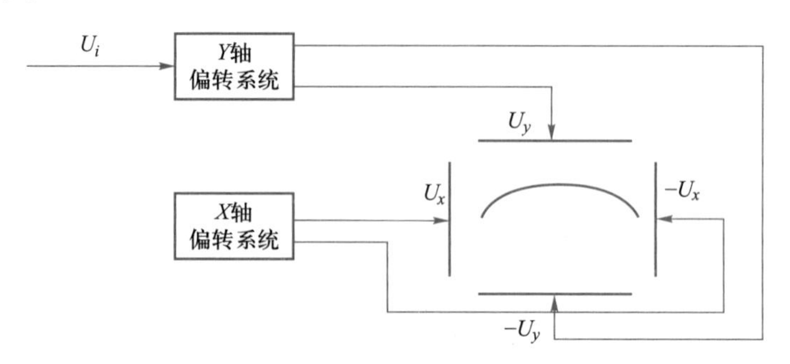

图7-3-1 示波测试原理图

(2) CRT显示原理

阴极射线示波管,简称示波管,用符号CRT表示。它主要由电子枪、偏转系统和荧光屏三部分组成,基本结构如图7-3-2所示,CRT限制着模拟示波器显示的频率范围。在频率非常低的地方,信号呈现出明亮而缓慢移动的点,而很难分辨出波形。在高频处,起局限作用的是CRT的写速度(扫描速度)。当信号频率超过CRT的写速度时,显示出来的过于暗淡,难于观察。模拟示波器的极限频率约为1 GHz。

① 示波管的偏转系统。示波管的偏转系统由两对相互垂直的平行金属板组成,分别称为*y*垂直偏转板和*x*水平偏转板。当有外加电压作用时,偏转板之间形成电场;在偏转电场作用下,电子束打向由*x*、*y*偏转板共同决定的荧光屏上的某个坐标位置。电子束在偏转电场作用下的偏转距离与外加偏转电压成正比:$y = \frac{lS}{2bu_a}u_y$。其中,*l*为偏转

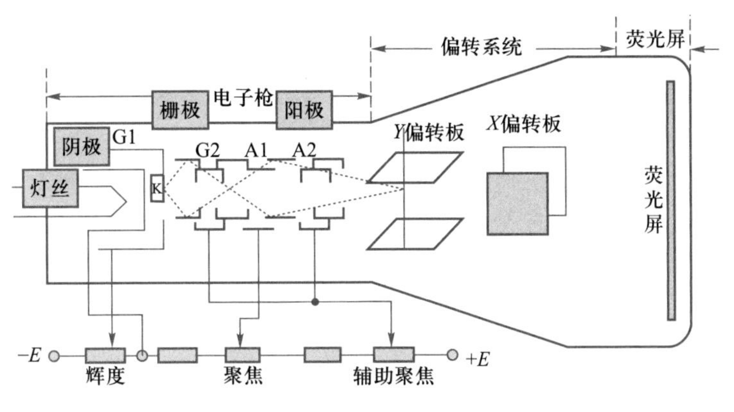

图 7-3-2 CRT 的基本结构

板的长度,S 为偏转板中心到屏幕中心的距离,b 为偏转板间距;u_a 为阳极 A2 上的电压。示波管的 Y 轴偏转灵敏度(单位为 cm/V):$S_y=\dfrac{lS}{2bu_a}$,其倒数为示波管的 Y 轴偏转因数。偏转灵敏度越大,示波管越灵敏。

② 荧光屏。荧光屏将电信号变为光信号,是示波管的波形显示部分。在使用示波器时,应避免电子束长时间地停留在荧光屏的一个位置,否则将使荧光屏受损。因此在示波器开启后不使用的时间内,可将“辉度”调暗。当电子束停止轰击荧光屏时,光点仍能保持一定的时间,这种现象称为“余辉效应”。

(3) 波形显示的基本原理

① 显示随时间变化的图形。

• U_x、U_y 为固定电压时,有下面四种情况。

出现的位置	位置示意图	工作情况
光点出现在荧光屏的中心位置		U_y、U_x 的电压值都是 0 时,光点就会出现在荧光屏的中心位置
光点仅在垂直方向偏移		U_y 为正电压时,光点从荧光屏的中心往垂直方向上移;U_y 为负电压时,光点从荧光屏的中心往垂直方向下移
光点仅在水平方向偏移		U_x 为正电压时,光点从荧光屏的中心往水平方向右移;U_x 为负电压时,光点从荧光屏的中心往水平方向左移
光点位置在坐标的任意象限内		当两对偏转板上同时加固定的正电压时,光点位置应为两电压的矢量合成

• X、Y 偏转板上分别加变化电压，有下面两种情况：

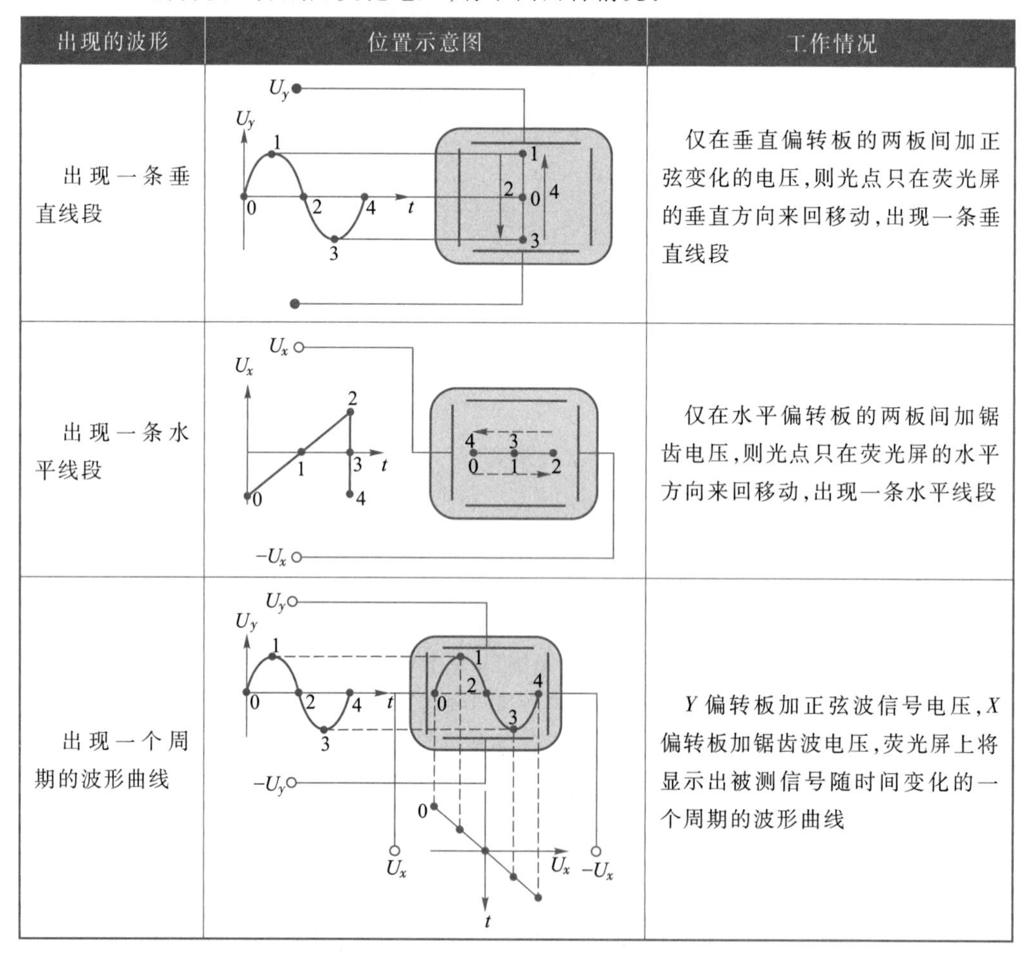

出现的波形	位置示意图	工作情况
出现一条垂直线段		仅在垂直偏转板的两板间加正弦变化的电压，则光点只在荧光屏的垂直方向来回移动，出现一条垂直线段
出现一条水平线段		仅在水平偏转板的两板间加锯齿电压，则光点只在荧光屏的水平方向来回移动，出现一条水平线段
出现一个周期的波形曲线		Y 偏转板加正弦波信号电压，X 偏转板加锯齿波电压，荧光屏上将显示出被测信号随时间变化的一个周期的波形曲线

② 显示任意两个变量之间的关系。

示波器两个偏转板上都加正弦电压时显示的图形称为李沙育(Lissajous)图形，利用这种图形可对相位和频率进行测量。

• 相位测量。

出现的波形	位置示意图	工作情况
出现一条与水平轴呈 45°角的直线		若两同频信号的初相相同，且在 X、Y 方向的偏转距离相同，在荧光屏上画出一条与水平轴呈 45°角的直线

续表

出现的波形	位置示意图	工作情况
出现的图形为圆		若两同频信号的初相相差 90°，且在 X、Y 方向的偏转距离相同，在荧光屏上画出的图形为圆
出现的图形为椭圆		若两同频信号的初相不同，且在 X、Y 方向的偏转距离相同数字式（分别送入示波器的 Y 通道和 X 通道，使示波器工作在 $X-Y$ 方式），在荧光屏上画出的图形为椭圆

• 频率测量。示波器工作于 $X-Y$ 方式下，将频率已知的信号与频率未知的信号加到示波器的两个输入端，调节已知信号的频率，使荧光屏上得到李沙育图形，由此可测出被测信号的频率。N_H 和 N_V 分别为水平线、垂直线与李沙育图形的最大交点数，f_y、f_x 分别为示波器 Y 和 X 信号的频率。李沙育图形存在关系：$\frac{f_y}{f_x}=\frac{N_H}{N_V}$。

做一做

测 量 频 率

如图 7-3-3 所示的李沙育图形，已知 X 信号频率为 6 MHz，问 Y 信号的频率是多少？

$$f_y=f_x\frac{N_H}{N_V}=6\ \text{MHz}\times\frac{2}{6}=2\ \text{MHz}$$

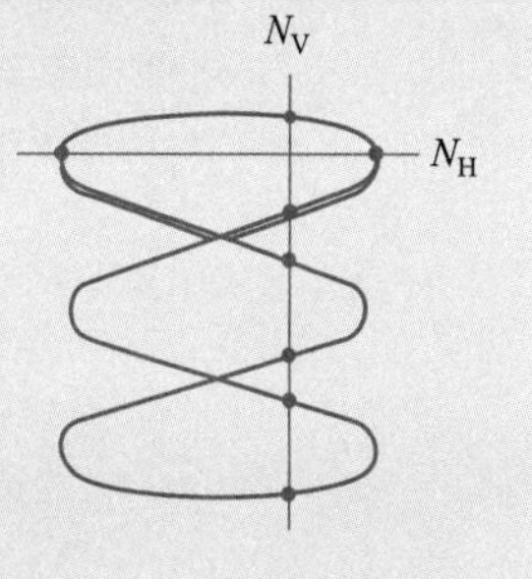

图 7-3-3　李沙育图形

4. 数字示波器

数字示波器是通过模数转换器（ADC）把被测电压转换为数字信息，它捕获的是波

图文文稿

数字示波器

形的一系列样值，并对样值进行存储，随后，数字示波器重构波形。数字示波器有数字存储示波器（DSO）、数字荧光示波器（DPO）和采样示波器等几种类型。

（1）数字存储示波器

数字存储示波器（Digital Storage Oscilloscopes，DSO）是最常规的数字示波器，它具有便于捕获和显示那些可能只发生一次的事件，通常称为瞬态现象。以数字形式表示波形信息，实际存储的是二进制序列。这样，利用示波器本身或外部计算机，方便进行分析、存档、打印和其他的处理。波形没有必要是连续的，即使信号已经消失，仍能够显示出来。与模拟示波器不同的是，数字存储示波器能够持久地保留信号，可以扩展波形处理方式。然而，DSO 没有实时的亮度级，因此，它们不能表示实际信号中不同的亮度等级。组成 DSO 的一些子系统与模拟示波器的一些部分相似。但是，DSO 包含更多的数据处理子系统，因此它能够收集显示整个波形的数据。从捕获信号到在屏幕上显示波形，DSO 采用串行的处理体系结构，如图 7-3-4 所示。

数字存储示波器还具有很多特点：① 波形的采样/存储与波形的显示是独立的，因而可以无闪烁地观测极慢变化信号；对于观测极快信号来说，数字存储示波器可采用低速显示。② 能长时间地保存信号，便于观察单次出现的瞬变信号。③ 先进的触发功能，不仅能显示触发后的信号，而且能显示触发前的信号。④ 测量准确度高，采用了晶振和高分辨率 A/D 转换器。⑤ 很强的数据处理能力，内含微处理器，能自动实现多种波形参数的测量与显示；还具有自检与自校正等多种自动操作功能。⑥ 外部数据通信接口，可以很方便地将存储的数据送到计算机或其他的外部设备，进行更复杂的数据运算和分析处理。

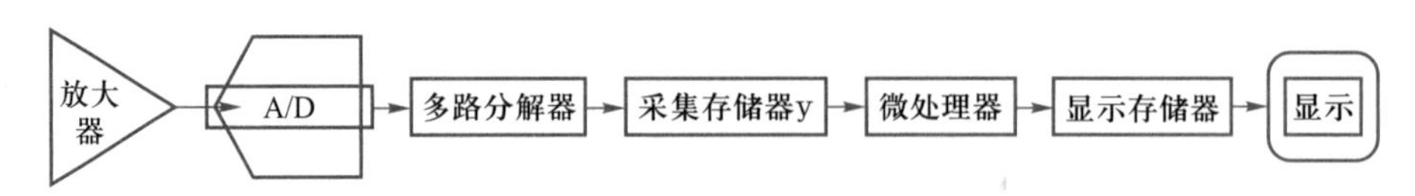

图 7-3-4　数字存储示波器顺序处理体系结构

（2）数字荧光示波器

数字存储示波器使用串行处理的体系结构来捕获、显示和分析信号，而数字荧光示波器为完成这些功能采用的是并行的体系结构，如图 7-3-5 所示。DPO 采用 ASIC 硬件构架捕获波形图像，提供高速率的波形采集率，信号的可视化程度很高。它增加了证明数字系统中的瞬态事件的可能性。

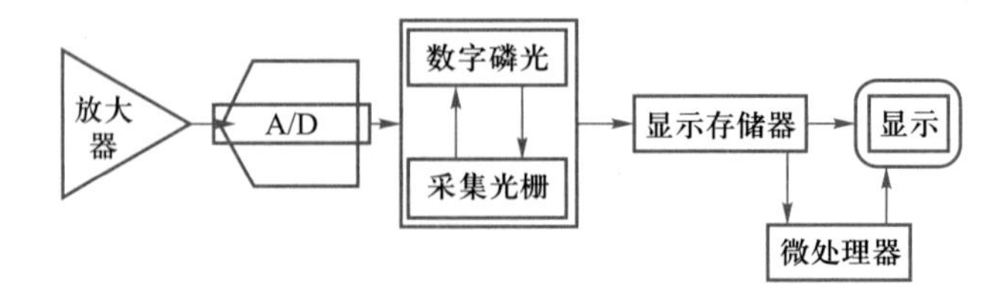

图 7-3-5　数字荧光示波器并行处理体系结构

数字荧光示波器在结构上，将显示单元和数据处理单元形成并行的结构，中心处理器只作数据的数学处理。显示方面的处理由数字荧光单元完成，提高了仪器对波形数据的处理能力。在波形显示方面有了以数字荧光单元为核心的专门通道，波形的捕获率有了质的提高。目前数字荧光示波器最高已经达到 400 000 次/秒，达到模拟示波器相同水平，使观察偶发信号和捕捉毛刺脉冲的能力大为增强。在灰度显示方面，数字荧光示波器不仅能实现灰度级显示，而且其三维数组结构还能实现彩色亮度层次的荧光显示效果，即彩色显示。模拟示波器、数字存储示波器、数字荧光示波器的显示波形的效果如图 7-3-6 所示。

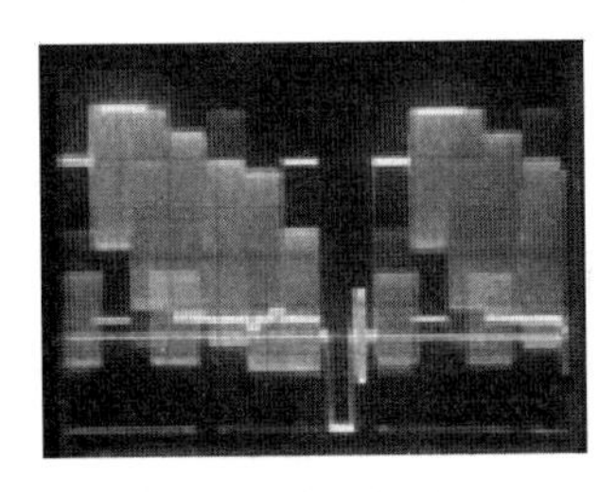
(a) 模拟示波器

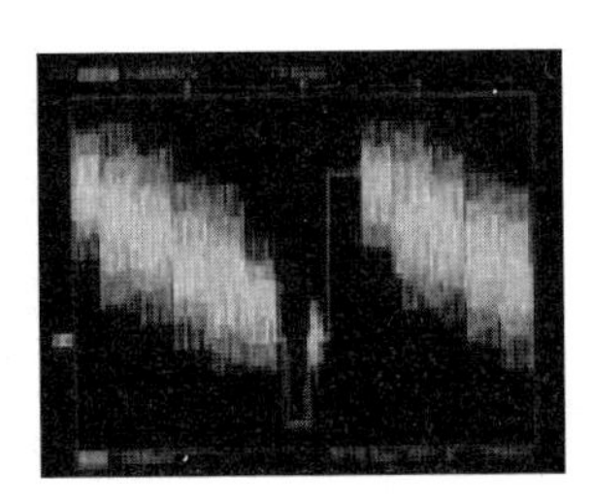
(b) 数字存储示波器

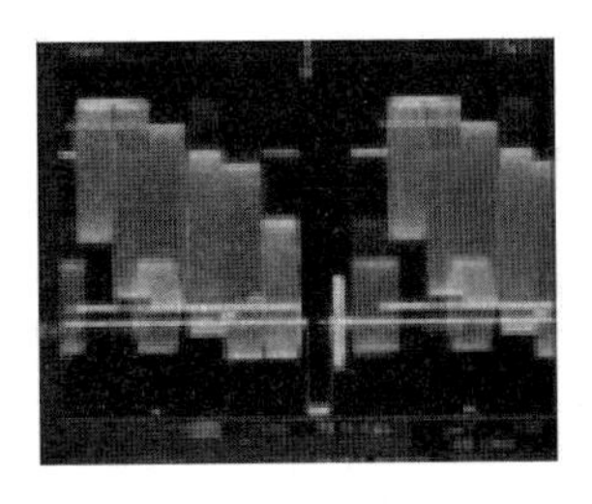
(c) 数字荧光示波器

图 7-3-6 三代示波器显示效果比较图

5. 示波器测试方法

(1) 示波器的选择

示波器的结构决定了带宽的重要性，放大器的模拟带宽决定了示波器的带宽，带宽是选择示波器的第一参数。因为放大器是信号进入示波器的大门，它的带宽决定了示波器的带宽，示波器能输入什么样的信号由这个大门来决定。数字示波器的带宽也是模拟带宽。

图文文稿

示波器测试理论及应用

测量 AC 波形的仪表通常有某种最大频率，超过了它，测量精度就会下降，这一频率就是仪表的带宽，它由仪器的幅频特性决定。在幅频特性中，仪表的灵敏度下降 3 dB，此时的频率为仪表的带宽，如图 7-3-7 所示。在实际电路的测试中，经常以谐波情况和上升沿情况为核心选择示波器。

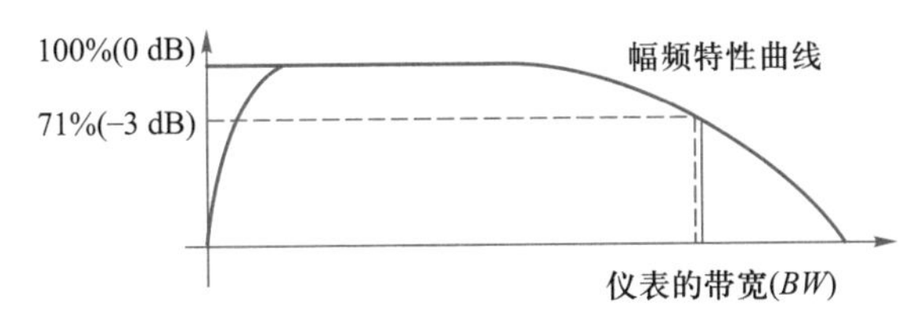

图 7-3-7 示波器的幅频特性曲线

① 以谐波情况为核心选择示波器。在各类有规律的波形中，除绝对的正弦波之外，周期波含的一切频率分量均称谐波，谐波频率是基波频的整数倍，周期波无论其波形如何都有谐波，周期波给定的频率为基波频率。

以方波为例，如图 7-3-8 所示。方波是由基波与无数奇次谐波叠加所构成，包含的谐波越多，波形越近似方波。方波的质量根据包含的谐波次数，其近似程度有所不同。每个谐波的幅度必须使波形成为方波所需要的恰当值。此外，谐波之间的相位关系也必须正确，谐波以不等量延迟，即使谐波幅度正确，方波也会失真。

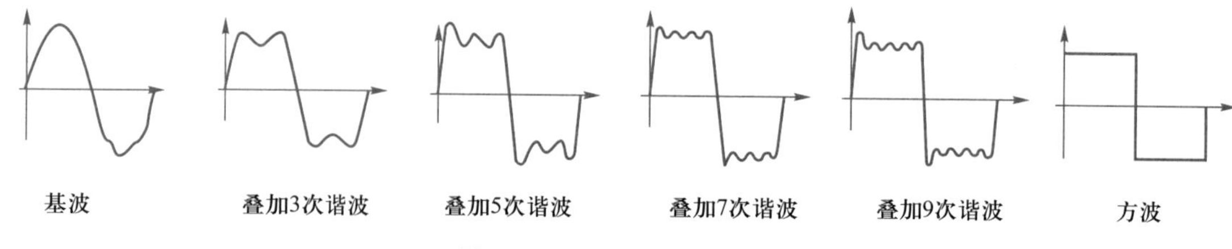

图 7-3-8　方波谐波叠加情况

由方波的谐波叠加情况得知，正弦波只有一个基波，仪表的带宽必须至少是波形的频率。但是，在大多数情况下，这仅仅是最基本的，如果只是这样，是不够精确的，甚至是错误的。要对波形进行准确的测量，对于非正弦波的波形，必须考虑其谐波。假如组成波形的主要谐波分量超出仪表的带宽，那么就不能精确地测得波形的参数。

小提示

仪器带宽对测量波形的影响

比如，测量 20 MHz 的方波时，若采用 200 MHz 带宽示波器和 20 MHz 带宽示波器测试，所显示的波形结果有明显的区别，如图 7-3-9 所示。

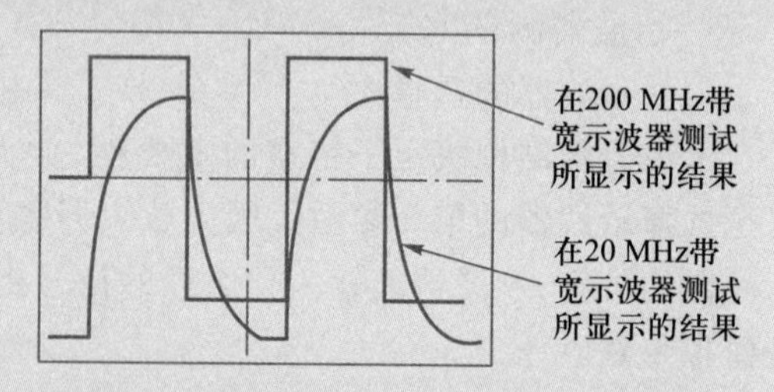

图 7-3-9　波形对比

带宽如何在时域影响波形。信号进入示波器首先是通过放大器，它是一个低通滤波器。放大器的带宽很宽（和基波比较），输出方波不表现失真。放大器的带宽变窄，波形中的某些谐波不能通过，输出的方波发生畸变，产生误差。放大器带宽很窄，输出的几乎完全不像方波，由于缺少主要的谐波分量，波形呈圆弧状，如图 7-3-10 所示。

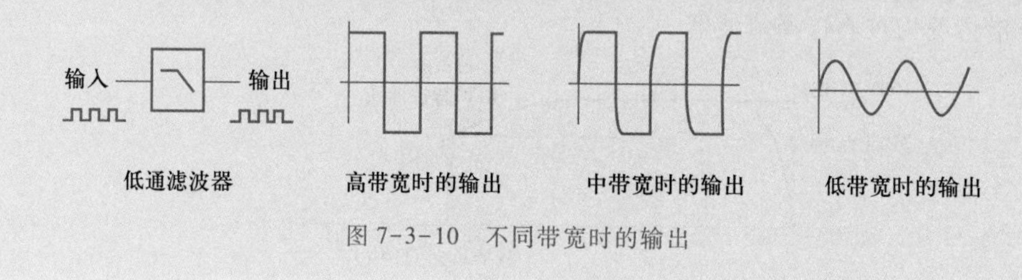

图 7-3-10　不同带宽时的输出

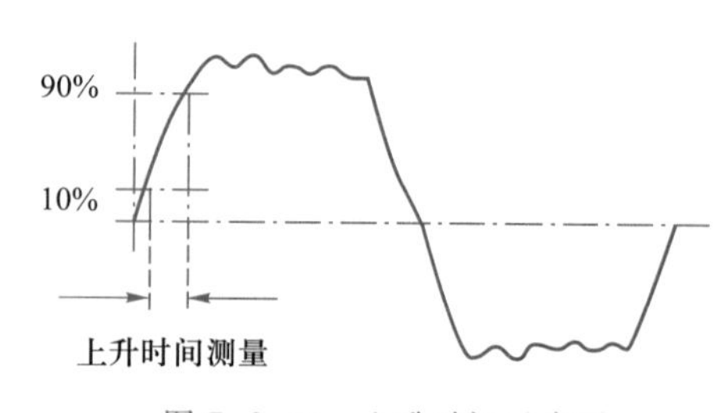

图 7-3-11　上升时间示意图

② 以上升沿情况为核心选择示波器。理想的方波和脉冲波的电压是有突然变化的波形，陡变的一定时间取决于系统带宽及其他电路参数。波形从一种电压变至另一种电压的时间称为上升时间，上升时间通常在过渡的 10% 至 90% 处，如图 7-3-11 所示。

测量仪表的带宽将影响脉冲和方波的上升时间，上升时间和带宽的关系由下式决定：$T_{上升}=0.35/BW$，BW 为带宽（-3 dB 时的频率）（单位为 Hz）。

波形从最小值过渡到最大值越快，所含谐波就越多，波形所含的频率量也越高。仪表的上升时间应小于被测量信号波形的上升时间。

$$测量所得的上升时间=\sqrt{信号上升时间^2+测量仪表上升时间^2}$$

（2）示波器的连接与 I/O

① 探头的类型。示波器探头按照不同的分类方法，有很多种类：按阻抗高低，可以分高阻抗（如常见的 1 MΩ）和低阻抗探头（如常用于高频测量的 50 Ω）；按是否需要额外供电，可以分为无源和有源探头；按照可测试信号的耦合类型，可以分为单端和差分探头；按照被测电信号类型，可以分为电压探头和电流探头等，示波器探头种类及应用情况如图 7-3-12 所示。

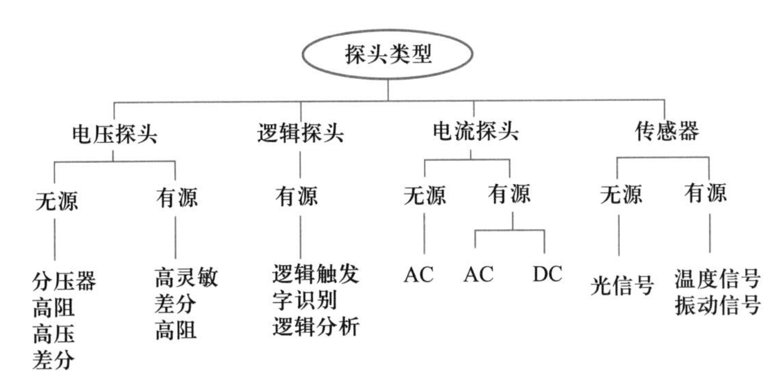

图 7-3-12 示波器探头种类及应用

② 探头对被测点的影响。如图 7-3-13 所示电路，点画线内为探头等效电路，它对被测点的影响：

当不加探头时，电路的增益是 $A_U=-R_C/R_E$，电路的截止频率 $f_0=1/2\pi R_C C_C$；

加探头后，电路的增益是 $A_U=-(R_C//R_P)/R_E$，电路的截止频率 $f_0=1/2\pi(R_C//R_P)\cdot(C_C+C_P)$。

当然，电路要转换成交流等效电路，电路中的 V_{CC} 就相当于接地。

如图 7-3-13 所示电路中的 $R_C=10\ \text{k}\Omega$，$R_E=10\ \Omega$，$C_C=100\ \text{pF}$，$R_P=1\ \text{M}\Omega$，$C_P=20\ \text{pF}$时，原电路增益和截止频率：

增益 = 1 000，

截止频率 = 1/(2×π×10 kΩ×100 pF) = 160 kHz；

接入探头后的增益和截止频率：

增益 = 990，

截止频率 = 1/(2×π×9.90 kΩ×120 pF) = 134 kHz

由此可知，探头对被测点的电路增益和截止频率具有明显的影响，电路增益和截止频率都有下降的趋势。

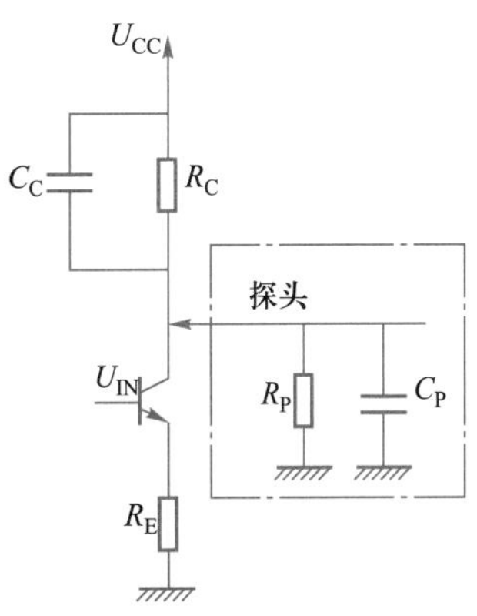

图 7-3-13 探头对被测点的影响

③ 探头的选择。在电子产品电路的测试中，常常要用到示波器，被测信号是由示波器的探头引入示波器的测量电路中的，探头性能对测量结果影响很大，尤其是对频率特性的影响尤为明显。探头的选择主要由以下因素决定：

a. 阻抗匹配。探头的选择要考虑与示波器的匹配问题,如 50 Ω 示波器输入要求 50 Ω 的探头;1 MΩ 示波器输入要求 1 MΩ 探头。此外,还要检查连接器接口的兼容性或选择所要求的合适的适配器,其等效电路如图 7-3-14 所示。

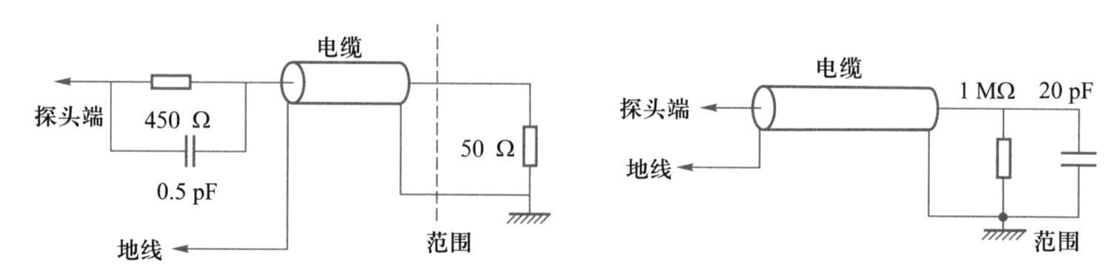

图 7-3-14 探头的等效电路

b. 上升时间和带宽的匹配。所选择探头的上升时间和带宽要对示波器有合适的上升时间与带宽,即匹配良好。

c. 探头的加载作用。选择低阻抗测试点,使探头的加载影响减至最小。尽管探头的输入阻抗做得尽可能高,它对被测电路始终有一定的影响。要注意探头的输入阻抗随频率有反方向变化的特性。例如,带宽为 50 MHz 的探头,在输入直流信号(DC)时,其输入电阻为 10 MΩ;但在输入 50 MHz 的交流信号时,探头的输入电阻却只有约 1.5 kΩ。所以,测量时应尽可能选择最低输入电容和最高输入电阻的探头,以取得最佳的总信号逼真度。

d. 时间延迟的作用。时间延迟差必须加以考虑,特别是在相位和时间重合性测量及差分测量中。在进行延迟或时间差测量时,两探头应选用匹配好的一对,所谓匹配好实际上是指两探头的电缆要一样长,即对信号的延迟要一样,其输入电容、电阻和衰减也一样。用微调电容可以减小两者的差别(将两个探头都接到同一个有代表性的信号上,根据示波器上两波形的差别对两探头进行细致的调整,以改善共模抑制)。

e. 对于无源探头。在更换探头或探头交换通道的时候,必须进行探头补偿调整。所有有源探头在使用前应该有至少 20 min 的预热时间,有些有源探头和电流探头需要进行零点漂移调整。

f. 接地影响。接地的做法应始终记住,特别是在高阻抗探头应用中更应注意。使用尽可能短的接地路径(最好是同轴适配器或短的接地连接器)使串联电感对探头引入的影响减至最小。

7.3.2 电子产品功能测试

功能测试,简称 FT 测试(Functional Testing),就是对电子产品的各功能进行验证,根据功能测试用例,逐项测试,检查电子产品是否达到用户要求的功能。其目的是为了确保电子产品以期望的方式运行而按功能要求对产品进行的测试,通过对一个系统的所有的特性和功能都进行测试确保符合需求和规范。功能测试也称黑盒测试,只需考虑需要测试的各个功能,不需要考虑整个电子产品的内部结构及软件代码。

1. 测试流程

下面以 MP5 播放器的测试流程为例,说明消费电子产品功能测试,如图 7-3-15 所示。

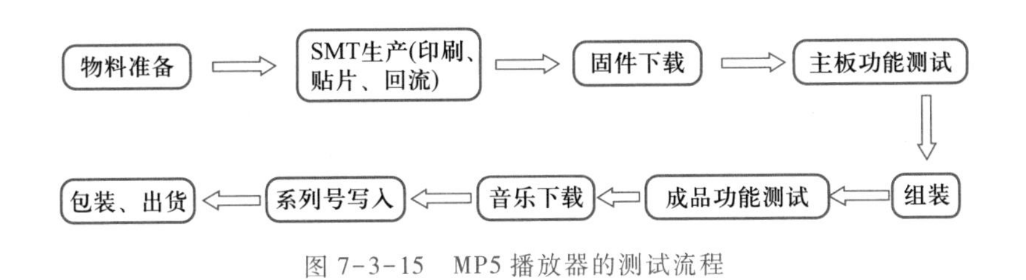

图 7-3-15　MP5 播放器的测试流程

2. 测试所需的相关工作

① 设备的接地。任何 AC 供电的设备和夹具都必须接地，以免静电将产品损坏或存在潜在损坏的风险。

② 测试夹具的 ESD 防护。任何接触 PCBA 表面的夹具，确保其表面电阻符合要求，注意 PCBA 远离会产生静电物至少 30 cm。

③ 测试仪器的精度保证。大部分的仪器如电源、万用表、示波器、频谱仪、分析仪等，都必须根据精度要求进行定期校验，以保证产品测试的准确性。

④ 服务器建立。一般来说，所有测试用的测试计算机都会连接到同一个服务器上，该服务器分内部测试服务器和公司的 FlexFlow 服务器。其中，测试服务器一般用于储存测试软件、通用工具及备份测试数据等；FlexFlow 服务器一般用于控制测试流程、测试数据报告等。

⑤ 计算机病毒源控制。对数码产品，特别对带移动盘功能的 MP5 功能的产品，对病毒的隔离要求特别高。所有测试及相关的办公计算机都必须安装最新版本的防病毒软件；所有测试及相关的办公计算机的防病毒的病毒库必须保持是最新的；若涉及相关的移动盘的数据复制，必须经过专用计算机的病毒扫描，确保无病毒才可投入使用；有一套严格的病毒源的控制文件指示，所有人必须严格执行。

⑥ 测试备用件的准备。为确保生产线的正常运作，对测试夹具或工具必须要保证有足够的备用件。对于备用件，务必提前按生产计划进行预算、准备及购买。

3. 测试方法和过程

(1) 测试方法

以微处理器为控制核心的 MP5 控制器，其控制电路以数字电路为主，因此其测试也以数字电路测试为主。数字电路只有两种状态(通和断)，如果用灯光、声音、电机等来模拟整机工作，均可表示其功能的正确和错误。实际检验用灯光、蜂鸣音、电机等的显示和工作可以作为这些产品的测试方式。

小提示

电路的模拟测试

电路板在大批量生产时，不可能将每块电路板安装到整机上进行测试。因此实际生产中，工艺部门会设计制造一种测试工装(或叫测试架)来模拟整机。测试工装的设计原理是用一个测试针床模拟整机与电路板相连。工装上将电板上的电源、地线、输入线和输出线接到针床的弹性测试针上，再用一些开关控制工装上的输入信号和电源，输出用指示灯、蜂鸣器或电机模拟整机上的相应输出负载。当将被测试电路板(卡)压到测试工装上时，工装上的输入端、输出端、电源端及地端接到电路板上,电路板就可以正常工作了。扳动工装上的开关或启动测试程序,电路板即可按其控制功能输出相应的信号给工装上的输出负载。测试人员可根据输出的信号判断电路板工作是否正常。绝大多数电子产品生产企业都是用这种方法对产品进行模拟测试的。

(2)测试过程

① 固件下载(Firmware)。

a. 主要设备:计算机、数据线、夹具、扫描仪。

b. 测试原理:Firmware又称固件,它是一种软件和硬件的结合体。在PCBA进行相应功能测试前,必须将测试和最终测试的Firmware和测试声音源代码下载入产品主芯片,当下载完成,产品就能开机进行基本的操作,产品能进入大容量储存器模式。注意不同的产品型号会下载入不同的Firmware;一般来说,IC芯片供应商会提供相应的下载工具软件。

② 主板功能测试(PCBA FCT Station)。

a. 主要设备:计算机、电源、电子负载、信号发生器、NI DAQ卡、DAQ数据线、功能测试夹具、扫描仪。

b. 测试原理:主要是测试软件通过USB/COM/DAQ控制测试仪器,对产品进行工作电流及电压的检测,LCD的显示检测、FM功能的检测、按键的检测等。测试计算机会控制有关测试顺序并通过RS232信号获得反馈信息。

③ 成品功能测试(Final Function Test)。

a. 主要设备:计算机、信号发生器、DAQ卡、DAQ数据线、功能测试夹具。

b. 测试原理:主要是测试软件通过USB/DAQ控制测试仪器,对产品一般的性能进行检测。

④ 音乐下载(Music Copy Station)。

a. 主要设备:计算机、数据线、扫描仪。

b. 测试原理:主要是测试软件通过USB进行产品默认音乐文件的复制。

⑤ 系列号写入(Serial Number Writing)。

a. 主要设备:计算机、数据线、扫描仪。

b. 测试原理:主要是测试软件通过USB进行产品条码的写入,相关产品信息的比较及最终测试结果的确认。

7.3.3 电子产品性能调试

电子产品是由众多的元器件组成的,由于各元器件性能参数具有很大的离散性,电路设计的近似性,再加上生产过程中其他随机因素的影响,使得装配完的产品在性能方面有较大的差异,通常达不到设计规定的功能和性能指标,这就是整机装配完成后必须进行调试的原因。

图文文稿

汽车充电器的调试与包装案例

1. 调试的意义

如前所述,电路调试包括调整和测试两部分内容。测试和调整是相互依赖,相互补充的,通常统称为调试。因为在实际工作中,二者是一项工作的两个方面,测试、调整、再测试、再调整,直到实现电路的设计指标。

调试是对装配技术的总检查，装配质量越高，调试直通率越高，各种装配缺陷和错误都会在调试中暴露出来，调试又是对设计工作的检验，凡是设计工作中考虑不周或存在工艺缺陷的地方都可以通过调试发现，并提供改进和完善产品的依据。

2. 调试的检测仪器

调试的检测仪器一般指通用的电子仪器。通用的电子仪器按显示特性可分为三类：

① 数字式通用电子仪器。它是将被测试的连续变化模拟量通过一定 A/D 变换成数字量，通过数显装置显示。数字显示具有读数方便、分辨率强、精确度高等特点，已成为现代测试仪器的主流。

② 模拟式通用电子仪器。它是将被测试的电参数转换为机械位移，通过指针和标尺刻度指示出测量数值。理论上模拟式检测仪器指示的是连续量，但由于标尺刻度有限，实际分辨率不高。

③ 屏幕显示通用电子仪器。它是通过示波管、显示器等将信号波形或电参数的变化直观地显示出来，如各种示波器、图示仪、扫频仪等。

此外，通用仪器按功能可分为：电压表及万用表（如模拟电压表、数字电压表、各种万用表、毫伏表等），信号发生器（如音频、高频、脉冲、函数、扫频等信号），信号分析仪器（如示波器、波形分析仪、逻辑分析仪等），电路特性测试仪（如扫频仪、阻抗测量仪、网络分析仪、失真度测试仪等），元件测试仪（如 RLC 测试仪，晶体管图示仪，集成电路测试仪等），频率时间相位测量仪器（频率计，相位计等），其他用于和上述仪器配合使用的辅助仪器（如各种放大器，衰减器，滤波器等）。此外，虚拟仪器作为调试的检测仪器也正在被广泛应用。

生活生产案例

虚拟仪器

所谓虚拟仪器实际上是将计算机技术应用于电子测试领域，利用计算机对数据存储和快速处理能力可以实现普通仪器难以达到的功能。虚拟仪器是通过计算机显示器及键盘，鼠标实现面板操作及显示功能，对被测信号的输入采集及转换功能是由专门的数据采集转换卡实现，其核心部分是专用软件。传统仪器与虚拟仪器的比较见表 7-3-1。

表 7-3-1　传统仪器与虚拟仪器的比较

虚拟仪器	传统仪器
用户可在一定范围内定义	功能由制造厂定义
图形界面友好，计算机读数分析处理	图形界面小，人工读数，信息量少
数据可编辑、存储、打印	数据处理能力有限
计算机技术开发功能模块可扩展功能	扩展功能差
技术更新快	技术更新慢
基于软件体系，节省开发维护费用	开发维护费用高
同档次仪器比传统仪器价格低数倍	价格高
主要用于波形生产、频率测量、波形测量、记录等	品种繁多，功能齐全

目前常用的虚拟仪器有数字示波器,任意波形发生器、频率计数器、逻辑分析仪等。虚拟仪器的特点:计算机总线与仪器总线的应用,允许各模块之间高速通信、种类齐全,且没有仪器和数据采集的界限,标准化、小型化、低功耗、高可靠性的系列模块可按工作需要任意组合扩充,实现最优化组合,先进的计算机软硬件技术、网络技术和通信技术使虚拟仪器具有良好的开发环境和开放式结构,当组成测试系统时,虚拟仪器具有较高的性价比,随着应用普及和技术发展,价格将继续降低。

3. 调试检测仪器的选择与配置

(1) 选择原则

① 仪器的测量范围和灵敏度应覆盖被测量的数值范围。

② 测量仪器的工作误差应远小于被测参数的误差。

③ 仪器输出功率应大于被测电路的最大功率,一般应大一倍以上。

④ 仪器输入输出阻抗要符合被测电路的要求。

(2) 配置方案

调试的检测仪器的配置要根据工作性质和产品要求确定。

① 一般从事电子技术工作的最低配置。万用表的配置:最好模拟表和数字表各一块,因为数字表有时出现故障不易察觉,比较而言,指针表可信度较高;三位半数字万用表即可满足大多数应用要求,位数越多精度和分辨率越高,但价格也高;指针式万用表应选直流电压挡阻抗为 10 kΩ/V,且有晶体管测试功能的。信号发生器的配置:根据工作性质选频率及挡次,普通 1 Hz~1 MHz 低频函数信号发生器可满足一般测试需要。示波器的配置:示波器价格较高,且属耐用测试仪器,普通 20~40 MHz 的双踪示波器可完成一般测试工作。可调稳压电源的配置:至少双路 0~24 V 或 0~32 V 可调,电流 1~3 A,稳压稳流可自动转换。

② 标准配置。除上述四种基本仪器外,再加上频率计数器和晶体管特性图示仪,即可以完成大部分电子测试工作,如果再有一两台针对具体工作领域的仪器,如从事音频设备研制工作配置失真度仪和扫频仪等,即可完成主要调试检测工作。

③ 产品项目调试检测仪器。对于特定的产品,又可分为下列两种情况:小批量多品种,一般以通用或专用仪器组合,再加上少量自制接口和辅助电路构成,这种组合适用广,但效率不高,大批量生产,应以专用和自制设备为主,强调高效和操作简单。

4. 产品的调试内容和方法

产品调试是电子产品生产过程中一个工序,调试的质量直接影响产品的性能指标。在规模化生产中,每一个工序都有相应的工艺文件,编制先进的、合理的调试工艺文件是调试质量的保证。

(1) 产品调试工艺的基本要求

① 技术要求。保证实现产品设计的技术要求是调试工艺文件的首要任务。将系统或整机技术指标分解落实到每一个部件或单元的调试技术指标中,这些被分解的技术指标要能保证在系统或整机调试中达到设计技术指标。

② 生产效率要求。提高生产效率具体到调试工序中,就要求该工序尽可能省时省工。而提高生产效率的关键有以下几方面:对规模生产而言每个工序尽量简化操作,因此尽可能选专用设备及自制工装设备;调试步骤及方法尽量简单明了,仪表指示及

检测点数不宜过多；尽量采用先进的智能化设备和方法，降低对调试人员技术水平的要求。

③ 经济性要求。调试成本要低，总体上说经济性同技术要求，效率要求是一致的，但在具体工作中往往又是矛盾的，需要统筹兼顾，寻找最佳组合。例如，技术要求高，保证质量和信誉产品，经济效益必然高，但如果调试技术指标定得过高，将使调试难度增加，成品率降低，就会引起经济效益下降，效率要求高，调试工时少，经济效益必然提高，但如果强调效率而大量研制专用设备或采用高价智能调试设备而使设备费用增加过多，也会影响经济效益。

(2) 调试工艺文件的内容

无论是整机调试还是部件调试，在具体生产线上都是由若干工作岗位完成的。因此调试工艺文件应包括以下内容：

① 调试工位顺序及岗位数。

② 每个调试工位工作内容即为工位制定的工艺卡。工艺卡包括以下内容：工位需要人数及技术等级、工时定额，需要的调试设备、工装及工具、材料，调试线路图（包括接线和具体要求），调试所需资料及要求记录的数据、表格，调试技术要求及具体方法、步骤等。

③ 调试工作的其他说明，如调试责任者的签署及交接手续等。

(3) 调试工艺文件的制订

调试工艺文件是产品调试的唯一依据和质量保证。制订合理的调试工艺文件对技术人员的技术和工艺水平要求较高，而制订工艺文件一般经过如下步骤：

① 了解产品要求和设计过程。在大中型企业中，设计和工艺是两个技术部门，因此负责工艺技术的人员应参加产品设计方案及试制定型的过程，全面了解产品背景和市场要求、工作原理、各项性能指标及结构特点等，为制订合理的工艺奠定技术基础。对于中、小规模生产，往往从产品的设计到具体制造工艺过程都是同一技术部门进行的，则不存在这个问题。

② 调试样机。样机的调试过程也就是调试工艺的制订和完善过程。技术人员在参与样机的装配、调试过程中，抓住影响整机性能指标的部分作深入细致的调查和研究，在一定范围内变动调试条件和参数，寻求最佳调试指标、步骤和方法，初步制订调试工艺。

③ 小批量试生产调试。一般情况下，一个产品投入大批量生产前需进行小批量试生产，以便检验生产工艺。这个过程中必须随时关注和修订调试工艺中的问题，并努力寻求效率、指标和经济性的最佳配合。由此制定的调试工艺对生产线而言是不能随意改变的。

④ 生产过程中必要的调整和完善。实际生产过程中，有些问题往往是始料不及的，因此即使成熟的工艺也要在实际中不断调整、完善。但这种调整完善必须由负责该项工作的技术人员签字生效才能实行。

(4) 产品调试中的故障检测方法

① 观察法。观察法是通过人体的感觉，发现电子线路故障的方法，这是一种最简单、最安全的方法，也是各种仪器设备通用的检测过程的第一步。观察法又可分为静

态观察法和动态观察法。

静态观察法即不通电观察法。在线路通电前通过目视检查找出某些故障。实践证明占电路故障相当比例的焊点失效、导线接头断开、接插件松脱、连接点生锈等故障,完全可以通过观察发现,没有必要对整个电路大动干戈,导致故障升级。静态观察要先外后内,循序渐进。打开机箱前先检查电器外表有无碰伤,按键、插头座电线电缆有无损坏,保险是否烧断等。打开机箱后,先看机内各种装置和元器件有无相碰、断线、烧坏等现象,然后轻轻拨动一些元器件,导线等进行进一步检查。对于试验电路或样机,要对照原理图检查接线和元器件是否符合设计要求,IC 管脚有无插错方向或折弯、有无漏焊、桥接等故障。

动态观察法又称通电观察法,即给线路通电后,运用人体器官检查线路故障,一般情况下还应使用仪表,如电流表、电压表等监视电路状态。通电后,眼要看电路内有无打火、冒烟等现象,耳要听电路内有无异常声音,鼻要闻电器内有无烧焦、烧煳的异味,手要触摸一些管子、集成电路等是否发烫,发现异常应立即断电。动态观察配合其他检测方法,易分析判断,找出故障所在。

② 测量法。测量法是故障检测中使用最广泛、最有效的方法。根据检测的电参数特性又可分为电阻法、电压法、电流法、逻辑状态法和波形法。

电阻是各种电子元器件和电路的基本特征,利用万用表测量电子元器件或电路各点之间电阻值来判断故障的方法称为电阻法。测量电阻值,有“在线”和“离线”两种方法,“在线”测量需要考虑被测元器件受其他串并联电路的影响,测量结果应对照原理图进行分析判断,“离线”测量需要将被测元器件或电路从整个印制电路板上脱焊下来,操作较麻烦,但结果准确可靠。

电子电路正常工作时,电路各点都有一个确定的工作电压,通过测量电压来判断故障的方法称为电压法。电压法是通电检测手段中最基本、最常用的方法,根据电源性质又可分为交流和直流两种电压测量。交流电压测量较为简单,对 50 Hz 市电升压或降压后的电压只需使用万用表。直流电压测量一般分为三步:测量稳压电路输出端是否正常,各单元电路及电路的关键“点”,例如放大电路输出点,外接部件电源端等处电压是否正常,电路主要元器件如晶体管、集成电路各引脚电压是否正常,对这些元器件首先要测电源是否已经加上。根据产品中理论上给出电路各点正常工作电压或集成电路各引脚的工作电压,测得电路各点电压对比正常工作的电路,偏离正常电压较多的部位或元器件往往就是故障所在部位。

电子电路在正常工作时,各部分工作电流应稳定,偏离正常值较大的部位往往是故障所在,这就是用电流法检测电路故障的原理。电流法有直接测量和间接测量两种方法。直接测量就是用电流表直接串接在欲检测的回路测得电流值的方法,这种方法直观、准确,但往往需要断开导线,脱焊元器件引脚等才能进行测量,因而不大方便。间接测量法实际上是用测电压的方法换算成电流值,这种方法快捷方便,但如果所选测量点的元器件有故障则不容易准确判断。

对交变信号产生和处理电路来说,采用示波器观察各点的波形是最直观、最有效的故障检测方法。波形法主要应用于以下三种情况:测量电路相关的点波形有无或形状相差较大来判断故障,若电路参数不匹配,元器件选择不当或损坏都会引起波形失真,通过观测波形失真和分析电路可以找出故障原因,利用示波器测量波形的各种参数,如幅值、周期、前后沿、相位等,与正常工作时的波形参数对照,找出故障原因。

逻辑状态法是对数字电路的一种检测方法,对数字电路而言,只需判断电路各部位的逻辑状态即可确定电路工作是否正常。数字逻辑状态主要有高低两种电平状态,另外还有脉冲串及高阻状态,因而可以使用逻辑笔进行电路检测,逻辑笔具有体积小、使用方便的优点。

③ 比较法。有时用多种检测手段及试验方法都不能判定故障所在,并不复杂的比较法却能得到较好结果。常用的比较法有整机比较、调整比较、旁路比较及排除比较四种方法。

整机比较法是将故障机与同一类型正常工作的机器进行比较,查找故障的方法,这种方法缺乏资料而本身较复杂的设备尤为适用。整机比较法是以检测法为基础的,对可能存在故障的电路部分进行工作点测定和波形观察,或者信号监测,通过比较好坏设备的差别发现问题,当然由于每台设备不可能完全一致,检测结果还要分析判断,这些常识性问题需要基本理论指导和日常工作的积累。

调整比较法是通过整机设备可调元器件或改变某些现状,比较调整前后电路的变化来确定故障的一种检测方法。这种方法特别适用于放置时间较长,或经过搬运,跌落等外部条件变化引起故障的设备。运用调整比较法时最忌讳乱调乱动,而又不做标记,调整和改变现状应一步一步改变。随时比较变化前后的状态,发现调整无效或向坏的方向变化应及时恢复。旁路比较法是适当容量和耐压的电容对被检测设备电路的某些部位进行旁路的比较检查方法,适用于电源干扰、寄生振荡等故障,因为旁路比较实际上是一种交流短路试验,所以一般情况下先选用一种容量较小的电容,临时跨接在有疑问的电路部位和“地”之间,观察比较故障现象的变化,如果电路向好的方向变化,可适当加大电容容量再试,直到消除故障,根据旁路的部位可以判定故障的部位。

排除比较法是逐一插入组件,同时监视整机或系统,如果系统正常工作,就可排除该组件的嫌疑,再插入另一块组件试验,直到找出故障,有些组合整机或组合系统中往往有若干相同功能和结构的组件,调试中发现系统功能不正常时,不能确定引起故障的组件,这种情况下采用排除比较法容易确认故障所在。注意排除比较法采用递加排除,也可采用递减排除。多单元系统故障有时不是一个单元组件引起的,这种情况下应多次比较才能排除,采用排除比较法时每次插入或拔出单元组件都要关断电源,防止带电插拔造成系统损坏。

④ 替换法。替换法是用规格性能相同的正常元器件、电路或部件替换电路中被怀疑的相应部分,从而判断故障所在的一种检测方法,也是电路调试、检修中最常用的方法之一。实际应用中,按替换的对象不同,可有元器件替换、单元电路替换、部件替换三种方法。

元器件替换除某些电路结构较为方便外,一般都需拆焊操作,这样比较麻烦且容易损坏周边电路或印制电路板,因此,元器件替换一般只作为检测方法均难判别时才采用的方法,并且尽量避免对印制电路板做“大手术”。

当怀疑某一单元电路有故障时,用一台同型号或同类型的正常电路替换待查机器的相应单元电路,判定此单元电路是否正常。当电子设备采用单元电路为多板结构时,替换试验是较方便的,因此对现场维修要求较高的设备,尽可能采用可替换的结构,使设备具有维修性。

随着集成电路和安装技术的发展,电子产品向集成度更高、功能更多、体积更小的方向发展。不仅元器件级的替换试验困难,单元电路替换也越来越不方便,过去十几块甚至几十块电路的功能,现在用一块集成电路即可完成,在单位面积的印制电路板上可以容纳更多的电路单元。电路的检测、维修逐渐向板卡级甚至整体方向发展,特别是较为复杂的由若干独立功能件组成的系统,检测主要采用的是部件替换方法。

⑤ 跟踪法。信号传输电路包括信号获取和信号处理,在现代电子电路中占很大比例。跟踪法检测的关键是跟踪信号的传输环节。具体应用中根据电路的种类可有信号寻迹法和信号注入法两种。

信号寻迹法是针对信号产生和处理电路的信号流向寻找信号踪迹的检测方法,具体检测时又可分为正向寻迹(由输入到输出顺序查找)、反向寻迹和等分寻迹三种。正向寻迹是常用的检测方法,可以借助测试仪器逐级定性,定量检测信号,从而确定故障部位。反向寻迹检测仅仅是检测的顺序不同,等分寻迹法是将电路分为两部分,先判定故障在哪一部分,然后将有故障的部分再分为两部分检测,等分寻迹对于单元较多的电路是一种高效的方法。

对于本身不带信号产生电路或信号产生电路有故障的信号处理电路,采用信号注入法是有效的检测方法,所谓信号注入就是在信号处理电路的各级输入端输入已知的外加测试信号,通过终端指示器(例如指示仪表、扬声器、显示器等)或检测仪器来判断电路工作状态,从而找出电路故障。

知识链接

1. 专业术语及词汇

IQC(Incoming Quality Control)来料质量控制

QC(Quality Control)质量控制

QA(Quality Assurance)品质保证

ICT(In-Circuit Test)在线测试

AOI(Automatic Optic Inspection)自动光学检验

AXI(Automatic X-Ray Inspection)自动X光检测

IPQC(InPut Process Quality Control)制程检验

FQC(Final Quality Control)最终检验

Seiri 整理

Seiton 整顿

Seiso 清扫

Seiketsu 清洁

Shisuke 素养

Safety 安全

ADC(Analog-to-Digital Conventer)模数转换器
DSO 数字存储示波器
DPO 数字荧光示波器
BW 频带宽度
CRT 显示
Firmware 固件下载
Final Function Test 成品功能测试
Music Copy Station 音乐下载
Serial Number Writing 系列号写入

2. 所涉及的专业标准及法规

GB/T 2828.5—2011 计数抽样检验程序 第5部分:按接收质量限(AQL)检索的逐批序贯抽样检验系统
SJ/T 10670—1995 表面组装工艺通用技术要求
IPC-A-610E 电子组装件的验收标准
ISO 9000:质量管理和质量保证标准—选择和使用指南;
ISO 9001:质量体系—设计/开发,生产,安装和使用指南;
ISO 9002:质量体系—生产、安装和服务的质量模式;
ISO 9003:质量体系—最终检验和试验的质量保证模式;
ISO 9004:质量体系—质量管理和质量体系要素指南;
ISO 14001:环境管理体系;
OHSAS 18001 职业安全体系。

问题与思考

1. 电子产品组装质量检验内容与方法有哪些?
2. 电子整机产品老化的目的是什么? 电子整机产品老化的条件有哪些?
3. 质量控制(QC)与品质保证(QA)有哪些内容?
4. 示波器测试技术包括哪些内容?
5. 电子产品电路调试的一般程序和方法是怎样的?

能力拓展

1. 编写焊接失效等质量问题分析的鱼骨图。
2. 参观电子产品生产企业的整机测试部门,了解各种测试设备的工作内容。

参考文献

[1] 龙绪明.电子表面组装技术SMT[M].北京:电子工业出版社,2008.

[2] 顾霭云.表面组装技术(SMT)基础与可制造性设计(DFM)[M].北京:电子工业出版社,2008.

[3] 杜中一.SMT表面组装技术[M].北京:电子工业出版社,2009.

[4] 吴懿平.电子组装技术[M].武汉:华中科技大学出版社,2006.

[5] 曹白杨.电子组装工艺与设备[M].北京:电子工业出版社,2007.

[6] 余国兴.现代电子装联工艺基础[M].西安:西安电子科技大学出版社,2007.

[7] IPC-A-610D,IPC-9850,IPC-A-610E,IPC-7711,IPC-7721,IPC-7351,IPC-SM-782等有关标准.

[8] 王卫平.电子产品制造工艺[M].北京:高等教育出版社,2009.

[9] 王得贵.电子组装技术的重大变革[J].电子电路与封装,2005.

[10] 史建卫等.再流焊技术的新发展[J].电子工业专用设备,2005.

[11] 刘大喜.影响焊膏印刷的因素[J].电子工艺技术,2000.

[12] 江苏SMT专委会.焊锡膏印刷品质与控制[M].苏州:江苏SMT专委会,2003.

[13] 刘丹.SMT无铅焊锡膏性能的改进及其组分对性能的影响[D].哈尔滨:哈尔滨工业大学,2006.

[14] 赵楠.印刷故障分析与诊断方法的研究[D].西安:西安理工大学,2007.